Physik und Traumzeit

Erstaunliche Gemeinsamkeiten von moderner Physik und Naturheilverfahren

Peter von Buengner

Für Mutter Erde

Das Buch ist im Eigenverlag erschienen und kann daher nicht im Buchhandel erworben werden.

Der Preis beträgt € 17.- Versand inklusive.

Bestellungen richten Sie bitte direkt an den Autor

Peter von Buengner
Marxnweg 4
82054 Altkirchen

Tel 08104-6290-89 Fax 87

Inhaltsverzeichnis

Vorwort

Schon seit einiger Zeit habe ich mich - parallel zur Tätigkeit in meiner Naturheilpraxis - für die Zusammenhänge interessiert, mit denen die Wirkungsweisen von Naturheilverfahren zumindest im Ansatz erklärt werden können. Nach dem Anstoß, den ich durch das Buch „Biophotonen, das Licht in unseren Zellen", geschrieben von Marco Bischof, erhielt, begann ich physikalischen Phänomenen nachzugehen.

Die literarische Schnitzeljagd, die dann einsetzte, um diese physikalischen Phänomene auch als Nicht - Physiker (was Ihnen mein Physik - Lehrer sicher sofort und gerne bestätigen wird) verstehen zu können, war überaus spannend und konfrontierte mich mit Ergebnissen, die weit über das hinaus gingen, was ich eigentlich gesucht hatte.

Es stellte sich heraus, daß die moderne Physik mit ihrer Quanten- und Chaostheorie uns bereits seit einigen Jahrzehnten zumindest eines zu sagen hat: Nichts ist so, wie wir annehmen, daß es ist - oder sein könnte. Nahezu unbemerkt von den anderen Wissenschaften fanden die Physiker nämlich heraus, daß Materie letztlich aus Nicht - Materie, aus Nicht - Stoff besteht und daß die kleinsten Bausteine der Materie, die uns umgibt, wie auch die eigentlichen Steuerungsmechanismen, in ganz anderen Bereichen liegen, als wir sie unserem Weltbild gemäß vermuten würden. Die Physiker heute haben erkannt, daß diese Nicht - Stofflichkeit der Materie letztlich dem entspricht, was schon Max Planck als den „Geist" der Materie bezeichnet hat. In der modernen Physik wird das, wie wir noch später sehen werden, auch genauso definiert. Das bedeutet, daß alle Materie, die uns ja als so fest erscheint, in ihren kleinsten Bauteilchen aus etwas besteht, das zwar keine Materie ist, sich aber unter anderem in Form der uns bekannten Materie manifestieren kann. Und das wiederum heißt, daß nicht die Materie das oberste Prinzip ist, der wir dann vielleicht hier und da, je nach Erscheinungsform, einen Geist zusprechen können, sondern daß eben erst dieser „Geist" der Materie die von uns wahrgenommene materielle Stofflichkeit unserer Umwelt überhaupt erst ausmacht.

Während die Physik Newton's uns die Welt so darstellt, wie sie unserer Wahrnehmung entspricht, zeigt uns die Quantenphysik, daß wir diese Welt die ganze Zeit nur durch ein Schlüsselloch betrachtet haben, das uns die Sicht auf die wesentlichen Dinge vorenthalten hat.

Das gilt allerdings nur für die westliche, „zivilisierte" Welt. Wir wissen heute, daß die „primitiven" Völker eine andere Wahrnehmung haben als wir und sehr wohl in der Lage sind außersinnliche Erfahrungen zu haben, telepathisch miteinander zu kommunizieren und in Person ihrer Schamanen Heilungen zu vollziehen, die wir nur in den Bereich der Wunder und „Geistheilungen" einordnen können.

Der technische Fortschrittsglaube mit seiner materialistischen Einstellung klammert sich an das Newton'sche Modell und verhindert - bislang erfolgreich - daß die Konsequenzen aus den Entdeckungen der modernen Physik auch auf alle anderen Bereiche übertragen werden. So banal das klingen mag: wir alle haben es mit Materie zu tun, egal, wo wir leben und was für einen Beruf wir ausüben. Und auch alle Wissenschaften haben direkt oder indirekt mit Materie zu tun und wenn nun feststeht, daß Materie nicht das ist, wofür wir sie immer gehalten haben, dann geht das alle an!

Die Quantenphysik rüttelt an den Grundfesten unserer Existenz, wie auch an der Existenz der Dinge, die uns umgeben. Es ist kein Zufall, daß die führenden Physiker unseres Jahrhunderts allesamt auch Metaphysiker und Philosophen geworden sind: angesichts der neuesten Erkenntnisse mußten sie es geradezu werden und ich hoffe, daß es mir mit diesem Buch gelingen wird Ihnen zu zeigen, warum sich das so verhält.

Halten wir also fest, daß Materie aus Nicht - Stoff zusammengesetzt ist und daß es ein geistiges Prinzip hinter dieser Tatsache gibt. Nun, so bestätigt die moderne Physik, daß es bei der Behandlung von Menschen - die ja doch ebenfalls aus Materie bestehen - auch und vor allem um die geistig - energetische Ebene geht; für die Anhänger der Naturheilverfahren liegt hier die lange ersehnte Möglichkeit auch auf wissenschaftlicher Ebene argumentieren zu können.

Und apropos Wissenschaft: rückwirkend betrachtet ist es doch so, daß noch nie ein wissenschaftlicher Besitzstand komplett von einer Generation zur anderen weitergegeben werden konnte. Die nachfolgenden Generationen konnten immer Irrtümer in den tradierten akademischen Lehrmeinungen feststellen. Besonders im 20.Jahrhundert fanden (und finden) tiefgreifende Umwälzungen statt, die nicht nur Veränderungen oder Ergänzungen beinhalten, sondern oft altes Wissen völlig auf den Kopf stellen und ganz neue Tatsachen schaffen. Wie können wir uns also sicher sein, überhaupt etwas wirklich zu „wissen"? Warum sollten wir starr an alten Dogmen festhalten wollen?

Die moderne Physik ist jetzt auf Fragen gestoßen, auf die sie keine Antworten mehr findet. Flexibilität und offen sein für das Neue, müßte die Devise jetzt heißen, denn mit unseren bisherigen Ansätzen sind wir nicht in der Lage hinter die Mauern zu schauen.

Um den Leser dieses Buches in die Lage zu versetzen, sich selber ein Bild machen zu können, kann ich ihn nicht davon verschonen, sich mit einigen Grundbegriffen der Physik vertraut zu machen. Doch keine Angst, dank Physiker - Autoren wie J.F.Charon, Ervin Laszlo und Michael Talbot gibt es Literatur, die auch ein Laie verstehen kann und die ich im ersten Kapitel dieses Buches zusammengefaßt habe. Auch Tony Hey und Patrick Walters, beide Physiker, haben in ihrem Buch „Das Quantenuniversum" die neuesten Erkenntnisse einer breiten Öffentlichkeit zugänglich gemacht. In ihrem Vorwort schreiben sie:

„Obgleich wir daher riskieren, uns dem beißenden Spott einiger unserer akademischen Kollegen auszusetzen, wagen wir den Versuch, die Quantenphysik ohne Mathematik oder Gleichungen zu erklären." Und das ist ihnen, wie auch den anderen Autoren, gut gelungen. Daß das nicht unmöglich ist, meinte auch Albert Einstein: „Die meisten Grundideen der Wissenschaft sind an sich einfach und lassen sich in der Regel in einer für jedermann verständlichen Sprache wiedergeben."

Die Wissenschaften und der vielgerühmte technische Fortschritt haben uns, und vor allem unsere Umwelt, in eine Lage gebracht, die schon in nicht allzuferner Zukunft die Notwendigkeit schaffen wird, sich an einen Tisch zu setzen und gemeinsam nach neuen Lösungen zu suchen. (Eigentlich ist das schon heute der Fall; leider wird es aber wohl zu größeren Katastrophen kommen müssen, ehe die Einsicht wächst). Wir müssen beginnen miteinander zu arbeiten und zwei wesentliche Voraussetzungen dafür sind die Gegenseite als gleichberechtigten Partner zu sehen und eine gemeinsame Sprache zu sprechen. Ich hoffe mit diesem Buch einen Anstoß dazu geben zu können und durch das allgemeinverständliche Beschreiben physikalischer Phänomene die Voraussetzungen dafür zu schaffen.

Danken möchte ich schließlich noch all jenen, die mich beim Schreiben dieses Buches selbstlos unterstützt haben, sowie auch denjenigen Autoren, die mir durch ihre Bücher den Zugang zu den Vorgängen, die in diesem Buch abgehandelt werden, überhaupt erst möglich gemacht haben.

Jedes der in diesem Werk zitierten Bücher ist Teil eines Weges gewesen, auf den der Leser hier aufmerksam gemacht werden soll. Die Zusammenfassungen und vereinzelten Zitate können dem Leser Hinweise geben und auch das Verständnis um die hier beschriebenen Zusammenhänge vermitteln, sollen aber auch neugierig machen: ich hoffe mit diesem Buch auch das Interesse an den Büchern der zitierten Autoren selbst zu wecken und möchte sie ermutigen deren Werke im Original zu lesen!

Zur Struktur des Buches . . .

Im ersten Kapitel des Buches, "Mikro- und Makrokosmos" geht es um die physikalischen Grundlagen. Es gibt in der modernen Physik derzeit mehrere Denkmodelle, um die vorgefundenen Phänomene zu erklären; eines davon ist das Kopenhagener Modell, dessen geistiger Vater der dänische Physiker Niels Bohr ist und das heute in Physikerkreisen breite Anerkennung findet. Da dieses Buch nicht für Physiker geschrieben wurde und das Kopenhagener Modell sich besonders gut eignet, um die Zusammenhänge zwischen Naturheilverfahren und moderner Physik aufzuzeigen, wird auf die anderen Denkmodelle nicht näher eingegangen.

Obwohl große Mühe darauf verwendet wurde, dieses Kapitel möglichst allgemeinverständlich zu halten, wird der Leser, je nach Vorkenntnissen, vielleicht an der einen oder anderen Stelle ins Stocken geraten; er sollte sich davon nicht entmutigen lassen, sondern einfach weiterlesen. Im folgenden Text werden die Zusammenhänge immer wieder neu beschrieben und so die Möglichkeit geschaffen, sich einen individuellen Zugang zu diesem Thema zu verschaffen . . .

Im zweiten Kapitel, "Wunderliches", geht es dann darum, die Phänomene zu schildern, für die es bisher keine Erklärung gab und die sich uns jetzt - durch die Brille der modernen Physik betrachtet - mehr und mehr erschließen. Das eine oder andere ist vielleicht schon bekannt; vieles wird aber auch ganz neu sein!

Jedes der beschriebenen Phänomene für sich würde vielleicht nur Staunen oder Neugierde auslösen; durch die Punkt auf Punkt erfolgende Aufzählung wird hier aber eine Chance zum Umdenken geboten - und zu der Einsicht, daß wir wirklich ein verzerrtes Bild von der "Wirklichkeit" haben.

Das dritte Kapitel, "Die neue Medizin", soll Möglichkeiten aufzeigen, Diagnose und Therapie auf die Umstände auszurichten, von denen in diesem Buch die Rede ist.

Neben den Abschnitten über die Regulationsthermographie, Radionik und die Grundlagen der Dunkelfeldmikroskopie, wurden hier auch noch Arbeiten abgedruckt, die als Artikel in verschiedenen Fachzeitschriften erschienen sind.

Leser ohne medizinische Fachkenntnisse werden sich hier an der einen oder anderen Stelle vielleicht hart tun, obwohl ich immer bemüht bin, auch komplizierte Sachverhalte möglichst einfach darzustellen und auszudrücken. Diese letzten Abschnitte stehen nicht direkt mit dem Thema dieses Buches im Zusammenhang (obwohl ganzheitliche Betrachtung immer auch solche Aspekte mit einbezieht) und sind lediglich für den medizinisch interessierten Leser und für Kollegen gedacht.

Und nun möchte ich - wie versprochen - damit beginnen, Ihr Weltbild ein wenig durchzuschütteln, um Platz für Neues zu schaffen . . .

I. Mikro- und Makrokosmos

Die Physiker glauben längst wieder
an den lieben Gott,
nur die Mediziner glauben noch
an die Physiker.
Prof. Thore von Uexeküll

Grundlagen

Zu Anfang dieses Jahrhunderts war die Welt der Physik noch weitgehend in Ordnung. Die Materie war genau das, was sie vorgab zu sein und verhielt sich - streng nach den Gesetzen von Ursache und Wirkung - in vorausberechenbaren Bahnen.

1925 bekam dieses alte physikalische Weltbild durch das Auftauchen der sogenannten „Unschärferelation" einen Schlag, von dem es sich nie wieder erholen sollte. Schrödinger, de Broglie und Heisenberg hatten nämlich festgestellt, daß es unmöglich war zugleich Auskunft über Geschwindigkeit und Aufenthaltsort eines Teilchens, z.B. eines Elektrons, zu geben.

Nehmen wir nämlich ein Elektron und versuchen, dessen Geschwindigkeit zu messen, können wir keine Angaben über seine Lage im Raum mehr machen. Und versuchen wir festzustellen, wo es sich gerade befindet, verändern wir durch unsere Messung die Geschwindigkeit. Es ist also nicht möglich Lage und Geschwindigkeit zugleich festzustellen. (Daher der Begriff der „Unschärfe.") Physik bedeutete aber bis dato alles messen und nachweisen, es auch geometrisch darstellen zu können, und das war nun nicht mehr möglich.

Wenn jetzt aber die Materie, die uns umgibt, aus Teilchen besteht, wie Elektronen, Neutronen und Protonen[1], wenn das also die Bausteine unseres Universums sind und wir über sie keine genauen Angaben machen können, was wissen wir dann über physikalische Vorgänge?

Was kann man über etwas sagen, dessen Bestandteile man nicht kennt? So war also ein radikaler Umdenkungsprozeß notwendig, der sich dann auch in der Quantentheorie niederschlug. Unser Weltbild, unsere Kultur und auch viele Wissenschaften, in deren Gebiet diese tiefgreifenden Änderungen hineinspielen, haben diesen Wandel noch nicht vollzogen und orientieren sich immer noch stark an alten und inzwischen nachweisbar überkommenen Vorstellungen.

Eine der grundlegenden Neuerungen, die sich aus diesen Erkenntnissen ergibt, ist die, daß Materie keineswegs aus so stabilen Bausteinen aufgebaut ist, wie das unserer Wahrnehmung, zum Beispiel einer Tischplatte entspricht. Die Atome, die die Materie dieser Tischplatte bilden, sind ganz anders aufgebaut, haben ganz andere Größenverhältnisse, als wir das vermuten würden.

Um das ein wenig zu erläutern, benutze ich einmal das alte Atommodell, von dem wir zwar inzwischen wissen, daß es nicht ganz der Wirklichkeit entspricht, das aber in diesem Fall als Modell dienen und die wahren räumlichen Verhältnisse tatsächlich ganz gut darstellen kann:

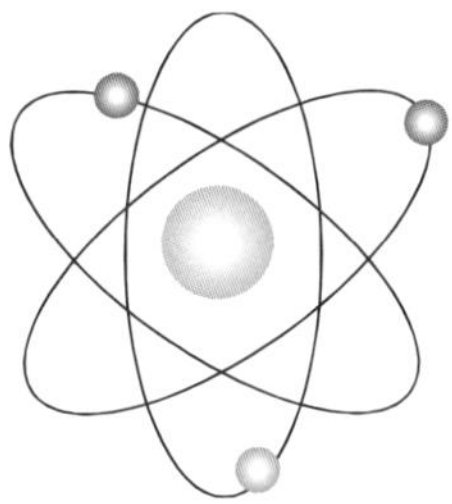

Abbildung 1

[1] Das waren die Teilchen, von deren Existenz man schon ganz am Anfang der Atomforschung wußte; später sollten dann noch eine Unzahl weiterer Teilchen hinzukommen und auch heute sind sicher noch nicht alle bekannt.

Gemäß dem Modell eines Atoms auf der Abbildung 1, besteht ein Atom aus einem Kern (und der wiederum aus Neutronen und Protonen) und einem oder mehreren Elektronen, die es umkreisen. Die Umkreisung verläuft nicht nur auf einer, sondern auf immer wieder neuen Bahnen und das mit einer so hohen Geschwindigkeit, daß nach außen der Eindruck einer festen, kugelförmigen Oberfläche entsteht. Viele dieser „Kugeln" formen dann die Materie, in unserem Beispiel die Tischplatte.

Gemeinhin haben wir jetzt aber den Eindruck, daß es sich da um massive Bausteine handelt, die ganz mit festen Stoffen, in diesem Falle Holzteilchen, angefüllt sind. Und genau das ist nicht der Fall. Um die tatsächlichen Größenverhältnisse eines Atoms und seiner Bestandteile einmal vorstellbar zu machen, vergrößern wir unser Atom solange bis der Kern die Größe einer Erbse bekommt. Bei diesem Maßstab wäre dann die Elektronenhülle 2,5 km vom Kern entfernt, d.h.: unser Atom hätte einen Durchmesser von 5 km !

Bildlich gesprochen besteht jetzt unsere Kugel mit dem obengenannten Durchmesser aber nur aus einem erbsengroßen Kern und den kreisenden Elektronen, dazwischen wäre nur Vakuum, also leerer Raum. Das eigentlich frappierende dabei ist, daß diese „Atomkugel" genauso viel wiegen würde, wie das den 5 km Durchmesser entspricht, also viele tausend Tonnen. Da nun, wie wir jetzt wissen, aber nur ein erbsengroßer Kern und ein oder mehrere Elektronen (die viel kleiner als der Kern sind), unsere Kugel bilden, bleibt nur ein logischer Schluß: Der erbsengroße Kern und die Elektronen sind es, die der Kugel das Gewicht geben; sie sind also trotz ihrer kleinen Größe mehrere tausend Tonnen schwer. Und genauso ist es.

Wie oben ausgeführt, hat das Modell mit dem Kern und den auf festen Bahnen kreisenden Elektronen ausgedient. Inzwischen hat man auch viel mehr Teilchen gefunden, Mesonen, Leptonen, Neutrinos, Photonen, Quarks, Seltsamkeiten[2], Farben und die Chaostheorie hielt ihren Einzug. Ich möchte an dieser Stelle nicht weiter auf diese Theorien eingehen, sondern nur die Zusammenhänge vermitteln, die ich brauche, um meine Ausführungen später verständlich zu machen.

Bis jetzt haben wir uns in der Welt der kleinen Teilchen, im Mikrokosmos, bewegt. Bevor ich hier weitere Prozesse schildern kann, werden wir uns jetzt eine Weile dem Makrokosmos, dem Weltall zuwenden. Die Beschreibung eines Phänomens, das allgemein als „schwarzes Loch" bekannt ist, wird uns später helfen, die Teilchen, aus denen wir bestehen, besser kennenzulernen.

[2] Es gibt tatsächlich Teilchen, die „Seltsamkeit" getauft wurden, weil sie sich seltsam verhalten und bei den Quarks gibt es mathematische Zustände, die mit „Farbe" umschrieben werden. Nicht zuletzt auch diese Terminologie macht die Ratlosigkeit der Physiker deutlich.

Schwarze Löcher

Der Augenblick ist gekommen, sich endlich bewußt zu werden, daß jede Interpretation des Universums . . . nicht nur die Außen-, sondern auch die Innenseite aller Dinge berücksichtigen muß, den Geist in gleichem Maße wie die Materie. Die wahre Physik ist jene, der es eines Tages gelingen wird, den Menschen in seiner Gesamtheit in ihre kohärente Darstellung der Welt zu integrieren.
Pierre Teilhard de Chardin

Jean E. Charon hat die Entstehung Schwarzer Löcher in seinem Buch „Der Geist der Materie"[3] allgemeinverständlich wie folgt beschrieben:

> „Das Studium der schwarzen Löcher hat sich zu einem der Zentralthemen der zeitgenössischen Physik herausgebildet, vor allem seitdem man mit Hilfe der Radioteleskope in der Cygnus-Galaxie, dem Sternbild des Schwans, ein solches entdeckt zu haben glaubt. Was ist nun ein Schwarzes Loch?
> Sterne werden geboren, leben und sterben - nicht anders als Menschen. Von einem Stern sagt man, er nähere sich seinem Tod, wenn das innere Feuer, das aus den im Sternkörper stattfindenden thermonuklearen Reaktionen genährt wird, allmählich erlischt, weil der gesamte Brennstoff verbraucht ist. Im "Todeskampf" unterscheiden sich die Sterne in ihrem Verhalten. Übersteigt ihre Masse das 3,4 fache der Masse unserer Sonne, so verwandeln sie sich zunächst in explodierende Sterne, und stoßen in diesem Stadium einen Teil ihrer peripheren Materie ab (Super-Nova). Sobald sich ihre Masse auf 3,4 Sonnenmassen reduziert hat, beginnen sie endgültig zu erlöschen. In jedem Fall aber ziehen sie

[3] 5.Auflage im Ullstein Verlag 1992 (ISBN 3-548-34074-1)

sich im Verlauf dieser letzten Periode des "Verlöschens" stark zusammen, wodurch sie zunächst zu noch relativ heißen "Weißen Zwergen" werden. Später kühlen sie noch stärker ab, wobei gleichzeitig ihr Radius immer kleiner wird. Diese fortwährende Verkleine-rung des Radius wiederum führt zu einer immer stärkeren Beschleunigung der Rotationsbewegung um die eigene Achse.[4] Wenn die Dichte solcher Sterne schließlich in der Größenord-nung der Dichte von Kernmaterie liegt, wandeln sie sich in sogenannte Pulsare, das heißt, sie werden zu Objekten, deren Masse ungefähr der Masse der Sonne entspricht, deren Durchmesser jedoch nur einige wenige Kilometer beträgt! Diese Pulsare befinden sich in radialer Pulsation, wobei die Hauptperiode bei etwa einer Sekunde liegt. Man kann diese Pulsation an den kurzen Signalen elektromagnetischer Strahlung erken-nen, die der Pulsar bei jeder Kontraktion aussendet. Doch die Energie, die als elektromagnetische Strahlung in den Welt-raum hinausgeht, ist der Rotationsenergie des Pulsars entlie-hen, wodurch die Pulsationsperiode des Sterns langsam größer wird. Zu einem bestimmten Zeitpunkt kommt es schließlich zum "Gravitationskollaps": die Rotationsbewegung des Pulsars um die eigene Achse ist so schwach geworden, daß die zentrifugalen Kräfte und der elektromagnetische Druck die kontrahieren-den Kräfte des Gravitationsdrucks nicht länger zu kompensieren vermögen; von da an verkleinert sich der Radius des Pulsars immer rascher: der Stern fällt in sich zusammen. Es ist wahr-scheinlich, daß im Zuge dieser Endphase sogar die zerquetschten Neutronen zu einem einheitlichen Magma von enormer Dichte zusammenschmelzen.

Dies, so vermutet man, ist der Moment, in dem das sogenannte Schwarze Loch *(dark hole)* entsteht. Der auf die Oberfläche des in sich zusammenfallenden Sternes wirkende Gravitationsdruck

[4] Sie kennen das von den Eiskunstläufern: wenn die ihre Pirouetten drehen und dann die Arme immer dichter an den Körper ziehen, wird die Drehung dann auch umso schneller, je enger die Arme anliegen.

verstärkt sich nämlich unaufhaltsam weiter, und zwar umgekehrt proportional zum Quadrat des schrumpfenden Radius des Sternes. Da der Raum sich immer stärker krümmt, je höher der Gravitationsdruck wird, kommt es irgendwann (von einem bestimmten Radius-Grenzwert, dem sogenannten "Schwarzschildradius" an) zu einer so starken Krümmung, daß der Raum *sich um sich selber schließt.*

Und hier haben wir nun statt einem Universum zwei: das große Universum mit seinem eigenen geschlossenen Raum von vielen Milliarden Lichtjahren Durchmesser, und an diesen angeschlossen, wie eine Blase auf der Haut eines riesenhaften Ballons, wie ein von unserem eigenen Universum hervorgebrachtes "Ei", einen zweiten selbständigen Raum, mit dem unser Universum nur noch einen einzigen "Berührungspunkt" hat; diesen nennen wir ein Schwarzes Loch.

Aus welchem Grund wählte man ausgerechnet die Bezeich-nung Schwarzes Loch? Eben darum, weil die Raum-Zeit des Schwarzen Loches sich von unserer Raum-Zeit losgelöst hat und zu einer eigenen *neuen* Raum-Zeit mit übrigens sehr anderen Eigenschaften geworden ist. Vor allem aber weist sie eine ganz wesentliche Eigenschaft auf: selbst wenn der zusammengefallene Stern - dieses Mikro-Universum mit seiner eigenen spezifischen Raum-Zeit - Licht, Neutrinos, Elementarteilchen oder sonst irgend etwas enthielte, ist es nunmehr *unmöglich* geworden, daß dieses Etwas aus der neu entstandenen "Blase" je wieder "herauskommt", das heißt in unsere Raum-Zeit zurückkehrt. Kurz gesagt, keiner unserer Sinne und keines unserer wissenschaftlichen Hilfsinstrumente - -weder die heutigen, noch die von morgen - werden je etwas über den Inhalt eines Schwarzen Loches in Erfahrung bringen können.[5] Dieser Inhalt ist wahrhaftig ins absolute Dunkel gestürzt: daher auch der Name Schwarzes Loch.[6] "

Eine weitere Besonderheit dieser Schwarzen Löcher, die sich aus Berechnungen aus dem Bereich der Relativitätstheorie ergibt, ist die, daß die Zeit hier zyklisch wiederkehrt; d.h.: sie kehrt sprungartig immer wieder zum Ausgangspunkt zurück, um dann erneut abzulaufen:

> „Die Zeit im Schwarzen Loch läuft - verglichen mit unserer Zeit - in *umgekehrter* Richtung ab! Oder anders ausgedrückt, die physikalischen Phänomene im Schwarzen Loch rollen *gegen den Lauf der Zeit* ab."[7]

Wie wir gesehen haben, ist einer der Begleitumstände bei der Bildung Schwarzer Löcher die hohe Verdichtung der Atome. Das relative Gewicht entspricht etwa dem eines Elektrons, das, wie am obigen Beispiel der 5 km großen Kugel erläutert wurde, ebenfalls sehr, sehr hoch ist. Die hohe Verdichtung der Materie dieser Sterne erfolgt dadurch, daß das Atom, welches in unserem Beispiel einen Durchmesser von 5 km hatte, auf die Größe seines Atomkerns (Erbsengröße) und seiner Elektronen reduziert wird. Dadurch liegen die Atomkerne auf einmal sehr dicht beieinander und da sie, wie wir gesehen haben, so viel wiegen, wie das dem gesamten Durchmeser entspricht, werden diese Sterne zwar immer kleiner, behalten aber ihr ursprüngliches Gewicht bei.

In seinem Buch „Komplexe Relativitätstheorie" stellt Charon den Zusammenhang zwischen superdichten Sternen wie Pulsaren und Teilchen wie Neutronen, Protonen und Elektronen her, d.h.: er schreibt Ihnen dieselben Eigenschaften zu. Der Physiker Charon zögert dann auch nicht die Tatsache der zyklisch rückwärts laufenden Zeit, die er ja

---

[5] Charon ist hier sehr absolut; tatsächlich könnte es natürlich sein, daß wir mit anderen technischen Hilfsmitteln, als sie uns heute zur Verfügung stehen, künftig mehr über die schwarzen Löcher werden erfahren können.

[6] Seite 65, „Der Geist der Materie", Jean E.Charon, Ullstein Verlag

[7] Seite 71 dito

auch für die Teilchen postuliert, mit Erinnerungsprozessen in unserem Gehirn in Verbindung zu bringen [8]. Hier könnte der Mechanismus verborgen sein, der es uns erlaubt auf Vergangenes zurückzugreifen; indem wir auf die Informationen der Elektronen zugreifen, die die Vergangenheit zyklisch wiederkehrend (übrigens: viele tausend Mal pro Sekunde) immer wieder abspulen.

Was hier so phantastisch klingt, ist heute Allgemeingut in der modernen Physik und wird wachsende Negentropie genannt, was soviel bedeutet wie wachsende Ordnung. Diese wird den Teilchen zugesprochen, die in einem Kosmos mit eigenen Gesetzen existieren, die den unseren entgegengesetzt sind: unsere materielle Welt unterliegt der wachsenden Entropie, also wachsender Unordnung. Die physikalischen Fachbegriffe sollen uns hier im Moment aber nicht interessieren.

Wir halten fest, daß die Teilchen, aus denen unser Universum aufgebaut ist, sich (nach Charon) im Mikrokosmos nach Regeln verhalten, die denen des Makrokosmos entsprechen und daß es insbesondere zwischen Schwarzen Löchern und Eigenschaften der Teilchen große Übereinstimmungen gibt.

Charon spezifiziert das noch ein wenig genauer:

> „Der Raum des Elektrons befindet sich in dauernder Pulsation, mit einem Rhythmus von ungefähr 10^{23} Perioden pro Sekunde. Während sein Durchmesser sich bei jeder Pulsation ausdehnt und wieder zusammenzieht (wobei der maximale Durchmesser etwa das Zehnfache des kleinsten Durchmessers beträgt!), schwankt die Dichte der im Elektron enthaltenen Materie zwischen den sehr unterschiedlichen Werten von tausend Milliarden und einer Million Gramm pro Kubikzentimeter.[9] Diese Dichten mögen

[8] Seite 73 dito

> enorm erscheinen, doch sind sie nicht nur für Elementarteilchen charakteristisch, sondern auch für bestimmte superdichte Sterne, wie vor allem für Pulsare, die von den Astronomen tatsächlich beobachtet werden konnten. Diese sehr hohe Dichte im Elektron hat sehr hohe Temperaturen zur Folge, die während der Pulsation des Elektrons zwischen hundert Milliarden und tausend Milliarden Grad schwanken. Diese enorm hohen Temperaturen werden ebenfalls bei extrem dichten Sternen beobachtet."

Es gibt also viele Analogien zwischen Mikro- und Makrokosmos. Doch noch einmal zurück zu den schwarzen Löchern: sie schließen im Weltall einen Raum ein, der von unserem Raum getrennt ist und sogar andere physikalische Gesetze hat[10]. Was im Weltall noch vorstellbar ist, weil es so schön weit entfernt ist, fällt uns natürlich schwerer, wenn wir es in Form eines getrennten Raumes auch in uns selbst vermuten müssen. Wie kann es sein, daß wir in einer anderen Welt leben, als z.B. unsere Elektronen, die analog den Schwarzen Löchern ihren eigenen Raum besitzen und aus denen wir ja schließlich bestehen, weil sie Teil der uns bildenden Materie sind. Um zu verstehen, wie diese räumliche Trennung vor sich geht und wie es möglich ist, daß sie in uns integriert ist, müssen wir noch einmal zurück in den Weltraum:

Einstein hat in seiner Allgemeinen Relativitätstheorie unter anderem ein geometrisches Phänomen beschrieben, daß nämlich die Anziehungskraft eines Körpers nicht nur Materie, sondern auch den sie umgebenden Raum einschließt.

---

[9] 10^{23} Perioden pro Sekunde heißt: eine eins mit dreiundzwanzig Nullen mal "pulst" diese Materie pro Sekunde und verändert dabei ihre Größe jeweils bis um das Zehnfache!

[10] Im Universum der Schwarzen Löcher verhält Zeit sich räumlich (analog unseres Raumes) und Raum sich zeitlich (analog unserer Zeit).

Je mehr Masse ein Stern hat, desto mehr kann er den ihn umgebenden Raum anziehen, ihn krümmen.

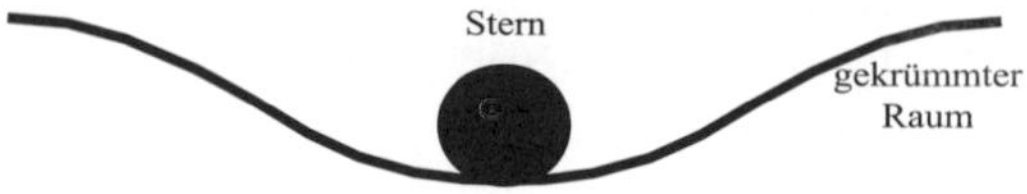

Abbildung 2

Wenn wir jetzt bei unserem Stern eine dichtere Masse und einen dann natürlich abnehmenden Radius voraussetzen, dann wird, wie Newton postuliert hat, sich der Raum um diesen superdichten Stern stärker krümmen:

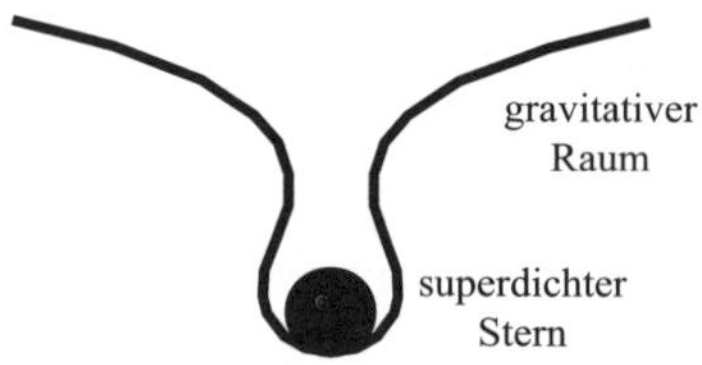

Abbildung 3

Beim Schwarzen Loch krümmt sich der Raum dann so stark, daß sich der Raum ganz um es schließt.

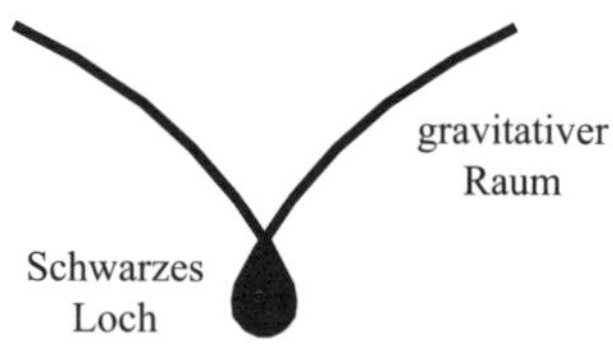

Abbildung 4

Charons Verdienst ist es nun, herausgefunden zu haben, daß Elektronen sich wie schwarze Löcher verhalten und so hat er ein Modell entworfen, das die Krümmung des Raumes durch das Elektron wie folgt darstellt:

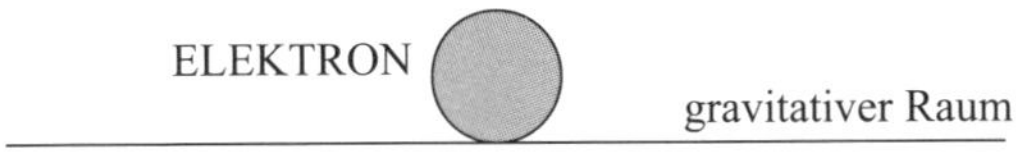

Abbildung 5

Charon vergleicht dieses Bild mit einer Seifenblase auf einer Tischplatte. Die Seifenblase schließt ihre eigene Welt ein und hat nur einen Berührungspunkt mit unserem Raum und mit unserer Zeit. Innerhalb der Seifenblase herrschen entgegengesetzte Verhältnisse, so zum Beispiel die zyklisch rückwärts laufende Zeit.

Wie aber kann jetzt das Teilchen, das Elektron mit der Außenwelt kommunizieren und wie die Außenwelt mit ihm[11]?

Charon bringt das mit der schwarzen Strahlung in Verbindung. Die Feststellung, die uns hier besonders interessiert ist die, daß die sogenannte „schwarze Strahlung" eine Art von Photonengas ist, das alle Geschwindigkeiten annehmen und alle Richtungen einschlagen kann. Photonen haben keine Materie, bewegen sich genau mit Lichtgeschwindigkeit und sind die Kommunikationsträger (wie auch Speicher) der Elektronen. Sowohl untereinander, von Elektron zu Elektron, als auch zwischen unserer Welt und der Welt der Elektronen, die Charon „Raum - Zeit des Geistes" nennt.

[11] das eine Kommunikation möglich ist wissen wir durch die chemischen Reaktionen; ohne die erforderlichen elektromagnetischen Eigenschaften der Elektronen (sie stoßen sich ab) wären diese nicht möglich

Daß die Photonen sich mit Lichtgeschwindigkeit bewegen, hat bestimmte Auswirkungen, die so bedeutend sind, daß wir uns mit dem Thema Lichtgeschwindigkeit ein wenig befassen müssen.

Lichtgeschwindigkeit

Parsifal: „Ich schreite kaum,
doch wähn' ich mich schon weit."
Gurnemanz: „Du siehst, mein Sohn,
zum Raum wird hier die Zeit."

Aus der Oper Parsifal, 1. Akt
von ***Richard Wagner***

Seitdem Einstein in seiner Allgemeinen Relativitätstheorie die Lichtgeschwindigkeit näher beschrieben hat, ist das Thema der „Zeitreisen" wieder in die Phantasie der Menschen gerückt.

Ein Beispiel ist besonders bekannt: Wenn ein Astronaut mit einer Geschwindigkeit fliegen könnte, die nahe an die Lichtgeschwindigkeit herankommt, würde für ihn die Zeit relativ langsamer ablaufen, als für die Menschen, die er auf der Welt bei seinem Start zurückläßt. Bei seiner erneuten Landung wären seine Altersgenossen von ehedem dann sehr viel älter als er, je nach Dauer seiner Reise. Je näher sich der Astronaut an die Lichtgeschwindigkeit annähern kann, umso langsamer vergeht für ihn die Zeit im Vergleich zur Erdzeit. Die Zeit vergeht für ihn *relativ* langsamer, daher „Relativitätstheorie".

Schwer vorstellbar? Es kommt noch besser: so wird ein Lineal (wie auch jeder andere Gegenstand) durch Geschwindigkeit kürzer. Ein 100 cm langes Lineal ist bei Erreichen von 90% der Lichtgeschwindigkeit nur noch 43,6 cm lang, bei 99% noch 14,1cm und bei genau Lichtgeschwindigkeit verschwindet es.

Einstein hat diese Zusammenhänge aufgedeckt und erklärt, daß Raum und Zeit keine voneinander getrennten Größen sind. Schon lange steht ja auch fest, daß unser dreidimensionaler Raum zwar für unsere Zwecke recht geeignet ist, aber wohl ein Unter - Raum eines fünf- oder sogar mehrdimensionalen Raumes ist. Da Zeit, wie wir gesehen haben, den Raum beeinflussen kann, ist das jedenfalls schon die vierte Dimension, die wir bereits kennen.

Unsere Vorstellung ist auf den dreidimensionalen Raum geeicht und eine oder mehrere Dimensionen mehr sprengen unsere Phantasie so, wie der dreidimensionale Raum die Vorstellungsmöglichkeiten von Wesen überfordern würde, die auf einem Blatt Papier, im zweidimensionalen Raum leben. Begeben wir uns einmal in einen zweidimensionalen Raum und versuchen wir das Geheimnis eines Würfels zu ergründen. Auf unserer Ebene hätte der Würfel zwar immer die gleichen Abmessungen, es wären aber immer wieder andere Zahlen auf seiner Oberfläche. Wir würden uns fragen, wie derselbe Gegenstand ohne erkennbares Muster immer wieder andere Werte haben kann. Wie kann ein und derselbe Gegenstand 6 verschiedene Wertigkeiten besitzen?

So ähnlich ergeht es uns in unserem dreidimensionalen Raum. Und es wird klar, daß die Tatsache, daß wir uns bestimmte Dinge nicht vorstellen können, nicht bedeutet, daß es diese Dinge nicht geben kann!

Der Mensch steht nicht im Mittelpunkt des Universums und ist wohl auch nicht die intelligenteste Erscheinung darin. Das ist der letzte Stoß gegen das anthropozentrische Weltbild, das in den letzten 400 Jahren nach und nach zerfällt: die Sonne kreist nicht um die Erde (Galileo Galilei), wir stammen vom Affen ab (Charles Darwin), wir sind nicht Herr unserer Psyche (Sigmund Freud), wir sind nicht Herr unserer Materie (Quantentheorie) und jetzt leben wir auch noch in einer Unterdimension eines mindestens fünf- wahrscheinlich aber mehrdimensionalen Raumes. Was ein Schlag für das menschliche Ego und wie verständlich, daß der Mensch sich, vertreten durch seine Wissenschaftler, ebenso erbittert wie unsachlich, gegen den Fall dieser Bastionen aufgelehnt hat.

Die Mittel haben sich geändert, seit Galilei, aber wie Werner Kollath in seiner Widmung für Professor Günther Enderlein in seiner "Medica Mente" feststellte:

> *"Ob man verbrannt oder kaltgestellt wird,*
> *das ist nur ein Temperaturunterschied."*

Die Elektronen und der „Spin"

Außer den Elektronen gibt es noch eine ganze Menge Teilchen, die einen sogenannten „Spin" aufweisen; wir werden uns der Einfachheit halber auf die Elektronen und ihre Spins konzentrieren.

Was ist ein Spin?

1925 fanden Uhlenbeck und Goldsmith heraus, daß die Teilchen sich, wieder ähnlich wie Planeten, um die eigene Achse drehen (engl. „spin" = drehen). Im Gegensatz zu den Planeten tun die Teilchen das aber mit einer „genormten" Geschwindigkeit, die von ihrer Masse abhängt. Änderungen dieser Geschwindigkeit müssen immer ein vielfaches dieser Normgeschwindigkeit sein. Letztere wird in der Physik nach seinem Entdecker als Planck'sche Konstante bezeichnet.

Die Teilchen können sich jetzt links- oder rechtsherum drehen, was dann als -1 oder +1 bezeichnet wird[12]. Die Grundvoraussetzung für das Funktionieren dieser Spin - Zustände ist weiterhin, daß sich der „Gesamtspin" nie ändert, daß also jedesmal, wenn ein Teilchen sich von +1 auf +2 erhöht, gleichzeitig ein anderes Teilchen seinen Spin von -1 auf -2 verändert.

Dieses Verändern der Spins kann sich innerhalb eines Teilchens zutragen, wie auch von Teilchen zu Teilchen. Letzteres kann auch zwischen zwei Teilchen passieren, die räumlich weit voneinander entfernt sind[13].

---

[12] Jetzt kommt es natürlich darauf an, ob man das Elektron von unten oder von oben betrachtet: je nach Stand des Beobachters wird sich ein Elektron einmal rechts- und einmal linksherum drehen. Das Vorzeichen spielt denn auch keine Rolle; wichtig ist nur, daß man sich auf eine Bezeichnung für eine Drehrichtung einigt und die entgegengesetze Drehrichtung (Spin) auch mit dem entgegengesetzten Vorzeichen versieht.

[13] Wobei diese Wirkung umgekehrt proportional zum Quadrat der Entfernung ist.

Der Computer

Teilchen können Informationen nun durch bestimmte Spin- Zustände speichern und zwar genauso, wie ein Computer dies tun würde: die Speicherungs- und Arbeitsvorgänge werden hier durch zwei Zustände gesteuert, nämlich 0 und 1, während Teilchen das mit verschiedenen Spin - Zuständen, z.B. mit -1 und +1, tun.

Photonen speichern nicht durch Spins, sondern durch sogenannte Raster (senkrecht - waagerecht - Raster) und erreichen dabei für uns kaum nachvollziehbare Kapazitäten. Ein Photon hat, wie am CERN in Genf auch experimentell bestätigt wurde, eine Speicherkapazität von 10^{127} bits. Das ist kaum vorstellbar und darum schreiben wir diese Zahl einfach einmal:

10.000.000.000.000.000.000.000.000.000.000.000.000.000.000.000.
000.000.000.000.000.000.000.000.000.000.000.000.000.000.000.000.
000.000.000.000.000.000.000.000.000.000.000

Übrigens: 1024 bits sind ein Megabyte, ca. 1000 Megabyte ein Gigabyte. Wenn wir von der Zahl also die letzten 6 Nullen wegstreichen, haben wir die Anzahl Gigabytes, die **ein Photon** zur Verfügung hat. Oder besser gesagt: was mit den uns zur Verfügung stehenden Untersuchungsmethoden in der vierdimensionalen Unter - Dimension eines übergeordneten fünf- oder mehrdimensionalen Raumes, den die Elektronen im Gegensatz zu uns sehr wohl beherrschen, nachgeprüft werden kann.

Ein menschliches Gehirn hat im Vergleich dazu „nur" 10^{12} bits Speicherkapazität. Wir können unsererseits Computer bauen und genauso, wie die Computer nur durch den Menschen existieren, verdanken wir letztlich unsere Existenz den Teilchen und Photonen. Der Physiker Charon schreibt hierzu, daß

> „auffallend ist, in welch bemerkenswertem Ausmaß man sich zur zentralen Informationsspeicherung bei Computern diese Mecha-

> nismen zum Vorbild nahm. Auch da sind alle „Erinnerungen" in magnetischen Elementen gespeichert, die zwei „spiegelbildliche" Zustände annehmen können (analog den Spinzuständen +1 und -1), welche durch die Symbole 0 und 1 gekennzeichnet sind. Die gesamte „Reflexion" des Computers besteht darin, an jenen Stellen, an denen die magnetische Information gespeichert ist, diese magnetischen Zustände umzukehren, so daß die Nullen in Einsen umgewandelt werden und umgekehrt. Desgleichen besteht die Reflexion des Elektrons in der Umkehrung der bestehenden Spinzustände von - auf + oder umgekehrt an ganz bestimmten Stellen des Elektronenraumes. Diese Analogie zwischen der Funktionsweise eines Computers und dem der Reflexion des Elektrons ist nicht weiter erstaunlich, wie auch mein Freund, der Psychoanalytiker Pierre Solié betonte: „Glauben Sie denn, die Physiker hätten je die Gesetze des Atoms entdecken können, wenn sie nicht selbst aus eben diesen Atomen bestünden? Und glauben Sie wirklich, daß bei den Funktionen dessen, was wir unsere Seele nennen, nicht auch das kleinste Atom unseres Organismus ein Wort mitzureden hat?" Wir geben dem Computer diese seine Struktur, die im Grunde genommen ja letztlich von den Elektronen, die unseren menschlichen Körper bewohnen, „erfunden" wurde, weil diese denkenden Elektronen das wirksamste Mittel zur Unterstützung des menschlichen Denkens bei der Reproduktion eines Mechanismus sahen, welcher dem des Elektronendenkens analog ist; eines Denkens, das sich im Laufe einer schon über Milliarden Jahre sich erstreckenden Probezeit bewährt hat."[14]

Nach Charon funktionieren Computer und Teilchen also nach demselben Prinzip. Und genauso, wie Computer nicht „klüger" sind, als wir Menschen, die sie ja geschaffen haben, genausowenig sind wir schlauer, als die Teilchen und Photonen, die uns erschaffen haben und deren

[14] Seite 176, „Der Geist der Materie", Jean E.Charon

hohe Speicherkapazität[15] jetzt in Genf so eindrucksvoll bestätigt wurde.

Und es sind tatsächlich diese Teilchen, die auch unsere Umwelt formen:

> „der Unterschied zwischen dem einen materiellen Gegenstand und einem anderen - zum Beispiel zwischen einem Atom Blei und einem Atom Gold - besteht nicht auf materieller Ebene. Die subatomaren Partikel wie Protonen, Elektronen, Quarks und Bosonen, aus denen ein Atom Blei oder Gold besteht, sind genau die gleichen. Obwohl wir sie Partikel nennen, handelt es sich dennoch nicht um materielle Dinge. Sie sind vielmehr Impulse aus Energie und Information. Was Blei von Gold unterscheidet, ist die *Anordnung* und *Anzahl* dieser Impulse aus Energie und Information.

(Bis heute kann übrigens niemand sagen, was letztlich die Teilchen veranlaßt, sich auf eine für das jeweilige Atom typische Art und Weise zu gruppieren und warum dieser Zustand dann stabil ist. Der Begriff „Chaostheorie" verrät auch ein wenig von der Ratlosigkeit, mit der wir Menschen diesem Phänomen gegenüberstehen. *Anm.d.Verf.*)

> Die gesamte materielle Schöpfung strukturiert sich aus Information und Energie. Alle Quantenereignisse sind grundsätzlich Schwankungen von Energie und Information. Und diese Impulse aus Energie und Information sind der Nicht-Stoff, der all das bildet, was wir für Stoff und Materie halten. So wird deutlich, daß nicht nur der grundlegende Stoff des Universums nicht-stofflich ist, sondern, daß es *denkender* Nicht-Stoff ist. Denn was ist ein Gedanke anderes als ein Impuls von Energie und Information?"[16]

---

[15] Natürlich ist Gedächtnisleistung noch keine Aussage über die Intelligenz; da aber die Teilchen den mehrdimensionalen Raum besser kennen als wir, zu Leistungen fähig sind, die, wie wir später noch sehen werden, wir bis heute nicht zu verstehen in der Lage sind, würde es mich zumindest nicht wundern, wenn sie auch „intelligenter" wären als wir.

Weiter oben haben wir gesehen, daß ein erbsengroßer Atomkern seine Elektronen - Hülle in etwa 2,5 km Entfernung hätte und das Atom trotzdem soviel wiegt, wie es einer Kugel diesen Durchmessers entspricht. Das Atommodell mit dem Kern und den kreisförmig rotierenden Elektronen ist aber inzwischen überholt, wir wissen heute, daß Elektronen nicht auf festen Bahnen kreisen, sondern nur einen wahrscheinlichen Aufenthaltsraum haben.

Woher aber weiß jetzt ein Gold - Atom, daß es ein solches ist, und nichts anderes? Dr. Deepak Chopra dazu weiter:

> „Hinter dem sichtbaren Gewand des Universums, hinter der Fata Morgana aus Molekülen, der *maya* - oder Illusion - der Körperlichkeit, liegt eine natürliche, unsichtbare, nahtlose Matrix aus Nichts. Dieses unsichtbare Nichts orchestriert stumm die Natur, weist sie an, leitet sie, beherrscht sie und zwingt sie, sich mit grenzenloser Kreativität, unendlicher Fülle und unbeirrbarer Genauigkeit in Myriaden von Mustern, Formen und Gestalten auszudrücken."

Zu abgehoben? Deepak Chopra vielleicht nur ein spinnerter indischer Guru? Sie möchten ein Zitat von jemand bekannterem? Lassen wir doch Max Planck selbst dazu zu Wort kommen:

> „Es gibt keine Materie an sich. Alle Materie entsteht und besteht nur durch eine Kraft, welche die Atomteilchen in Schwingung bringt und sie zum winzigsten Sonnensystem[17] des Atoms zusammenhält.
>
> Da es aber im gesamten Weltall weder eine intelligente noch eine ewige Kraft gibt, so müssen wir hinter dieser Kraft einen bewußten, intelligenten Geist annehmen. Dieser Geist ist der Urgrund aller Materie.

[16] Seite 23, Dr. Deepak Chopra, Indien, „Dein Heilgeheimnis", Haug Verlag

[17] Auch Planck zieht hier - wie Charon - den Vergleich vom Makro- zum Mikrokosmos

Nicht die sichtbare und vergängliche Materie ist das Reale, Wirkliche, Wahre - denn die Materie bestünde, wie wir gesehen haben, ohne diesen Geist überhaupt nicht - sondern der unsichtbare, unsterbliche Geist ist das Wahre.

Da es aber Geist an sich allein auch nicht geben kann, sondern jeder Geist einem Wesen zugehört, müssen wir zwingend Geistwesen annehmen. Da aber auch Geistwesen nicht aus sich selbst sein können, sondern geschaffen werden müssen, so scheue ich mich nicht, diesen geheimnisvollen Schöpfer ebenso zu benennen, wie ihn alle Kulturvölker der Erde früherer Jahrhunderte genannt haben: **GOTT.**"

Max Planck
(Aus einem 1929 im Harnack - Haus gehaltenen Vortrag. Unveröffentlichtes Manuskript).

Das muß man sich vielleicht doch mehrere Male durchlesen, bis man begreift, was hier einer der größten Physiker unseres Jahrhunderts gesagt hat. Und was seitdem auch immer mehr metaphysisches Resultat strikt physikalisch - wissenschaftlicher Betrachtung wird. Wo ist hier noch ein Unterschied zur Metaphysik aus Sicht der Religionen? Erinnern Sie sich noch an das Zitat von Prof. Thure von Uexküll? "Die Physiker glauben längst wieder an den lieben Gott, nur die Mediziner glauben noch an die Physiker."

Max Planck ist einer der führenden Physiker unseres Jahrhunderts gewesen; was er hier formuliert hat, sind keine esoterischen Traumgebäude, sondern logische Folgerungen aus den Erkenntnissen der modernen Physik. Daß dieses Zitat von Planck, wie auch ähnliche Zitate von anderen namhaften Physikern, so unbekannt geblieben sind, obwohl sie uns soviel zu sagen haben und sogar als „sensationell" bezeichnet werden könnten, liegt einfach daran, daß die sich hieraus ergebenden Schlußfolgerungen so wenig in unser Weltbild passen wollen.

Und so verschwinden solche Zitate in einer großen Schublade. Ein anderes Beispiel sind die hellsichtigen Äußerungen Newton's zum Thema Photonen:

> „Wäre es nicht denkbar", schreibt Newton in seiner Optik, „daß die Stoffe und das Licht sich ineinander umwandeln? Und wäre es nicht auch möglich, daß die Stoffe den größten Teil ihrer aktiven Kräfte aus den in ihre Zusammensetzung eingegangenen Lichtpartikeln beziehen? Wenn dem so wäre, könnte dann nicht das Licht, da es ja der aktivste aller uns bekannten Stoffe und zudem ein Bestandteil aller übrigen von der Natur hervorgebrachten Stoffe ist, das Grundprinzip sein, das alle ihre Aktivitäten steuert?"[18]

Und genauso ist es doch. Dr. Popp, der bekannte Physiker und Photonenforscher hat die Existenz von sogenannten „Biophotonen" bewiesen, die letztlich die Regulationsvorgänge in allen Lebewesen, sei es Pflanze, Tier oder Mensch, steuern.

Aber zurück zum Thema. Viele große Physiker stoßen an den Grenzen ihrer Wissenschaft immer wieder an metaphysische Zusammenhänge. Gerade auch mit unserem heutigen Wissen über Quanten und die Welt der Teilchen müssen wir zunehmend einsehen, daß unser Weltbild einer gründlichen Revision bedarf und daß das praktisch alle wissenschaftliche Bereiche einschließt. Denn Physik ist letztlich die Lehre von den Dingen, die uns umgeben, von den Naturgesetzen und der Materie. Und diese Physik ist es, die uns heute sagt, daß die kleinsten Bauteile unserer Materie nicht aus Materie, sondern aus „Nicht - Stoff" bestehen. Daß man sie nicht beobachten kann, weil sie je nach Beobachtungsweise Wellen- oder Teilchenform haben. Und auch das sind nur die Zustände, die sich im Moment der Beobachtung präsentieren; da aber unsere Beobachtung offensichtlich eine Veränderung des Zustandes dieser Teilchen bzw. Wellen herbeiführt, gibt es wahrschein-

[18] Seite 19, „Der Geist der Materie", Jean E. Charon

lich noch einen dritten Zustand, den wir aber nicht sehen können, weil eben unsere Betrachtung das Betrachtete verändert. Als wollten wir mit glühenden Zangen kleine Eiskristalle packen, um sie dann zu analysieren, entzieht die „Nicht - Materie" sich unserer Forschung. Wie aber kann man sich erklären, daß Materie letztlich aus „Nicht - Materie" besteht? Was hält uns zusammen, wenn wir aus Nichts bestehen? Und ist es wirklich „Nichts", nur weil wir es nicht sehen, nicht beobachten und erforschen können? Oder sind hier andere Betrachtungsweisen gefragt? Nicht - wissenschaftliche Betrachtungsweisen zum Beispiel? Solange die moderne Physik keine weiteren Schlüssel zu diesen Fragen findet, müssen wir anerkennen, daß es Dinge zwischen Himmel und Erde gibt, die wir nicht verstehen, die unsere (zumindest derzeitigen) Möglichkeiten überschreiten. Diese Phänomene sind aber da und solange wir keinen wissenschaftlichen Ansatz finden, hat die Empirie den Vorrang. Kann man ohne dieses Wissen die Homöopathie oder die anderen nicht - wissenschaftlichen Naturheilverfahren abschließend beurteilen? Ist es wirklich unmöglich, daß die Photonen die Information und Energie von Materie speichern können, auch wenn die Materie nicht mehr präsent ist? Nach dem, was wir gerade über die Speicherkapazität und andere Eigenschaften der Photonen erfahren haben, kann man da etwas mit Sicherheit ablehnen? Wenn Wissenschaft auf einem Weltbild basiert, von dem wir jetzt wissen, daß es so, wie wir uns das immer vorgestellt haben, gar nicht existiert, wer kann und will dann noch etwas über geistige Vorgänge im nichtstofflichen Bereich sagen? Was gilt eine materialistische Sichtweise, wenn wir nun wissen, daß es Materie ohne die geistigen Prozesse gar nicht gäbe, daß sie gewissermaßen nur deren Ausdrucksform oder besser: nur eine ihrer Ausdrucksformen ist?

Metaphysik aus Sicht der Religionen

Während viele Physiker, von denen hier schon der eine oder andere zitiert wurde, erst über den Umweg ihrer Auseinandersetzung mit dem, was in der Theologie unter dem Kapitel „Schöpfungsgeschichte" zusammengefaßt ist, zu metaphysischen Überlegungen und Schlußfolgerungen kamen, ist die Metaphysik immer schon fester Bestandteil der Theologie gewesen. Das Faszinierende daran ist, daß, je mehr wir über die Materie wissen, wir religiöse Inhalte und archetypische Bilder bestätigt finden, die dort Erklärungen finden, wo heute sogar die modernste Physik versagt. Diese Physik ist sich heute keineswegs einig über die Entstehung unseres Kosmos; immer klarer aber wird, daß ein Geist dahinter gestanden haben muß. So wird der erste Satz der Genesis „Am Anfang war das Wort" zunehmend auch von der Physik nicht nur als möglich, sondern auch als wahrscheinlich akzeptiert.

Eugen Drewermann schreibt hierzu[19] unter der Überschrift: Gott ist die Wirklichkeit, die war, "als noch nichts war"

> „Wenn man sich von Gott eine rechte Vorstellung machen will, so muß man zunächst gerade den Gedankengang geistig mitvollziehen, den der Jahwist in Gn 2, 4b—6 in der "Als-noch-nicht"-Rede darlegt und den er mit zahlreichen Mythen, z. B. mit der 3. Strophe aus "Der Seherin Gesicht" in der Edda (F. Genzmer: Die Edda, II 35) oder der 1. Tafel des Enuma-Elisch-Epos, teilt (P. Garelli u. M. Leibovici: Akkadische Schöpfungsmythen, in: Quellen des alten Orients, I 134): es ist möglich, sich jedes Ding der Welt, ja sogar die Welt im ganzen als nicht-existent zu denken; von allem, was ist, läßt sich sagen, daß es eine Zeit gab, in der es "noch nicht war" (Gn 2, 4b); nichts von allem, was ist, müßte existieren; an jedes Ding der Welt läßt sich die Frage richten, warum es existiert, und keines könnte antworten, es sei "zu

[19] Seite 338, „Strukturen des Bösen", Band I, Schöning Verlag

jeder Zeit", es sei in sich "notwendig" (zur Kategorie der Notwendigkeit und der entsprechenden Zeitform bei I. Kant vgl.: Strukturen, II1 S. 2); ein jedes müßte sich als etwas zu erkennen geben, das in seiner radikalen Kon-tingenz nicht Gott sein kann und schon durch seine Hinfälligkeit auf einen Ursprung verweist, der außerhalb seiner selbst liegt und der das Rätsel seines Daseins allererst begreifbar macht.

Die innere Bewegung der Mythen mit ihrem "Als noch nicht" (s. o. 5—6; 10) am "Anfang" aller Welt wird mithin von derselben Frage bestimmt, welche die spätere Metaphysik hervorbringt: warum ist etwas und nicht vielmehr nichts? Alle Dinge müßten nicht sein, und daß es sie gibt, ist von ihnen selbst her nicht verständlich; wer also hat gegeben, daß es sie gibt? Diesen Geber dessen, daß es alles gibt, bezeichnet der Jahwist als Gott. Solange nun jemand bei diesem "Als-noch-nicht" am Anfang der jah-wistischen Urgeschichte noch irgendetwas von der Wirklichkeit der Welt ausspart oder die Abstraktion von allem, zu der diese mythische Metaphysik einlädt, noch nicht konsequent genug vollzogen hat, steht er in der Gefahr, einen Teil der Wirklichkeit oder die Welt im ganzen für etwas Absolutes und Letztes zu nehmen . . ."

Und genau das können wir heute nicht mehr: die moderne Physik beweist, daß das, was wir Materie nennen, in letzter Instanz aus Nicht - Materie aufgebaut ist. Wer die Welt für etwas Absolutes und Letztes nimmt, geht somit an der Wirklichkeit vorbei . . . .

Paradoxes

Das Ende einer wissenschaftlichen These zeichnet sich im Vorfeld meist durch immer häufigeres Auftauchen von sogenannten Paradoxien ab. Ein Paradoxon ist etwas, das es gemäß dem augenblicklichen Wissenstand eigentlich gar nicht geben dürfte. In der Physik gibt es zur Zeit schon eine bemerkenswerte Anzahl solcher Paradoxien, die sich mit den momentanen Denkmodellen nicht vereinbaren lassen. Es werden zu solchen Zeiten typischerweise auch immer komplizierter werdende Regeln aufgestellt, die dann vielleicht doch noch das alte Denkmodell retten könnten. Auch das kann man zur Zeit beobachten.

Glücklicherweise sind die Paradoxien, die jetzt in der Quantentheorie aufgetreten sind, so paradox, daß sie gegenwärtig mit keinem Modell erklärt werden können. Das eröffnet die Möglichkeit einmal Halt zu machen und auch metaphysischen Gedankenansätzen eine Chance zu geben. Es würde den Rahmen dieses Buches sprengen, alle gegenwärtig bekannten Quantenparadoxien auch für Nicht-Physiker verständlich darzustellen, doch möchte ich sie - obwohl wir uns hier nur mit den beiden ersten befassen werden - der Vollständigkeit halber erwähnen. Die ersten beiden sollen nicht zuletzt auch deswegen genannt sein, weil sie später zum Verstehen der Funktionsweise der Radionik beitragen werden:

Die Quantenparadoxien sind:

- augenscheinlich als einzelne Teilchen (Korpuskeln) emittierte Photonen interferieren als Wellen miteinander.
- die Messung des Wahrscheinlichkeitszustandes eines Teilchens bestimmt den Zustand (Zusammenbrechen der Wellenfunktion) eines anderen.
- Elektronen, die durch Supraleiter fließen, bewegen sich vollständig kohärent.
- Elektronen, die Atomkerne umkreisen, schließen sich gegenseitig ohne Austausch einer nachweisbaren Energieform aus.
- die Energieniveaus von Kohlenstoff, Helium und Sauerstoff, sowie die eines Berylliumisotops, sind unwahrscheinlich fein korreliert.

- die physikalischen Konstanten, die die Entwicklung der Materie im Universum beherrschen, sind ebenfalls erstaunlich genau aufeinander abgestimmt.

Die ersten beiden Paradoxien möchte ich ein wenig genauer beleuchten:

Schneller als Licht

Gemäß der Einstein'schen Relativitätstheorie ist die Lichtgeschwindigkeit die schnellste existierende Geschwindigkeit. Nichts ist so schnell wie Licht!

Nun ist aber bei der Erforschung der Photonen (also der „Lichtteilchen") ein Verhalten beobachtet worden, das die obige Behauptung widerlegt. (Auch hier möchte ich nicht näher auf die genauen Versuchsanordnungen eingehen; bei Interesse können Sie das aber auf den Seiten 95 ff. des Buches „Kosmische Kreativität" von Ervin Laszlo nachlesen.) Ergebnis der Untersuchungen war jedenfalls, daß Photonen wie Wellen miteinander interferieren (Doppelspaltversuch) und darüber hinaus auch miteinander in Kommunikation stehen (Wheeler's Strahlteilungsexperiment).

Im Klartext: Teilchen (also Materie!) verhalten sich unerwarteter- und unerklärlicherweise wie Wellen (z.B. Radiowellen) und „wissen" auch noch von der Existenz anderer Photonen. Bei Laszlo[20] heißt es dazu:

> „Diese Ergebnisse zwangen Wheeler zu der seltsamen Schlußfolgerung, daß jedes Photon auf irgendeine Weise „weiß", was die anderen jeweils tun, und dementsprechend seinen Weg wählt."

---

[20] Seite 98, „Kosmische Kreativität"

Nun hatte man immer angenommen, daß nur diejenigen Photonen miteinander interferieren und „kommunizieren" können, die gleichzeitig von einer Lichtquelle emittiert werden. Nur bei solchen „Geschwisterphotonen", so die Erwartung, würde dieses „Wissen" um die anderen Photonen existieren. Und genau das ist nicht der Fall! Laszlo weiter:

> „Dieses ungewöhnliche „Wissen" wird dadurch noch ungewöhnlicher, daß es von Zeit und Raum nicht beeinflußt wird. In einer „kosmologischen" Version des Doppelspalt-Experiments werden Photonen gemessen, die aus einer fernen Galaxie stammen. So wurde zum Beispiel die Lichtemission des quasistellaren Doppelobjektes mit der Bezeichnung 0957+5I6A,B gemessen. Man nimmt heute an, daß dieser ferne Quasar nur ein einzelnes astronomisches Objekt darstellt, und daß das von uns beobachtete Doppelbild wegen der Ablenkung des Lichts durch eine Galaxie entsteht, die von uns etwa ein Viertel des Gesamtabstandes Quasar-Erde entfernt ist. Diese Ablenkung aufgrund der Wirkung einer „Gravitationslinse" ist groß genug, um zwei Lichtstrahlen zusammenzuführen, die von einem Quasar aus der Entfernung von Milliarden von Lichtjahren abgestrahlt wurden. Infolge der zusätzlichen Strecke, welche die von der Galaxie abgelenkten Photonen zurücklegen müssen, sind sie 50.000 Jahre länger unterwegs als diejenigen Photonen, die uns auf dem direkten Wege erreichen. Obwohl die Lichtstrahlen vor Milliarden von Jahren mit einem Zeitunterschied von 50.000 Jahren ausgesandt wurden, interferieren sie miteinander genauso, als ob sie innerhalb von Sekunden im Labor abgestrahlt worden wären. Schon die Interferenz selbst ist seltsam genug, die Tatsache jedoch, daß sie nicht der Begrenzung von Raum und Zeit unterworfen ist, stellt alle Erwartung darüber auf den Kopf, wie sich einzelne Objekte in der Natur verhalten sollen.
>
> Im Hinblick auf diese und ähnliche Anomalien kann man die Vorstellung in Frage stellen, daß wir die physikalische Realität unabhängig von unseren Beobachtungen erkennen können. Wie

Bohr meinte, fehlt uns die Grundlage, um darüber zu sprechen, was Quanten wirklich sind und was sie zwischen der Beobachtung ihrer Abstrahlung und Registrierung eigentlich tun. Was immer dazwischen passiert, gleicht - nach Wheelers bildhafter Formulierung - einem „großen feuerspeienden Drachen". Das Ende des Drachenschwanzes ist genau zu sehen, auch sein Maul, das in den Detektor beißt, ist scharf, der übrige Körper verschwindet jedoch dazwischen im Rauch. „Das Quantenphänomen ist das seltsamste Ding in dieser seltsamen Welt", wie es Wheeler formulierte."[21]

Und da ist noch ein Verhalten, das bisher nicht erklärt werden kann: wenn man bei einem Doppelspaltversuch Photonen emittiert - das heißt: eine Lichtquelle auf eine Wand richtet, die nur zwei Spalten hat - und an jeder der beiden Spalten einen Teilchenzähler installiert, der vorbeikommende Photonen messen kann, dann stellt man fest, daß *ein* Photon als Teilchen *gleichzeitig* durch beide Spalten wandert und dann auch noch, hinter der Wand, als Welle mit anderen Photonen interferiert. Das ist so unvorstellbar, daß einem das Ausmaß unseres Unwissens bewußt wird . . .

Und eine weitere Versuchsanordnung wurde gewählt, um den Photonen auf die Schliche zu kommen. Wie wir eingangs dieses Kapitels gesehen haben, ist es ja nicht möglich zugleich eine Aussage über Aufenthaltsort und Geschwindigkeit eines Teilchens zu machen. Der von Einstein vorgeschlagene „Trick" beim Versuchsaufbau sah nun so aus, daß man ein Zwillingspaar von Photonen schafft (durch Zusammenstoß eines Elektrons mit einem Positron) und dann bei einem den Aufenthaltsort und beim anderen die Geschwindigkeit, den Impuls bestimmt.

So hätte man, wenn das funktioniert hätte, die „Unschärfe" umgehen und eine Aussage über beide Zustände zugleich machen können - ein Ergebnis, das nach der Quantentheorie nicht zulässig ist. Einstein

[21] Seite 98ff., „Kosmische Kreativität", Ervin Laszlo

war der Meinung, daß die Quantentheorie im Irrtum war und erwartete, daß dieses Experiment seinen Standpunkt bestätigen würde.

> Das EPR[22]-Experiment wurde bereits 1935 vorgeschlagen, aber es dauerte bis zum Jahre 1980, bis schließlich eine Version dieses Experiments mit physikalischen Meßgeräten durchgeführt werden konnte. Der von Alain Aspect und seinen Mitarbeitern durchgeführte Versuch zeigte, daß die Messung eines Teilchens die Wellenfunktion des anderen Teilchens trotz der räumlichen Entfernung voneinander zusammenbrechen ließ. Ebenso wie im Doppelspalt-Experiment zeigte sich hier die unmittelbare Verbundenheit zweier räumlich getrennter Teilchen. Dieses Ergebnis war von John Bell bereits in den 60er Jahren vorausgesagt worden. Nach Bells Theorem muß sich ein Signal augenblicklich zwischen zwei räumlich entfernten Teilchen ausbreiten. Es scheint, daß Signale, die hier nicht mit Information im operationalen Sinne gleichzusetzen sind, eine endliche Strecke im Raum durchqueren können, ohne hierfür eine bestimmte Zeit zu beanspruchen."[23]

Diese Prozesse sind also unabhängig von Raum und Zeit. Und das ist jetzt kein erdachtes Gedankengebäude, kein esoterischer Wunschtraum, das sind die Resultate wissenschaftlich durchgeführter und wissenschaftlich anerkannter Versuchsanordnungen. Das sind Tatsachen, das ist aktueller Stand in der heutigen Physik. Erklärungen dafür gibt es (noch) keine.

Das stellt uns jetzt aber vor das Problem, daß wir entweder überlichtschnelle Übermittlung akzeptieren müssen, weil diese Übermittlung ja gleichzeitig vor sich geht, oder die Tatsache, daß ein Photon in der Zeit rückwärts laufen kann, um seinem „Zwillingsphoton" Bescheid zu geben, daß es gemessen wurde. Zusammen mit der Tatsache, daß ein Photon eine Speicherkapazität von 10^{127} bits hat, wie wir weiter

---

[22] Einstein, Podolski, Rosen = EPR

[23] Seite 100, „Kosmische Kreativität", Ervin Laszlo

oben gesehen haben, eröffnen sich hier Dimensionen, die wir (noch) mathematisch - physikalisch - wissenschaftlich nicht erfassen können, deren Auswirkungen wir in unserer Umwelt aber auf Schritt und Tritt begegnen.

Nur wurde die Existenz dieser Phänomene bisher bestritten bzw. verdrängt. Wissenschaftler, die sich mit diesen Phänomenen empirisch beschäftigt haben, fanden sich schnell in Randbereiche abgedrängt wieder, und wurden oft genug sogar verhöhnt und verspottet. Nachfolgend möchte ich auf diese „Randbereiche" eingehen und die Analogien zu den oben ausgeführten Erkenntnissen der modernen Physik aufzeigen:

Telepathie

Die Telepathie ist so ein Beispiel. Bis heute gibt es keine vernünftige, wissenschaftliche Erklärung für Telepathie, aber daß es sie gibt, darf wohl als Tatsache angesehen werden.

Wir haben gesehen, daß Photonen in der Lage sind, ohne Beschränkung durch Raum oder Zeit, miteinander zu kommunizieren. Nun, Telepathie ist vom Prinzip her auch nichts anderes, nämlich die (gleichzeitige) Kommunikation zwischen zwei (oder mehreren) Organismen - ohne Beschränkung durch Raum oder Zeit. Die Frage taucht auf, ob die Begabung zur Telepathie vielleicht darin besteht, daß diese Menschen einen unbewußten Zugang zur Information gefunden haben, die von Photonen gespeichert und übermittelt werden kann.

In der Zwillingsforschung bei eineiigen Zwillingen sind durch viele Versuchsreihen eindeutige Beweise dafür erbracht worden, daß es zwischen solchen Geschwistern Kommunikationsmöglichkeiten gibt, die mit der klassischen Physik einfach nicht zu erklären sind. Eineiige Zwillinge haben identische Erbanlagen, was die Fähigkeit zur Telepathie ganz offensichtlich stark erhöht. Auch außerhalb von Laborversuchen sind Fälle bekannt geworden, bei denen Zwillinge, die nicht einmal voneinander gewußt hatten, weil sie in Waisenhäusern getrennt worden waren, in Kommunikation getreten sind und sich dann gefunden haben. Besonders bei Situationen, bei denen einer der Zwillinge in Lebensgefahr gerät, steigt das telepathische Potential drastisch an.

Auch im täglichen Leben begegnet uns Telepathie, wenn auch in etwas abgeschwächterer Form: noch mit am Stärksten ist die Beziehung hier zwischen Mutter und Kind. Mütter haben eine „Antenne" für ihr Kind; so wachen sie zum Beispiel auch mitten im tiefsten Schlaf auf, wenn es ihrem Kind nachts plötzlich nicht gut geht. Und das auch dann, wenn die räumliche Trennung so groß ist, daß man das nicht durch akustische Phänomene erklären kann.

> „Diese elementare Verbindung zwischen Mutter und Kind ist inzwischen auch medizinisch erfaßt und bezeichnet. Frederic Vester sagt: „Mutterliebe läßt sich drahtlos steuern." Es handelt sich dabei um ein Urverhalten der Natur. Diese bisher nicht erklärbare Gleichzeitigkeit gehört sicher zu dem weiten Bereich der Kommunikation über morphische Resonanz."[24]

Auch wenn wir an jemand denken, den wir lieben, wissen wir manchmal schon beim Klingeln des Telefons, daß es diese Person ist. Wir verdrängen das dann, weil das ja nicht sein kann, aber jeder von uns hat schon solche Erfahrungen gemacht.

Und Telepathie gibt es nicht nur zwischen Menschen, sondern auch zwischen Pflanze und Mensch (siehe das Kapitel über Backster's Pflanzenexperimente) und zwischen Tier und Mensch. Wie sonst wollten Sie das Verhalten eines Hundes erklären, an dessen Verhalten man schon Minuten vorher das Eintreffen von „Herrchen" oder „Frauchen" erkennen kann?

Rupert Sheldrake, der sich auch mit diesem Phänomen befaßt hat, nennt in seinem Buch „Sieben Experimente, die die Welt verändern

[24] Seite73, „Gespräch mit Rupert Sheldrake", Karsten Welte

könnten" einige Beispiele von Verbindungen zwischen Haustieren und Menschen, von denen hier zwei genannt sein sollen:

> „In meinem Heimatort Newarkon-Trent hatte ich eine Nachbarin, eine Witwe, die eine Katze hielt. Ihr Sohn war bei der Handelsmarine. Einmal erzählte sie mir, sie wisse immer, wann ihr Sohn nach Hause komme, auch wenn er sich nicht ankündige. Die Katze setze sich dann auf die Fußmatte an der Eingangstür und miaue, bis er endlich da sei. «So weiß ich immer, wann ich anfangen kann, ihm seinen Tee zu machen», sagte meine Nachbarin. Sie gehörte nicht zu den Frauen, die sich so etwas ausdenken, wenn sie die Geschichte vielleicht auch ein wenig ausgeschmückt hat. Ihre selbstverständliche Art des Umgangs mit diesem «paranormalen» Phänomen gab mir jedenfalls zu denken. Ging hier vielleicht wirklich etwas Seltsames vor? Oder war das alles nur Einbildung, Produkt eines abergläubischen, wunschgeleiteten, unwissenschaftlichen Denkens? Ich merkte bald, daß viele Haustierhalter ähnliche Geschichten zu erzählen haben. In manchen Fällen schienen die Tiere Stunden im voraus zu wissen, wann ein Familienmitglied nach längerer Abwesenheit nach Hause kommen würde. In anderen, eher normal anmutenden Fällen gerieten die Tiere, kurz bevor Herrchen oder Frauchen von der Arbeit kam, in Aufregung."

1919 veröffentliche der amerikanische Naturkundler William Long ein faszinierendes Buch mit dem Titel "How Animals Talk" (Wie Tiere sprechen). Darin erzählt er, wie der Hund, den er als Junge hatte, ein alter Setter namens Don, auf seine Internatszeit reagierte:

> "Ich ließ Don sehr ungern zurück, wenn ich wieder zur Schule mußte; und er schien immer zu wissen, wann ich wieder einmal auf dem Weg nach Hause war. Monatelang hielt er sich beim Haus auf und gehorchte meiner Mutter, die eigentlich nie einen Hund hatte haben wollen, aufs Wort. Aber an dem Tag, wo man mich erwartete, verließ er das Grundstück, auch wenn es ihm verboten wurde, und suchte eine kleine Anhöhe hinter dem

Heckenweg auf, von wo aus er die Hauptstraße überblicken konnte. Und um welche Zeit ich auch ankommen mochte, mittags oder um Mitternacht, immer traf ich ihn dort wartend an. Einmal brach ich von meinem Schulort auf, ohne mich daheim anzukündigen. An dem Tag konnte meine Mutter Don nicht finden und rief ihn vergeblich. Einige Stunden später, als er nach vielem Rufen immer noch nicht erschienen war und sogar sein Mittagessen versäumte, ging meine Mutter auf die Suche und fand ihn erwartungsvoll an seinem Aussichtspunkt ausharrend . . . Ohne den geringsten Zweifel, daß mein Zimmer bald gebraucht würde, ging sie wieder ins Haus und traf die Vorbereitungen. Hätte der Hund sich öfter dort oben herumgetrieben, so hätte man einen Zufallstreffer in der Sache sehen können; aber er hielt sich dort nur an Tagen auf, an denen man mich erwartete. Einmal wurde beobachtet, daß er seinen Posten wenige Minuten nach der Abfahrt meines Zuges in der fernen Stadt einnahm. Anscheinend wußte er, wann ich nach Hause aufbrach."

Solche Geschichten gibt es viele. Aber wie ernst können wir sie nehmen? Der Skeptiker innen und außen ist immer schnell bei der Hand mit Erklärungen wie: Zufall, subtile Hinweise, scharfer Geruchs- und Gehörsinn, Routine oder eben die Leichtgläubigkeit, das Wunschdenken, der Selbstbetrug derer, die an so etwas gern glauben möchten. Diese wohlfeilen Standardeinwände sind nicht das Ergebnis detaillierter empirischer Studien. Man muß sogar sagen, daß zu diesen Fragen noch so gut wie gar keine Forschung stattgefunden hat. Und das liegt gewiß nicht am allgemeinen Desinteresse. Im Gegenteil, es gibt ein sehr breites Interesse an den rätselhaften Kräften der Haustiere. Die Kosten dürften auch kaum das Problem sein. Die grundlegenden Experimente kosten praktisch nichts."[25]

---

[25] Seite 24ff, „Sieben Experimente, die die Welt verändern könnten", Rupert Sheldrake

Ervin Laszlo gibt Sheldrake recht:

> „Nicht wenige Leute, die ihrem ganzen Verhalten nach absolut nicht den Eindruck geistiger Verwirrtheit machen, werden bestätigen, daß sie ohne die Vermittlung irgendeiner „Sprache" mit Tieren, Pflanzen, ja sogar Steinen eine Kommunikationsmöglichkeit finden. Einige nordamerikanische Indianer behaupten, daß die Bäume „sprechen". Freilich wird diese Fähigkeit mit der gesamten Natur in Verbindung zu treten, nicht von allen Menschen gleich stark empfunden, und die telepathischen Phänomene, soviel ist sicher, werden nicht annähernd so allgemein verspürt wie die Phänomene der Schwerkraft. Ist das aber ein ausreichender Grund dafür, ihre Existenz ganz pauschal zu bestreiten?"[26]

Was sind das für Leute, die solche Behauptungen aufstellen und über telepathische Phänomene schreiben? Rupert Sheldrake darf man als bekannt voraussetzen; Dr. Dr. mult. h.c. Ervin Laszlo, war zuerst Konzertpianist unter Bruno Walter und Leopold Stokowski. Er promovierte in Naturwissenschaften an der Pariser Sorbonne, war Dozent an den Universitäten von Yale und Princeton und Professor für Philosophie, Systemwissenschaft und Zukunftsforschung. Er ist heute wissenschaftlicher Berater der UNESCO, Mitglied des Club of Rome, Rektor der Wiener Akademie für Zukunftsfragen, Gründungsrektor der Frankfurter Akademie für evolutionäres Management und hat bis dato etwa 50 Bücher veröffentlicht.

Kann man, wenn sich Wissenschaftler wie Sheldrake, Laszlo und viele andere, sich mit Phänomenen wie der Telepathie ernsthaft auseinandersetzen und zu übereinstimmenden Resultaten kommen, diese dann einfach als nicht - wissenschaftlich ablehnen? Laszlo weiter:

> „Vermutlich war Telepathie bei den sogenannten primitiven Völkern ziemlich alltäglich. Bis zum heutigen Tage scheinen australische Aborigines gelegentlich über das Schicksal von Familien

[26] Seite 87, „Der Geist der Materie" Jean F. Charon

> und Freunden informiert zu sein, selbst wenn jede direkte sinnliche Wahrnehmung ausgeschlossen werden kann. Der Anthropologe A.P. Elkin stellte fest, daß ein australischer Ureinwohner, weit entfernt von seinem Heimatgebiet, „eines Tages plötzlich mitteilt, daß sein Vater tot sei, daß seine Frau ein Kind geboren hat, oder daß es Schwierigkeiten in seiner Heimat gibt. Er ist seiner Sache dabei so sicher, daß er sofort zurückkehren würde, wenn er könnte."[27]

Australische Aborigines waren aber natürlich (?) nicht Beweis genug und so ging man in den USA in den siebziger Jahren daran, dieses Phänomen auch wissenschaftlich zu ergründen.

Russel Targ und Harold Puthoff, zwei Physiker vom Stanford Research Institute, haben die bekanntesten Experimente zu diesem Thema durchgeführt.

> „Targ und Puthoff wollten sich von der Wirklichkeit telepathischer Übertragung zwischen verschiedenen Personen überzeugen, wobei eine Person als „Sender" und die andere als „Empfänger" fungierte. Der Empfänger befand sich in einer abgeschlossenen, undurchsichtigen, elektrisch abgeschirmten Kammer; der Sender saß in einem anderen Raum, wo regelmäßig helle Lichtblitze ausgelöst wurden. Die Gehirnwellen des Senders und Empfängers wurden elektroenzephalographisch aufgezeichnet. Erwartungsgemäß zeigte die Hirnwellenkurve des Senders die typischen Ausschläge, die beim Anblick starker Lichtblitze auftreten. Nach einem kurzen Intervall begann aber der Empfänger die gleichen Ausschläge in seinem EEG-Muster zu produzieren, obwohl er die Lichtblitze nicht sehen konnte und keinerlei verräterische Sinnessignale vom Sender erhielt. Als nächstes entwarfen die Forscher sogenannte Fernwahrnehmungsexperimente (engl.: „remote viewing"). Bei diesen Experimenten sind Sender und Empfänger weit voneinander entfernt, so daß keinerlei direkte Kommunika-

[27] Seite 145, „Kosmische Kreativität", Ervin Laszlo

tion möglich ist. An einem bestimmten, zufällig ausgewählten Ort konzentriert sich der Sender auf seine Umgebung und wirkt dabei wie ein geistiger „Leuchtturm"; der Empfänger bemüht sich zur gleichen Zeit, das Bild aufzunehmen, das der Sender betrachtet. Zur Dokumentation seiner Eindrücke gibt er eine wörtliche Beschreibung und fertigt nach Möglichkeit eine Skizze an. Unabhängige Beurteiler, die die tatsächliche Charakteristik des vom Sender besuchten Ortes mit den Skizzen des Empfängers verglichen, fanden eine Übereinstimmung von durchschnittlich 66%.

Fernwahrnehmungsexperimente, die von anderen Forschern durchgeführt wurden, betrafen z. T. Entfernungen bis zu einigen tausend Kilometern. Unabhängig davon, wo und von wem solche Versuche durchgeführt wurden, betrug die Erfolgsquote etwa 50% und lag damit beträchtlich über der Zufallswahrscheinlichkeit. Die erfolgreichsten Experimentatoren schienen diejenigen zu sein, die entspannt, aufmerksam und meditativ waren. Nach ihren Berichten empfingen sie zunächst einen vorläufigen Eindruck einer sanften und fließenden Form, die sich allmählich zu einem vollständigen Bild entwickelte. Sie empfanden das so entstandene Bild als eine Überraschung, weil es sowohl sehr klar war als sich auch gleichzeitig deutlich anderswo befand."[28]

Es ist immer wieder versucht worden die Seriosität dieser Experimente in Zweifel zu ziehen und die Trefferquote, die weit jenseits der Zufallswahrscheinlichkeit liegt, durch Meßfehler, betrügerische Absichten, Irrtümer oder mangelnde Qualifikation der Durchführenden, zu erklären. Die Erkenntnisse in der modernen Physik lassen nun aber immer mehr Raum für solche Prozesse und wenn wir auch nicht sagen können, daß wir mit den oben genannten Quantenparadoxien hier gesicherte Grundlagen gefunden haben, so sind die Analogien doch immerhin so erstaunlich, daß sie uns nachdenklich machen sollten. Nachdenklich und vor allem offen.

---

[28] Seite 146, „Kosmische Kreativität", Ervin Laszlo

Wenn uns die moderne Physik hier etwas sagen kann, dann doch das, daß der Geist über die Materie herrscht und nicht umgekehrt. Daß dem so ist, wissen wir heute und wenn nun alles, was ist, aus geistigem Nicht-Stoff besteht, warum sollte der dann nicht in der Lage sein, auch ohne Leitung zu „telefonieren". Nur weil wir Menschen unserer stofflichen Welt verhaftet sind und uns in ihr gefangen haben, heißt das nicht, daß die Realität sich mit unserer Wahrnehmung deckt. Der Wahrnehmung des „zivilisierten Menschen" wohlgemerkt, Naturvölker haben sich diese Fähigkeiten ja doch offensichtlich erhalten.

> „Die Art und Weise, in der wir die Realität wahrnehmen, wird stark von unbewußt vorhandenen Glaubenssätzen beeinflußt. Die aus der Psychotherapie bekannten Phänomene der Ablehnung und des Widerstandes illustrieren, wie gründlich wir bei Dingen wegschauen, die bedrohlich für unsere inneren Bilder sind, wenn sie mit tief verinnerlichten Glaubenssätzen in Konflikt geraten. Untersuchungen über Hypnose, Selbsterwartungen und Erwartung des Versuchsleiters, Autoritätsgläubigkeit und Vorurteile, unterschwellige Wahrnehmung und selektive Aufmerksamkeit haben immer wieder ergeben, daß unsere Wahrnehmungen und „Realitätsüberprüfungen" wesentlich stärker als gemeinhin angenommen von Glaubenssätzen, Einstellungen und anderen mentalen Prozessen, die größtenteils unbewußt ablaufen, beeinflußt werden. Wir nehmen das wahr, was wir erwarten, was uns wahrzunehmen suggeriert wurde, was wir wahrnehmen „müssen" - und das Ganze in einem Maße, daß wir erschrecken würden, wäre es uns bewußt. Dieser Einfluß der Glaubenssätze auf die Wahrnehmung wird intensiviert, wenn viele Menschen das gleiche glauben. Kulturanthropologen haben eingehend belegt, daß Menschen, die in unterschiedlichen Kulturen leben, tatsächlich eine unterschiedliche Wirklichkeit wahrnehmen."[29]

Es ist aber nicht nur so, daß die Glaubenssätze die Wahrnehmung von etwas lediglich beeinflussen können, sondern sie können auch tatsäch-

---

[29] Seite 33, „Bewusst - Sein im Wandel", Willis Harmann

lich in der Realität Tatsachen schaffen, die ihre Erwartungen bestätigen. Die Engländer nennen das die „self - fulfilling prophecy", eine sich selbst erfüllende Vorhersage. Was damit gemeint ist, kann an zwei Tierexperimenten aufgezeigt werden:

Der Einfluß der Erwartung auf Tiere

Tiere reagieren nicht auf alle Menschen gleich, wie jeder Haustierbesitzer oder Tierabrichter weiß. Sie erkennen die Menschen, an die sie gewöhnt sind, und bleiben bei Fremden eher zurückhaltend. Sie scheinen auch zu spüren, ob man freundlich gesinnt ist, ob man Angst oder Zutrauen hat, und sie reagieren auf Erwartungen. Schon von der Alltagserfahrung her scheint es uns kaum erstaunlich, daß Wissenschaftler, die mit Tieren experimentieren, sie auch persönlich beeinflussen. Ihre Einstellungen und Erwartungen teilen sich den Tieren mit. Die klassische Untersuchung über die Auswirkungen der Experimentator-Erwartung auf Tiere stammt aus den sechziger Jahren und wieder von Robert Rosenthal und seinen Kollegen. Sie nahmen Studenten als Experimentatoren und Ratten als Versuchstiere. Die Ratten stammten aus *standardisierter* Laborzüchtung und wurden willkürlich in zwei Gruppen eingeteilt - die «labyrinthschlauen» und «labyrinthdummen» Ratten. Den Studenten sagte man, diese Tiere seien generationenlang auf gute beziehungsweise schlechte Leistungen im Standardlabyrinth gezüchtet worden. Natürlich erwarteten die Studenten, daß die «schlauen» Ratten schneller lernen würden als die «dummen». Und siehe da, eben das fanden sie auch. Alles in allem gab es bei den «schlauen» Ratten 51 Prozent mehr richtige Reaktionen als bei den «dummen» Ratten, und sie lernten um 29 Prozent schneller.

Diese Befunde wurden in anderen Laboratorien und mit anderen Lernarten bestätigt. Ähnliche Experimentator-Effekte hat man auch bei Plattwürmern beobachtet; das sind niedere Lebewesen, die im Schlamm am Grund von Tümpeln und in anderen nassen Lebensräumen zu Hause sind. Bei einem Experiment wurde eine Anzahl solcher im wesentlichen identischen Planaria-Würmer in zwei Gruppen eingeteilt; die eine wurde als Züchtung mit relativ wenigen Kopfdrehungen und Kontraktionen («reaktionsschwache Würmer») ausgegeben, die andere als Zuchtstamm mit vielen Kopfdrehungen und Kontraktionen («reaktionsstarke Würmer»). Mit diesen Vorgaben stellten die Experimentatoren bei den «reaktionsstarken» Würmern durchschnittlich fünfmal mehr Kopfdrehungen und zwanzigmal mehr Kontraktionen fest als bei den anderen.

Erwartungseffekte werden zwar erst seit den sechziger Jahren systematisch erforscht (und sind inzwischen durch Hunderte von Spezialstudien belegt), aber bekannt sind sie schon viel länger. Bertrand Russell brachte es mit seinem charakteristischen Witz und Scharfsinn schon 1927 auf den Punkt:

> „In welcher Weise die Tiere lernen, ist in den letzten Jahren mit ausdauerndem, geduldigem Beobachten und Experimentieren eingehend studiert worden . . . Man kann sagen, daß diese so sorgfältig beobachteten Tiere mit ihrem Verhalten alles in allem die Philosophie bestätigen, an die ihr Beobachter glaubte, bevor er mit dem Beobachten begann. Und damit nicht genug, zeigen sie auch noch die nationale Eigenart des Beobachters. Von Amerikanern studierte Tiere jagen hektisch umher, zeigen eine unglaubliche Umtriebigkeit und erreichen das gewünschte Ergebnis schließlich durch Zufall. Von Deutschen beobachtete Tiere sitzen da und denken, bis sie die Lösung schließlich aus der Tiefe ihres Bewußtseins heraufbefördern."[30]

Was also ist Wirklichkeit, was ist Wahrnehmung und welche Rolle spielen wir darin? Kann es Objektivität unter diesen Umständen überhaupt geben? Und - wenn Objektivität eines der Kernpostulate der Wissenschaft ist - kann es dann Wissenschaft geben?

> „Daß die Wissenschaft einer Gesellschaft dadurch geprägt wird, wie in dieser Gesellschaft allgemein die Wirklichkeit erlebt wird, und umgekehrt, kann ein zutiefst beunruhigender Gedanke sein, wenn man die sich daraus ergebenden Konsequenzen betrachtet.

[30] S.225, „Sieben Experimente, die die Welt verändern könnten", Rupert Sheldrake

> Wir, die wir in einer modernen Gesellschaft erzogen worden sind, gehen natürlich davon aus, daß unsere wissenschaftliche Sichtweise der Wirklichkeit völlig richtig ist und die anderer, „vorwissenschaftlicher" oder „primitiver" Kulturen falsch. Wir müssen jedoch die Möglichkeit in Betracht ziehen, daß sich manche dieser anderen Sichtweisen aus einem anderen kulturellen Blickwinkel ergeben und daß sie andere Aspekte der gesamtmenschlichen Erfahrung betonen; sie sind eher komplementär als falsch."[31]

Das heißt, daß die Dinge, von denen in diesem Buch die Rede ist, sich vielleicht ständig um uns ereignen, daß wir sie aber nicht wahrnehmen, weil unsere Aufmerksamkeit auf solche Ereignisse nicht eingestellt ist, oder daß wir es wahrnehmen und dann gleich verdrängen, weil "das ja gar nicht sein kann." Ist es Ihnen nicht schon öfters passiert, daß Sie an jemand gedacht haben (den Sie vielleicht auch schon länger nicht gesehen haben) und daß diese Person sich dann "zufällig" gerade dann gemeldet hat? Haben Sie nicht schon einmal einen Entschluß gefaßt und dann "zufällig" gerade den Menschen getroffen, der Ihnen dann weiterhelfen konnte? Hatten Sie schon einmal einen Traum über jemand oder etwas und konnten dann hinterher feststellen, daß sich das auch wirklich so zugetragen hat? Haben Sie vielleicht einmal andere Erlebnisse gehabt, die sich nicht mit "normalen" Parametern erklären lassen? Sind Sie offen für solche Phänomene?

Aus den Beispielen für Telepathie und den oben aufgeführten Versuchsreihen mit den Ratten und den Planaria - Würmern geht hervor, daß sich die geistigen Prozesse, die zwischen Materie und Materie stattfinden, nicht nur darauf beschränken müssen, wie bei der Telepathie einander Informationen zu übermitteln, sondern daß es sogar möglich ist durch Gedanken (nichts anderes sind ja doch Erwartungen) das *Verhalten* von Materie und anderen Organismen zu beeinflussen. Ja, nicht nur das Verhalten von Tieren, wie in Rosenthals Experimenten, sondern auch von Pflanzen, wie wir später noch in dem Kapitel zu Backster sehen werden. Und sogar von "toter" Materie:

[31] Seite 33, „Bewusst - Sein im Wandel", Willis Harmann

Galton's Brett

Der Engländer Francis Galton hat 1894 eine Vorrichtung konstruiert, die den Effekt vieler binärer Ereignisse[32] auf eine statistische Normalverteilung (die Gauss'sche Glocke) darstellen sollte.

Zu diesem Zweck baute er den nebenstehenden Apparat, bei dem die Kugeln aus dem oben angebrachten Behälter auf Nägel trafen, von denen sie dann entweder nach rechts oder links auf die folgende Ebene Nägel fielen. Von da konnten sie dann wiederum nach rechts oder links weiterfallen usw. Nach der letzten Ebene Nägel landeten sie dann in Behältern, wo sie dann gezählt wurden. Die statistisch zu erwartende Verteilung der Kugeln sieht dann so aus, daß jeweils in der Mitte der höchste Stand erreicht wird und die Pegel nach den Außenseiten hin abfallen. Diese Form entspricht der einer Glocke, die nach ihrem Entdecker als Gauss'sche Glocke bezeichnet wird.

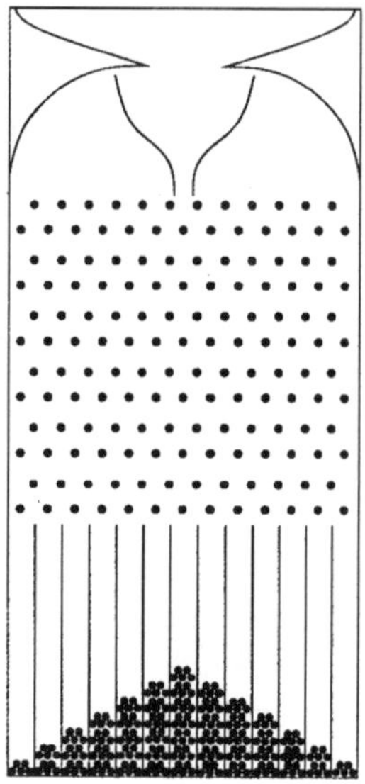

Die Physiker Robert G. Jahn und Brenda J. Dunne haben ein Galton'sches Brett gebaut und es von Testpersonen bedienen lassen, die versuchen sollten aus einer Distanz von mehreren Metern durch Willenskraft die Bahn der Kugeln in eine vorher angekündigte Richtung abweichen zu lassen.
Die Testpersonen waren willkürlich gewählt, gewöhnliche Menschen, ohne bekannte paranormale Kräfte oder ähnliches. Jede Testperson absolvierte 76 Sitzungen, mit 10 - 20 Abläufen pro Sitzung. Das Er-

[32] ein binäres Ereignis ist ein Ereignis, bei dem es nur zwei (= bi) mögliche Resultate geben kann; z.B. 0 oder 1 (Computer), ja oder nein, oder, wie in diesem Beispiel, rechts oder links.

gebnis zeigte eine statistisch hochsignifikante Abweichung von der Normalverteilung, die von Testperson zu Testperson verschieden stark ausfiel. Es wurden dann auch ähnlich geartete Versuchsreihen mit Zufallsgeneratoren auf Computerbasis durchgeführt: Auch diese zeigten die Möglichkeit der Beeinflussung von Versuchsabläufen. Diese Studie wurde unter wissenschaftlichen Rahmenbedingungen durchgeführt; sie wurde Ende der 80er Jahre veröffentlicht und hat viel Aufsehen erregt. Jahn und Dunne sind in der Gemeinschaft der Physiker respektiert und haben ähnlich wie Targ und Puthoff, von denen später noch die Rede sein wird, Pionierarbeit geleistet. Der Untertitel des Buches, in dem sie ihre Ergebnisse publiziert haben, heißt "The Role of Consciousness in the Physical World" (Die Rolle des Bewußtseins in der materiellen Welt) und enthält noch weitere Phänomene, die unserer Auffassung von Wirklichkeit widersprechen.

Erwähnenswert ist im Rahmen der hier zitierten Studie noch die Tatsache, daß Jahn und Dunne herausfanden, *daß die Entfernung der Testperson vom Galton'schen Brett keinerlei Einfluß auf das Resultat hatte!* In weiteren Testreihen betrugen die Entfernungen bis zu mehr als tausend Kilometern, ohne das deshalb das Ergebnis der Manipulation durch die Testperson abgeschwächt worden wäre! Im Kapitel "Radionik" wird davon noch die Rede sein; auch hier kann man wieder Analogien zum Verhalten der Photonen sehen, die ja auch über beliebige Entfernungen (ohne Bindung an Raum und Zeit) miteinander Kontakt halten. Ohne daß die Distanz die Qualität dieses Kontaktes verändern würde . . .

Und die zweite Überraschung war, daß die Testpersonen bei Durchläufen, die ohne bewußte Manipulation abliefen, ein immer wiederkehrendes und für sie typisches, also quasi persönliches, Muster produzierten. Für die Kugeln machte es also einen Unterschied, wer sie beobachtete, wer den Test durchführte . . .[33]

---

33 S. 126, "Margins of Reality", Robert G. Jahn and B.J. Dunne, Verlag Harcourt Brace.

Wissenschaftlichkeit

„Es gibt mehr Ding' im Himmel und auf Erden als eure Schulweisheit sich träumt."
William Shakespeare. *Hamlet*

Wenn wir unserer Wahrnehmung aber nun nicht ganz sicher sein dürfen und unsere Erwartungen das, was wir beobachten, auf vielerlei Weise beeinflussen können, wie soll dann wissenschaftliches Arbeiten funktionieren?

An dieser Stelle muß eine Klärung dieser Frage stehen; viele Gedanken, die in diesem Buch geäußert werden stehen außerhalb dessen, was von der Wissenschaft zur Zeit akzeptiert wird und so müssen wir uns mit der Denkweise eben dieser Wissenschaft ein wenig vertraut machen. Zunächst einmal etwas zum Kriterium der Objektivität, das ein neuer gedanklicher Ansatz heutzutage erfüllen muß, um breite Anerkennung in der Wissenschaft zu finden: die Definition lautet, daß nur das wissenschaftlich ist, was

- zu jeder Zeit
- an jedem Ort
- von jedermann
- beliebig oft
- unter gleichen Bedingungen

nachvollzogen werden kann.

Hierin ist der Anspruch auf „Objektivität" verankert, den die Wissenschaften für sich in Anspruch nehmen und der Voraussetzung jeder wissenschaftlichen Arbeit sein soll. Eine nicht objektive Studie wird von den Akademien als nicht - wissenschaftlich abgelehnt! Wie aber soll das Funktionieren, wenn auch schon unbewußte Manipulationen das Ergebnis beeinflussen können? Was tun, wenn sogar Zufallsgeneratoren im Computer von diesen Kräften beeinflußt werden - von Menschen, Tieren und Pflanzen einmal gar nicht zu reden? Kann es unter diesen Voraussetzungen Objektivität überhaupt geben?

Rupert Sheldrake beleuchtet hier noch einen zusätzlichen Aspekt:

> "Gefördert wird die Illusion der Objektivität ganz entscheidend auch durch den Stil, in dem wissenschaftliche Arbeiten abgefaßt werden. Sie tun so, als kämen sie geradewegs aus einer wissenschaftlichen Idealwelt, *wo menschliches Glauben und Wollen keinen Einfluß hat und nur die Logik zählt* - «Es wurde beobachtet, daß. . .», «Es wurde festgestellt, daß . . .», «Die Daten lassen erkennen, daß» . . . Die meisten Wissenschaftler versuchen ein hehres Idealbild von keuscher Wissenschaft zu wahren, und nicht einmal unbedingt aus persönlichen oder beruflichen Motiven, sondern weil dieses Idealbild von außen auf sie projiziert und ihnen praktisch aufgedrängt wird. Viele Menschen setzen ihren Glauben eher in die Wissenschaft als in die Religion und möchten gern an ihre erhabene, objektive Autorität glauben. Je mehr man von der Wissenschaft die Bereitstellung bleibender Wahrheiten und Werte erwartet, desto mehr werden die Wissenschaftler zu so etwas wie Priestern. Und dann erwarten die Menschen genau wie von richtigen Priestern, daß sie den Idealen entsprechen, die sie predigen: Objektivität, Rationalität, Wahrheitssuche. «Manche Wissenschaftler zeigen sich in ihrem öffentlichen Auftreten dieser Rolle gewachsen; das macht sie zu Kardinälen der Vernunft, die einer irrationalen Öffentlichkeit den Heilsweg darlegen.» So kann ihnen nicht daran gelegen sein, irgendwelche grundsätzlichen Mängel der Überzeugungen und Institutionen einzuräumen, denen sie ihre Legitimation verdanken. Zuzugeben, daß einzelne schon mal Fehler machen können, und sie dann in die Wüste zu schicken, das ist noch relativ einfach; aber wer möchte schon die

Überzeugungen und Idealisierungen in Frage stellen, mit denen das ganze System steht und fällt?"[34]

Das ist der Grund für die oft starre Haltung der geltenden Lehrmeinung gegenüber neuen Ansätzen; doch was ist Wissenschaft und woher nimmt sie die Legitimation zu entscheiden, was Gültigkeit hat und was nicht?

Aus der Geschichte kann sie diesen Anspruch jedenfalls kaum herleiten: bisher war es (besonders in den letzten Jahrhunderten) doch so, daß das, was als neuester Stand der Wissenschaft gefeiert wurde, schon wenige Jahrzehnte später erwiesenermaßen falsch war. Einige Grundsätze konnten sich zwar immer halten, aber Vieles, das als unumstößlich galt und heftigst gegen neue Theorien und Einsichten verteidigt wurde, hat sich hinterher als nicht haltbar und oft sogar als lächerlich erwiesen[35].

Die Wissenschaft ist eine Institution, die Wissen schafft. Und dieses Wissen ist ein Besitzstand, das vielen einerseits ihr täglich Brot und andererseits soziale Anerkennung verschafft. Es geht bei vielen Debatten daher auch erkennbar weniger um die Klärung neuer Sachverhalte, als vielmehr um die Wahrung dieser Besitzstände. Zudem fühlen sich die Verfechter akademischer Wahrheiten zumeist auch da persönlich angegriffen, wo es in Wirklichkeit nur um ihre Thesen geht.

Das ist auch keineswegs eine Tatsache, die wir nur den immer ruppiger werdenden Umgangsformen des 20. Jahrhunderts zu verdanken hätten, wie man am nachstehenden Zitat unschwer erkennen kann:

---

[34] Seite 183, „Sieben Experimente, die die Welt verändern könnten", Rupert Sheldrake. Die Hervorhebung durch fetten Schriftsatz erfolgte als Anm.d.Verf.

[35] Man denke nur an die These, daß Columbus am Rand der (tellerförmigen) Welt in einen Abgrund fallen könnte . . . , auch das wurde damals von der „Wissenschaft" vertreten

"Es wird aber in den Wissenschaften auch zugleich dasjenige als Eigentum angesehen, was man auf den Akademien überliefert erhalten und gelernt hat. Kommt nun einer, der etwas Neues bringt, das mit unserem Credo, das wir seit Jahren nachbeten und wiederum anderen überliefern, in Widerspruch steht und es wohl gar zu stürzen droht, so regt man alle Leidenschaften gegen ihn auf und sucht ihn auf alle Weise zu unterdrücken. Man sträubt sich dagegen, wie man nur kann; man tut als höre man nicht; man spricht darüber mit Geringschätzung, als wäre es nicht der Mühe wert, es nur anzusehen und zu untersuchen; und so kann eine Wahrheit lange warten, bis sie sich Bahn macht."

J.W. Goethe

und ein weiteres Zitat etwas neueren Datums:

"Es dauert in der Wissenschaft nicht 30, sondern 60 Jahre, bis eine neue, umstürzende Erkenntnis sich durchsetzt. Es müssen nicht nur die alten Professoren, sondern auch ihre Schüler aussterben."

Max Planck

Das Problem ist also nicht neu, wie man sieht. Und tatsächlich verdankt die Wissenschaft ihren heutigen Stand besonders auch den „Wissenschaftlern", die sie zu deren Lebzeiten erbittert bekämpft hat und die heute, wie selbstverständlich, Teil akademischen Umfelds sind. Alle berühmten Beispiele zu nennen würde hier den Rahmen sprengen, aber eines soll hier stellvertretend erwähnt werden:

Newtons Werk (Die Principia) wurde von der damaligen wissenschaflichen Gemeinde stark angefeindet und erschien anfangs in einer Auflage von nur 250 Exemplaren. Deren Verkauf verlief so schleppend, daß erst 26 Jahre (!) später die zweite Auflage, übrigens auch in nur 250 Exemplaren, gedruckt wurde. Bekannt geworden sind später dann auch nur die physikalischen Studien Newtons; heutzutage weiß kaum jemand, daß Newton viel mehr über Parapsychologie geschrieben hat, als über die Dinge, denen er heute seinen Ruhm verdankt.

An dieser Stelle möchte ich anmerken, daß es natürlich Vertreter der Spezies Wissenschaftler gibt, auf die das hier entstehende Bild nicht paßt. Ich beziehe mich hier mehr auf die anonymen Institutionen, auf „die Herren in den dunklen Anzügen", wie der französische Physiker Charon sie genannt hat, die wahren Machthalter. Auch Rupert Sheldrake hat sich mit diesem Thema befaßt und meint dazu:

> „Viele Nichtwissenschaftler stehen in ehrfürchtigem Staunen vor der Macht und scheinbar unbedingten Zuverlässigkeit der naturwissenschaftlichen Erkenntnis. Bei vielen Studenten der Naturwissenschaften ist das ähnlich. Die Lehrbücher sind voller "harter Fakten" und quantitativer Daten. Die Naturwissenschaft scheint von erhabener Objektivität zu sein. Die Objektivität der Naturwissenschaft ist für viele Menschen unserer Zeit eine Glaubenstatsache, ein Dogma. Dieser Glaube steht hinter dem Weltbild der Materialisten, Rationalisten und Humanisten und all derer, in deren Augen die Wissenschaft der Religion, dem überlieferten Wissen und der Kunst überlegen ist.
>
> Die Wissenschaftler selbst thematisieren dieses Bild der Wissenschaft nur selten ausdrücklich. Man nimmt es irgendwie mit allem anderen in sich auf, und es versteht sich praktisch von selbst. Wenige Wissenschaftler interessieren sich für die Geschichte, Philosophie und Soziologie der Wissenschaft, und in den dichtgedrängten Lehrplänen heutiger Ausbildungsgänge ist dafür auch wenig Platz. Die meisten übernehmen einfach die Anschauung, daß die wissenschaftliche Methode der Überprüfung von Theorien durch Experimente Objektivität garantiert, also nicht gefärbt ist von den Hoffnungen, Ideen und Überzeugungen der Wissenschaftler. Wissenschaftler sehen sich selbst gern als Menschen auf dem Weg einer kühnen und furchtlosen Suche nach Wahrheit.

Diese Vorstellung gibt inzwischen Anlaß zu allerlei zynischem Spott. Sie stellt aber, wie ich finde, auch ein hohes Ideal dar, das durchaus Anerkennung verdient. Wo die Wissenschaft von diesem heroischen Geist durchdrungen ist, spricht sehr viel für sie. Tatsächlich stehen heute jedoch die meisten Naturwissenschaftler im Dienst militärischer oder wirtschaftlicher Interessen. Fast alle streben Karrieren innerhalb von Institutionen und Organisationen an. Die Gespenster des Karriereknicks, der Zurückweisung wissenschaftlicher Berichte durch Fachjournale, der Etatkürzungen und schließlich der Ablehnung durch die wissenschaftliche Gemeinschaft sorgen zuverlässig dafür, daß man sich nicht zu weit von der jeweils herrschenden Schulmeinung entfernt - jedenfalls nicht öffentlich. Viele wagen erst dann ihre ehrliche Meinung zu sagen, wenn sie in den Ruhestand gehen oder den Nobelpreis gewonnen haben oder beides. . . .
Sie (die Wissenschaftler, Anm.d.Verf.) bilden Berufsgruppen mit ihren ganz eigenen Einweihungsprozeduren, Machtstrukturen und Belohnungssystemen, in denen sie dem Druck der anderen Angehörigen dieser Gruppe ausgesetzt sind. Im allgemeinen arbeiten sie im Kontext etablierter Paradigmen und Wirklichkeitsmodelle. Und selbst in dem Rahmen, den das herrschende wissenschaftliche Glaubenssystem vorgibt, sind sie nicht auf der Suche nach puren Fakten um der puren Fakten willen; sie stellen vielmehr Vermutungen über Sachverhalte und Zusammenhänge an und formulieren Hypothesen, die sie dann experimentell überprüfen. Diese Experimente wiederum dienen für gewöhnlich dem Wunsch, eine favorisierte Hypothese zu bestätigen oder eine Konkurrenzhypothese zu widerlegen. *Wonach sie forschen und was sie finden, wird von ihren bewußten und unbewußten Erwartungen mitbestimmt."* [36]

Das zu wissen ist deshalb so wichtig, weil wir unser Weltbild gewöhnlich an dem orientieren, was dem gegenwärtigen Stand der Wissen-

[36] dSeite 171, „Sieben Experimente, die die Welt verändern könnten", Rupert Sheldrake Die Hervorhebung durch fetten Schriftsatz erfolgte als Anm.d.Verf

schaft entspricht. Wenn diese Institution nun aus Menschen mit all ihren Schwächen und Stärken besteht, und eben als Institution eine Eigendynamik entwickelt, die dazu neigt, an wissenschaftlichem „Besitzstand" festzuhalten, dann dürfen wir getrost auch solche Gedankenansätze verfolgen, die im Moment nicht der geltenden Lehrmeinung entsprechen.

Selektive Wahrnehmung

Wie wir gesehen haben, ist die Realität Teil unserer Vorstellungen und Erwartungen. Was wir dann wahrnehmen ist also von vornherein nicht objektiv, kann es logischerweise dann auch nicht sein.

Und apropos Wahrnehmung. Wußten Sie daß unsere Wahrnehmung von den Dingen, die uns umgeben, sehr beschränkt ist?

Wie Sie der nebenstehenden Grafik entnehmen können, deckt die menschliche (physikalische) Wahrnehmung gerade mal 1% (!) des elektromagnetischen Schwingungsspektrums ab (schraffierte Fläche). Das hat die Schöpfung natürlich aus gutem Grund getan: könnten wir auch die Infrarot - Bereiche, oder z.B. auch die Radio- und Satellitenwellen sehen, würden sich für uns so viele „Bilder" übereinanderlegen, daß wir große Schwierigkeiten hätten, unsere Umgebung

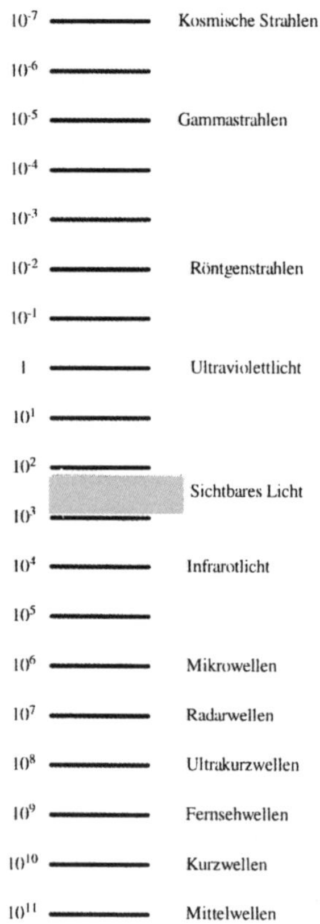

gezielt wahrzunehmen. Unsere Wahrnehmung entspricht also unseren Bedürfnissen, dem was uns Menschen für das Überleben nützlich ist.

Tiere haben oft eine andere Wahrnehmung und können dann z.B. nachts sehen oder sich auch auf weiten Strecken zielsicher orientieren. Einige Tiere haben wahrscheinlich sogar eine andere Wahrnehmung von Zeit.

Wie dem auch sei: unser Wissen orientiert sich an unserer Wahrnehmung. Wir haben zwar Geräte konstruiert, die auch Bereiche erfassen können, die uns versperrt sind, aber auch diese Geräte sind unserer Wahrnehmung angepaßt, für diese Wahrnehmung konzipiert. Das Sympathische an der modernen Physik, so wie sie sich uns zur Zeit darstellt, ist, daß endlich ein Punkt erreicht ist, an dem wir erkennen müssen, daß wir eigentlich nichts mehr „wissen". Die „Zivilisation" hat uns in vielen Bereichen in eine Sackgasse geführt und wir müssen wieder lernen unzivilisiert, d.h. natürlich zu werden, wenn wir wieder verstehen wollen.

Brant Secunda, ein Schamane von den Huichol - Indianern aus Mexiko, den ich sehr schätze, hat einmal gesagt: „Wenn die Wissenschaftler so weitermachen, werden sie in etwa hundert Jahren unseren Wissensstand erreicht haben".

Fazit: wir manipulieren durch unsere Erwartungen die Wirklichkeit und können dann auch nur einen minimalen Prozentsatz dessen, was dann als Realität auf uns einströmt, wahrnehmen. Und die Ergebnisse dieser Bemühungen sind dann die Stütze für unsere wissenschaftlichen Erkenntnisse. Auf diesen Daten beruht dann unsere Vorstellung von Wirklichkeit.

Rupert Sheldrake's morphogenetische Felder

Wenn Sheldrake recht hat, dann hat die westliche
Wissenschaft die Welt ganz übel fehlgedeutet
- und alles, was in ihr lebt, dazu.

New Scientist

Rupert Sheldrake geht mit seiner Theorie von den morphogenetischen Feldern davon aus, daß es im Kosmos formgebende (= morphische) Kräfte gibt, die letztlich alles gestalten, dem wir hier auf der Erde und im Weltall begegnen.

Anders als Darwin, der die Entwicklung der Arten und Formen als ein Ergebnis von Überlebensstrategien durch Versuch und Irrtum (trial & error), sowie des Rechts des Stärkeren darstellte, sieht Sheldrake hinter der Formenvielfalt so etwas wie einen „Geist der Natur", der durch morphische Resonanz schöpferisch tätig sein kann. Diese Natur hat seiner Theorie zu Folge ein Gedächtnis, indem sich zahlreiche und immer wiederkehrende Formen besser „eingravieren", als solche, die in nur geringer Anzahl oder auch nur über kleine Zeiträume hinweg existieren. Tatsächlich kann Sheldrake mit seiner Theorie einige Schwachstellen im darwin'schen Modell aufdecken, die nur durch das Vorhandensein dieser morphogenetischen Felder ausreichend erklärt werden können. Nachzulesen ist das in seinem Buch „Das schöpferische Universum".

Der Teil, der uns in diesem Buch besonders interessiert, ist der, bei dem es um das „Gedächtnis" der Natur geht. Wenn Sheldrake recht hätte, und also Formen, die öfter auftreten, eine höhere morphische Resonanz erzeugen, als solche die nicht oder nur selten vorkommen, dann müßte sich das auch in einem Experiment deutlich machen lassen.

„Ein Beispiel: Würde man Afrikanern, die nie ein deutsches Wort gehört haben, die Aufgabe stellen, daß sie zwischen zwei Zeilen mit deutschen Wörtern unterscheiden sollen, was falsch und richtig ist - einmal die richtige Version von *Der Mond ist aufgegangen* und eine sinnlose Variante davon, *wie Auf Mond der gegangen ist* - die Afrikaner würden weitgehend die richtige Zeile als richtig erkennen, da mit dieser Zeile von zahllosen Menschen in tausend Wiederholungen ein morphisches Feld geprägt wurde und nun so im kollektiven Gedächtnis der Menschen enthalten ist. Die Afrikaner können sich durch morphische Resonanz in dieses Gedächtnis einstimmen und diese Zeile als richtig erkennen, während die sinnlose Kombination nie verwendet wurde und daher keine Resonanz erzeugt. Experimente, die diesen Effekt widerlegen oder bestätigen sollten, wurden nach streng wissenschaftlichen Richtlinien an einigen Universitäten der Erde durchgeführt. Am Institut für Psychologie, der Georg-August-Universität in Göttingen, wollte Prof.Dr. Suitbert Ertel in einer umfangreichen Versuchsreihe, zu der auch zwei Diplomarbeiten gehörten, die Theorie der morphischen Effekte widerlegen, was nicht gelang. Alle Ergebnisse sprachen eher für die Theorie. In einem der Experimente ging es darum, daß deutsche Schüler, denen die japanische Schrift völlig fremd war, japanische Schriftzeichen in richtiger, sinnvoller Lage, von solchen in falscher, also sinnloser Lage unterscheiden sollten. Für deutsche Augen sahen alle diese Zeichen, seien sie sinnvoll oder sinnlos, gleich aus. In Vorversuchen wurde das geklärt. Trotzdem erkannten die Schüler immer wieder in mehreren Durchgängen unter verschiedenen Bedingungen die richtigen Zeichen."[37]

Wie auch bei anderen Gelegenheiten dieser Art sind besonders die Wissenschaftler, die ausgezogen waren, um Sheldrake zu widerlegen, heute die glühendsten Verfechter seiner Theorie.

---

[37] Seite 12, „Gespräch mit Rupert Sheldrake", Karsten Welte

Wenn also die Natur ein Gedächtnis hat und wir zu diesem Gedächtnis Zugang haben, dann müßte es uns leichter fallen die Dinge zu lernen, die andere schon vor uns gelernt haben, als wenn wir die Ersten wären, die das tun müßten. Und auch das konnte im Experiment nachgewiesen werden. Ein Beispiel hierzu kam übrigens von unerwarteter Seite: es handelte sich hier eigentlich um kein Experiment zu Sheldrake's Theorie - es fand schon über 20 Jahre vor der Veröffentlichung statt. Ein Wissenschaftler hatte das Lernverhalten von Ratten untersuchen wollen; im Besonderen wollte er erforschen, ob Erfahrungen auch genetisch weitergeben werden können. Zu diesem Zweck wählte er einen Versuchsaufbau, bei dem Ratten in ein Wasserbecken geworfen wurden, das zwei Ausgänge hatte: einen beleuchteten und einen dunklen Ausgang. Die Ratten, die in den beleuchteten Gang hineinschwammen, bekamen elektrische Schläge. Das Experiment wurde über mehrere Jahre fortgeführt und zeigte, daß die jeweils nächste Rattengeneration immer schneller im Lösen dieser Aufgabe war und daß gegen Ende des Experiments fast keine Ratte mehr in den beleuchteten Gang schwamm - auch beim ersten Mal nicht, also auch ohne die Erfahrung des Elektroschocks. Soweit so gut.

Jetzt ist es in der Wissenschaft aber gute Tradition die Experimente von Kollegen einer Überprüfung zu unterziehen und so machte sich ein australisches Team daran mit Ratten, die nicht an dem in England stattgefundenen Experiment teilgenommen hatten, die Ergebnisse zu überprüfen.

Die Überraschung war groß: die australischen Ratten machten statistisch nämlich genau da weiter, wo man in England aufgehört hatte! Das „Wissen" um die Gefährlichkeit des beleuchteten Ganges war also auf einem unbekanntem Kanal bis nach Australien gelangt. Ähnliche Versuche, die anschließend an anderen Universitäten durchgeführt wurden, haben diese Vorgänge dann bestätigt.

Lernen besteht in einem Erinnern von Informationen,
die bereits seit Generationen in der Seele des Menschen wohnen.

Sokrates, 470 - 399 v.Chr.

Auch hier also begegnet uns das Prinzip aus der modernen Physik, daß nämlich In - Formation ohne Zeitverlust über beliebig lange Strecken transportiert werden kann und dann auch abrufbar ist. Sheldrake hat sich mit dem Physiker und Philosophen Prof.von Weizsäcker zu diesem Thema unterhalten und sagte hinterher:

> „Ich war sehr angetan von der Weisheit, der Erfahrung und der Offenheit von Weizsäcker. Mich interessierte besonders seine umfassende Interpretation der Quantentheorie, wobei der immer wechselnde Spielraum von neuen Möglichkeiten es zuläßt, diese Theorie immer wieder neu zu modifizieren, durch das gegenwärtige Geschehen auf der Welt. Wenn man die Nichtlokalisierbarkeit der Quanten als gegeben annimmt, wobei abgetrennte Teilchen des Systems eine simultane Verbindung aufrechterhalten, auch über große Entfernungen hin, dann ist er geneigt, die Grundidee der morphischen Resonanz als eine mögliche Form anzusehen, die vereinbar ist mit der zeitgenössischen Physik. Ich bin sehr interessiert daran die Diskussion mit ihm weiterzuführen."[38]

Auch hier also wieder Hinweise darauf, daß es hinter der Fassade von der Welt, wie wir sie wahrnehmen, geistige Prozesse gibt, die unsere Vorstellungskraft sprengen können. Sheldrake's Theorie bahnt sich ihren Weg und heißt, wie auch bei den Inhalten der anderen Kapitel, daß es hier zwar Vorgänge gibt, die wir uns nicht erklären können, daß diese aber mit der modernen Physik starke Übereinstimmungen haben und zudem auch experimentell und empirisch nachweisbar sind.

---

[38] Seite 43, „Gespräch mit Rupert Sheldrake", Karsten Welte

Ganz unabhängig von Sheldrake hat sich auch Ervin Laszlo mit diesem Phänomen befaßt und nennt für dieses „simultane Lernen" und die morphischen Felder noch andere Beispiele:

> „Simultan auftauchende kulturelle Errungenschaften sind nicht auf klassische Zivilisationen begrenzt, sie finden sich auch bei den Menschen der Neuzeit. Sogar in den hehren Hallen der Wissenschaft gibt es gut dokumentierte Fälle von Erkenntnissen, die zur gleichen Zeit von verschiedenen, einander unbekannten Forschern gewonnen wurden. Der berühmteste Fall dieser Art betrifft die gleichzeitige, voneinander unabhängige Entdeckung der Infinitesimalrechnung durch Newton und Leibniz; die ebenso gleichzeitige und unabhängige Ausarbeitung der grundlegenden Mechanismen der biologischen Evolution durch Darwin und Wallace, und die zeitlich übereinstimmende Erfindung des Telephons durch Bell und Gray.
>
> Es gab Fälle, wo Einsichten und Entdeckungen verschiedene Kulturbereiche überspannten. Zu der Zeit, als Newton ein Prisma benutzte, um die Lichtstrahlen zu zerlegen, die durch das Fenster seiner Wohnung in Cambridge fielen, erforschten Vermeer und andere flämische Maler die Natur des Lichts, das durch farbige Fenster und Türeinsätze einfiel. Während Maxwell seine elektromagnetische Theorie formulierte, nach der das Licht als reziproke Schwingung elektrischer und magnetischer Wellen beschrieben werden kann, malte Turner das Licht als einen sich drehenden Wirbel. Physiker haben in den letzten Jahren mehrdimensionale Räume im Rahmen der großen „Vereinheitlichungstheorien" erforscht; gleichzeitig, und anscheinend völlig unabhängig davon, begannen Avantgarde-Künstler auf ihrer Leinwand mit optischen Überlagerungen zu experimentieren, wobei sie bis zu sieben verschiedene Raumdimensionen darstellten.

> Raum und Zeit, Licht und Gravitation, Masse und Energie wurden sowohl von Physikern als auch von Künstlern erforscht, gelegentlich zur selben Zeit, gelegentlich auch nacheinander, aber selten - wenn überhaupt - in bewußter Kenntnis der Bemühungen anderer. Leonard Shlain stellte zahlreiche Beispiele für die Fähigkeit der Künstler vor, gedankliche Durchbrüche der Physiker in ihren Werken zu spiegeln und oft sogar auch vorwegzunehmen, ohne daß diese Künstler irgend etwas über Physik oder die betreffenden Physiker wußten. Synchronizitäts-Forscher sind der Ansicht, daß derartige Koinzidenzen sehr häufig vorkommen. Einige dieser Vorfälle können als Illusion angesehen werden, andere sind vielleicht durch puren Zufall entstanden. Dennoch bleibt ein harter Kern simultaner Erkenntnisse unter verschiedenen Menschen und Kulturen, die auch mit der modernsten Wissenschaft unerklärbar bleiben. Im Hinblick darauf formulierte Hegel sein berühmtes Konzept des Zeitgeists, und Jung präsentierte seine ebenso berühmte Idee über das kollektive Unbewußte, den gemeinsamen Bereich mystischer Symbole und Archetypen."[39]

Was Laszlo hier beschreibt, ist, was Rupert Sheldrake unter morphischen Feldern versteht; wenn ein Gedanke einmal im Raum ist, kann er sich auch an anderen Stellen materialisieren. Empirisch sind diese Phänomene schon seit einiger Zeit bekannt, wie man sieht. Man darf gespannt sein, wann es der Wissenschaft - namentlich der Physik - gelingen wird, diese Phänomene zu verstehen und zu erklären.

Wie im Vorwort erwähnt, richten sich die in diesem Buch benutzten Erklärungsmodelle physikalischer Vorgänge an der Kopenhagener Deutung nach Niels Bohr aus. Einen der "Hauptkonkurrenten" dieser Betrachtungsweise stellt das Englische Modell dar. Dieses geht nicht davon aus, daß voneinander getrennte Teilchen - wie die besprochenen Photonen - Kontakt zueinander erst aufnehmen müssen, um kommunizieren zu können, sondern daß sie alle Teil eines unsichtbaren Feldes sind, daß sie miteinander verbindet. Nach dem Englischen Modell fin-

[39] Seite 143, „Kosmische Kreativität", Ervin Laszlo

det keine überlichtschnelle Kommunikation statt, sondern alles ist von vornherein mit allem verbunden. Sheldrake's Theorie von den morphogenetischen Feldern weist hier starke Übereinstimmungen aus.

Welchem dieser beiden Denkmodelle die Zeit auch Recht geben wird: das Resultat ist bei beiden die Tatsache, daß hinter der für uns sichtbaren Welt Prozesse ablaufen, die alles mit allem verbinden können und daß diese Vorgänge nicht nur auf pflanzliche und tierische Organismen beschränkt sind, sondern auch "tote" Materie mit einbeziehen.[40]

[40] Wie man dieses Wissen in der Diagnose und in der Therapie nutzen kann, ist Thema im Kapitel "Radionik"

II. Wunderliches

Schlimmer als blind zu sein,
ist es nicht sehen zu wollen.

Die Grundfrage ist immer wieder, ob es Dinge geben darf, die wir nicht (be)greifen können und für die wir keine (wissenschaftliche) Erklärung haben. Die Geschichte lehrt uns, daß praktisch jeder neue Gedankenansatz, der eine tiefgreifende Veränderung impliziert, zunächst einmal als Bedrohung aufgefaßt und bekämpft wird.

Offen sein für das Neue, das kommt, müßte die Devise heißen und da ich die Erfahrung gemacht habe, daß Offenheit leichter fällt, wenn der eigene Standpunkt ein wenig wackelt, möchte ich Sie jetzt in eine Realität entführen, die nicht wirklich ist[41] und die dem widerspricht, was wir gerne den „gesunden Menschenverstand" nennen. Und die es trotzdem gibt. Im nachfolgenden Kapitel "Wunderliches" werden solche "unwirklichen" Widersprüchlichkeiten präsentiert. Mag bei der ersten Lektüre noch der Eindruck einer gewiß willkürlichen Aneinanderreihung entstehen, wird doch klar werden, daß der rote Faden die Analogien zu den bis hier aufgezeigten physikalischen Phänomenen ist.

---

[41] Zum Unterschied zwischen Realität und Wirklichkeit schreibt der bekannte Physiker Burkhard Heim in seinem Buch „Dokumentation der besonderen Therapie-Einrichtungen" Band II, auf Seite 487, unter der Überschrift **„Kosmos und materielle Elementarstrukturen"**: *„Realität* besagt die Gesamtheit der in ihrer Existenz von der menschlichen Wahrnehmung unabhängigen Dinge, *Wirklichkeit* hingegen bezeichnet nur jenen Bereich der Realität, der für den Menschen sinnlich erfahrbar ist."

Wenn Materie letzten Endes aus Nicht - Stoff besteht, und wenn dieser "Geist der Materie" von Raum und Zeit nicht abhängig ist, rückt vieles wieder in den Bereich des Möglichen, was bisher den Stempel "paranormal", "außersinnlich", "verrückt" oder eben schlicht "unmöglich" bekam.

Worum es im folgenden Kapitel geht, ist aufzuzeigen, daß es Phänomene geben darf, die im Widerspruch zu unserer Weltanschauung stehen. Und daß die Prozesse, die wir jetzt durch die Brille der modernen Physik kennengelernt haben, mögliche Erklärungsansätze für diese Phänomene bieten. Und obwohl es in diesem Buch in erster Linie um die Gemeinsamkeiten mit den Naturheilverfahren geht, können die folgenden Beispiele außerhalb dieses Bereichs die Sinne dafür schärfen, daß die Auswirkungen auf rein geistige Prozesse buchstäblich alles einschließen, was uns umgibt.

Akupunktur, Homöopathie, Radionik, Geistheilung und andere Naturheilverfahren sind keine isolierten "Wunder", sondern logischer Bestandteil einer geistigen Welt, die sich der Menschheit auf der Erde zwar in Form von fester Materie darstellt, im Grunde aber, wie wir von der modernen Physik wissen, aus Nicht - Stoff, aus Nicht - Materie besteht.

Mit Pflanzen und Tieren reden, mit Edelsteinen therapieren, Telepathie, Todeserfahrungen? Aber ja! Und wenn es Informationsfluß gibt, der von Raum und Zeit unabhängig ist, wie verhält es sich denn dann mit Zeitreisen und Prophezeiungen . . . ?

Nostradamus

Viel ist über Nostradamus geschrieben worden und viele Autoren haben sich gebrüstet nun wirklich den Schlüssel zu den Prophezeiungen des Michel de Notredâme, besser bekannt als Nostradamus, gefunden zu haben. Tatsächlich widersprechen sich die Deutungen sehr stark; kein Autor gibt dem Leser zudem durch Abdruck der Originaltexte die Möglichkeit, die oft sehr subjektive Übersetzung aus dem Französischen zu überprüfen.

Eine Ausnahme ist hier das erst 1996 erschienene Buch „Das Nostradamus Testament" von Ray Nolan. Hier sind die Originaltexte aller 1166 Verse abgedruckt (deutsch und französisch) und Nolan präsentiert einen Schlüssel, den er dem Leser auf verständliche Weise erklärt. Warum aber hatte Nostradamus seine Texte nicht klar geschrieben, sondern verschlüsselt? Nun, zum einen, weil er zur Hoch-Zeit der Inquisition lebte und fürchten mußte für seine Verse auf dem Scheiterhaufen zu landen, und zum anderen weil, wie er selber gesagt hat, seine Prophezeiungen nicht mehr in Erfüllung gehen würden, wenn sie schon vorher bekannt wären.

Der unterschiedliche Ansatz von Nolan bei der Interpretation der Verse des Nostradamus besteht nun darin, daß er nicht versucht hat aus den Nonsens - Versen einen Sinn zu konstruieren (und hier meistens auch nur für bereits abgelaufene Ereignisse), sondern nach einem anderen Schlüssel gesucht hat. Ob er ihn gefunden hat, mag man an nachstehenden Beispielen selber beurteilen:

Die Umwandlungstabelle der alteuropäischen Kabbalisten sieht wie folgt aus:

1	2	3	4	5	6	7	8	9
A	B	C	D	E	F	G	H	I
J	K	L	M	N	O	P	Q	R
S	T	U	V	W	X	Y	Z	

Jede Zahl entsprach also der Quersumme ihrer Position im hebräischen Alphabet. Das „M" zum Beispiel ist der 13. Buchstabe = Quersumme 4, das „R" der 18. = Quersumme 9 und so weiter. Nolan führt hier als Beispiel einige Sätze aus dem Schreiben von Nostradamus an seinen Sohn Cäsar auf. In der Übersetzung heißt es hier:

> „. . . so habe ich prophetische Bücher zusammengestellt, von denen jedes hundert Vierzeiler enthält, welche bewußt etwas dunkel verfaßt wurden. Es sind fortlaufende Weissagungen ab hier, bis ins Jahr 3797."

Der letzte Satz heißt auf französisch:

POUR	D'ICI	AL'ANNE	E 3797
AB	HIER	1.3.1555	5 3797

Wenn man, wie oben beschrieben, die Buchstaben ab „al'anneé" gegen die entsprechenden Zahlen austauscht, ergibt sich hier also das Datum 1.3.1555, genau das Datum, das im Briefkopf von Nostradamus angegeben wurde! Die Übereinstimmungen sind aber noch frappierender. So heißt Nostradamus' erster Vers:

französischer Originaltext	Übersetzung nach Nolan
Stant assis, de nuit secret estude,	Während ich dasitze, nachts, bei geheimen Studien,
Seul; reposé sur la selle d'arain?	allein; beruhend auf den unerschütterlichen Gedanken?
Flambe exigue, sortant de solitude Fait proferer qui n'est à croire en vain.	Winzige Flamme dringt aus der Einsamkeit, bringt hervor, woran man nicht vergeblich glauben soll.

Im französischen Originaltext beginnen diese vier Zeilen mit den Buchstaben

S	S	F	F
1	1	6	6

Und diese Zahl entspricht genau der Anzahl der Verse, die Nostradamus hinterlassen hat. Wenn Ray Nolan auch noch nicht den ganzen Schlüssel gefunden hat, so ist er vielleicht doch derjenige, der dem Geheimnis des Nostradamus bisher am nähesten gekommen ist. Doch auch, wenn man diese Zahlenakrobatik nicht akzeptieren kann, gibt es genügend Hinweise auf die seherischen Fähigkeiten des Nostradamus.

Der Planet Neptun

Das aus meiner Sicht erstaunlichste Beispiel hierfür ist der Vers 4/33 und Nolan gebührt der Verdienst, hier einen klaren Hinweis auf die seherischen Fähigkeiten von Nostradamus gefunden zu haben. Der Vers 4/33 lautet:

Jupiter joint plus Venus qu'à la Lune, Apparoissant dee plenitude blanche: Venus cachée sous la blancheur Neptune, De Mars frappée, par la grande branche.	Jupiter, mehr mit Venus als mit dem Mond verbunden, zeigt sich von hellem Glanz: Venus verborgen unter dem Schein Neptuns, vom Mars geprägt, durch die große Verzweigung.

Mal ganz abgesehen vom Sinn dieses Vierzeilers, wird hier neben den Planeten Jupiter, Mond, Venus und Mars auch der Planet Neptun genannt. Der wurde aber erst „1845/46 durch Challis, Adams, Levrier und Galle entdeckt! Er erhielt folglich auch erst 291 Jahre nach

Nostradamus seinen Namen."[42] Nostradamus wußte also nicht nur von der Existenz dieses zu seiner Zeit noch unbekannten Planeten, sondern auch, daß dieser „Neptun" getauft werden würde.

Der Tod Heinrichs des II.

Ein weiteres (und letztes) Beispiel, Vers 1/35, beschreibt den Turnierunfall und Tod des damaligen Königs, Heinrichs II:

Le Lyon jeune le vieux surmontera, En champ bellique par singuliere duelle, Dans cage d'or les yeux luy crevera. Deux playes une, pour mourir mort cruelle.	Der junge Löwe überwindet den alten, auf dem Kampfplatz durch einzigartiges Duell. Im goldenen Gitter bersten seine Augen. Zwei Wunden, eine zum Sterben eines schrecklichen Todes.

Die Deutung dieses Verses hat Ray Nolan in seinem Buch „Das Nostradamus - Testament" so spannend geschrieben, daß ich ihn hier selbst zu Wort kommen lassen möchte:

> „Dieser Vierzeiler machte Nostradamus über Nacht berühmt. Kein Wunder, denn läßt man die Ereignisse jenes Tages einmal Revue passieren, erhalten selbst die scheinbaren Falschbeschreibungen im Vers einen durchaus einleuchtenden Sinn: die festlichen Kampfspiele zogen sich bis zwei in die Mittagszeit hinein. Es ist ungewöhnlich heiß an diesem Sommertag, und Emmanuel Philibert, der künftige Schwager Heinrichs, stellt dem König sein temperamentvolles Pferd für den dritten Waffengang zur Verfügung. Er bittet ihn eindringlich, den Kampf wegen der enormen Hitze abzubrechen. Doch der König schüttelt lachend den

[42] S. 28, „Das Nostradamus Testament", Ray Nolan 1996

Kopf. Schließlich sei er ein echter „Recke" und als solcher müsse er traditionsgemäß alle drei Waffengänge absolvieren! Selbst sein Turniergegner Montgomery will den Abbruch des Kampfes. Der König bleibt unbeugsam, und sein Helfer, der alte Vieilleville, beschwört Heinrich: „Sire, ich schwöre beim lebendigen Gott, daß ich seit drei Nächten an nichts anderes denken kann, als daß Euch ein Unheil widerfahren könnte! Haltet ein, denn dies ist wahrlich ein Unglückstag!" Aber der alte Haudegen will es wissen, ruft zum dritten Waffengang auf. In der Hektik vergißt Montgomery die Lanze auszutauschen, die beim zweiten Durchgang an der Spitze leicht aufgerissen wurde. Die Reiter preschen aufeinander los, dann erwischt Montgomery den König am Harnisch. Die Lanze zersplittert und rutscht nach oben ab. Sie stößt das Visier des Helms hoch und dringt ins rechte Auge des Königs ein, um am Ohr wieder auszutreten! Zwei fürchterliche Wunden nach zwei Waffengängen, die Heinrich II. zehn Tage später das Leben kosten werden. Nostradamus schreibt das Wort „Wunden" statt frz. »plaie«, wie das englische „playes" (Spiele). „Zwei Spiele - eines zum Sterben eines grausamen Todes". Der Seher packt also gekonnt einen Doppelsinn in die scheinbar falsche Schreibweise, denn beides traf zu: Ein- und Austritt des Lanzensplitters hinterließen zwei schreckliche Wunden. Und zwei Waffengänge, bei denen sich beide Reiter trotz heftiger Zusammenstöße im Sattel halten konnten, gingen voran: Zwei Spiele, dann eines, das den Tod brachte. Der Satz „Im goldenen Gitter bersten ihm die Augen" bedarf kaum einer weiteren Erklärung. Aber sehen Sie einmal genau auf das „goldene Gitter", das Visier („cage"), das einmal - wohl eher zufällig - die Macht des Königs (Gold) symbolisiert, gleichzeitig aber auch die französische (und englische) Bezeichnung für „Zeitalter/Alter" - "Age" enthält. Dahinter folgt im „Gitter des Goldes" nur noch ein »d« mit Trennungszeichen und nachfolgender Null („0"). Der Vers ist - wie schon gesagt - sehr offen geschrieben. Der Buchstabe »d« ist der vierte Buchstabe unseres Alphabets. Nostradamus beendete den Brief an seinen Sohn mit dem Datum vom 1.

März 1555. Vier Jahre hinzugerechnet, ergibt das »D« (4) das Todesjahr Heinrichs II. -1559 (!)

AGE D'O
AGE 4-0

Von nun an ließen sich Hof und Adel gerne von dem so phänomenalen und prognosesicheren Seher unterrichten. Die königliche Familie besuchte ihn sogar persönlich in Salon, und die Mutter des erst 14jährigen Thronfolgers, Katharina von Medici, ernannte Nostradamus zum Leibarzt und Hofastrologen des jungen Königs Franz II. Angesichts dieser einflußreichen Rückendeckung lernte der Seher nun das Leben von seiner angenehmsten Seite kennen. Er verdiente gut, die Leute zollten ihm Respekt, und die Angst vor dem Richtbeil löste sich in Wohlgefallen auf."[43]

Diese Geschichte ist wirklich passiert! Da es dokumentiert ist, und zwar nicht nur durch von Nostradamus selbst veröffentlichte Manuskripte, sondern ja auch durch die Geschichtsschreibung aus jener Epoche, kann man an diesem Beweis auch nicht vorbeigehen. Hier ist etwas passiert, daß sich auf „normale" Art und Weise nicht erklären läßt, etwas, für das es nur paranormale Erklärungen geben kann. Neue Denkmodelle müssen her, um diese Vorgänge auch nur ansatzweise „be-greifen" zu können.

Nolan hierzu weiter:

„Leider reißen neue Ideen und Denkmodelle immer wieder sogenannte Fachautoritäten aus dem Schlaf, die mit guter Rhetorik selbst die einleuchtendsten Argumente zu widerlegen versuchen. Galilei mußte sogar öffentlich seine These, nicht die Erde sei Mittelpunkt der Welt, sondern die Erde drehe sich um die Sonne, widerrufen, um dem Scheiterhaufen zu entgehen. Der Wiener Prof. Semmelweis, dem wir zu verdanken haben, daß unsere

[43] Seite 39ff., „Des Nostradamus Testament", Ray Nolan

Frauen heute nicht mehr zu Abertausenden am „Kindbettfieber" sterben, prangerte an, daß die Ärzte seiner Zeit direkt nach Amputationen eiternder Glieder oder nach dem Sezieren von Verstorbenen mit ungewaschenen Händen, am Wochenbett Geburtshilfe leisteten. Seine Feststellung, daß der angesehene Stand der Ärzteschaft gewissermaßen für das Massensterben der Wöchnerinnen verantwortlich war, löste Stürme von Protest und seinen lauthals geforderten Ausschluß aus der Ärztekammer aus. Als George Stephenson im September 1825 den Briten seine erste Eisenbahn vorführte, die mit gemächlichen 25 Stundenkilometern über die Schienen tuckerte und er behauptete, daß man das Tempo sogar auf 32 Kilometer in der Stunde erhöhen könnte, schrieb die angesehene Zeitschrift »Quarterly Review" voller Skepsis:
Selbst wenn man allen Versicherungen von der Gefahrlosigkeit Glauben schenken sollte, ließen sich die Einwohner von Woolwich wohl eher auf einer greveschen Rakete abfeuern, als daß sie sich einer so schnell fahrenden Maschine anvertrauen würden.

Im Parlament kam schließlich zur Sprache, daß eine Lokomotive niemals bei Regen fahren könne, da dieser durch den Schornstein hindurch das Feuer lösche. Das sei zwar - so ein Parlamentsmitglied, das sich kundiggemacht hatte - zu verhindern, indem man die Lokomotive in Decken einwickeln würde, welche aber der Fahrtwind wieder sofort wegrisse, womit das Problem also auch nicht gelöst wäre. Zudem bestehe Gefahr für Leib und Leben, da ein wiederholtes Fahren bei mehr als 30 Stundenkilometern beim Menschen unweigerlich zur Gehirnerweichung führen müsse. Es würde ein dickes Buch füllen, all jene klugen Gelehrten zu zitieren, die das ad absurdum führten, was später zum ganz normalen Alltag geworden ist. Technisch Unbekanntes gab es ebenso häufig wie dessen Gegner und deren dem technischen Wissen ihrer Zeit entsprechend logisch klingenden, aber leider falschen Argumente. Spekulieren wir also ruhig ein bißchen und wagen wir die eine oder andere Hypothese des „Unmöglichen", wobei wir jedoch aus Mangel an besserem Wissen über alles ein dickes „Vielleicht" setzen sollten. Ein Buch, das Ereignisse und Daten aus den Jahren 1912 (Titanic), 1963 (Kennedy-Attentat), 1980 (Schah-Tod in Ägypten), 1993 (Bombe im World Trade Center) usw. beschreibt, muß nach dieser Zeit geschrieben worden sein. Das sagt uns der normale Menschenverstand. Bei einem Faksimile, das seit 1995 in Ihrem Bücherschrank steht (z.B. das Faksimile im Anhang dieses Buches) und ein Ereignis beschreibt, das dann tatsächlich vier Jahre später (1999) stattfindet, ist irgend etwas nicht so, wie es sein sollte. Der Ursprung dieses Wissens muß nach dem Jahr 1999 zu finden sein! Und damit gerät unsere normale, brave Gedankenwelt etwas in Unordnung. Es ist etwas geschehen, das eigentlich nicht sein kann: In unserem Bücherschrank steht ein Buch, das erst noch gedruckt werden wird, denn darin stehen - da werden Sie 1999 Stein und Bein schwören, seit einigen Jahren Dinge, die vorher noch kein Mensch wissen konnte! Wenn diese vorausgesagten Ereignisse nun wahr werden und sich die Voraussage erfüllt hat, weil wir gewisse Merkmale, scheinbare Falschschreibungen, Großbuchstaben oder wie zufällig sauber untereinanderstehende Buchstaben, verschobene Versnummern usw. berücksichtigt haben, dann muß uns kompromißlos klar werden: dieses Buch wurde komplett in einer Zeit geschaffen, die für uns erst noch kommen wird - in der Zukunft! Denn nur da kann man gewiß sein, daß all die wichtigen Eigenheiten wie Falschschreibungen, Verschiebungen und versteckte Symbole in Schmuckbalken auch tatsächlich so abgedruckt werden, wie es sein muß. Und nur da kennt man die Fakten, Namen und genauen Daten unserer Geschichte. Jemand wird also - diesen Eindruck erweckt bei genauerem Hinsehen das Originalbuch des Nostradamus - irgendwann einmal aus einem Geschichtsbuch Daten und Ereignisse übernehmen, um sie in verschlüsselter Form neu zu Papier zu bringen. Alle „verblüffend richtigen prophetischen Voraussagen" erklären sich damit recht logisch. Dieser „Jemand" muß dann nur noch einen Weg finden, sein Werk auf die „Zeitreise" zu schicken. Die Herkunft der Prophezeiungen wäre mit dieser These geklärt. Die Frage aber, mit welchem technischen Trick man ein Buch ein paar hundert Jahre durch die Zeit transportiert, kann heute nur spekulativ beantwortet werden.

Teleportation? Außerirdische? Ein unerklärlicher Time-slip, ein Zeitrutsch? Wodurch könnte er hervorgerufen werden? Gab es das sagenumwobene Atlantis mit all seinem technischen Fortschritt bereits, oder leben wir gerade auf diesem Kontinent? Kommen die immer wieder gesichteten UFOs (unidentified flying objects) aus unserer eigenen, irdischen Zukunft oder von anderen Planeten? Und immer wieder die Kernfrage: Wie können Informationen aus der Zukunft in eine weit zurückreichende Epoche gelangen?"[44]

Darf sein, was nicht sein kann? Die Texte des Nostradamus wurden bis 1555 geschrieben und 1668 in Paris gedruckt, sie existieren und mit ihnen die Nennung eines Planeten 291 Jahre vor seiner Entdeckung, der Tod Heinrich des II. und vieles, sehr vieles mehr. Dokumentiert.

Darf sein, was nicht sein kann? Oder kann es doch sein? Ist es vielleicht da, darf es sein und wehren wir uns nur dagegen, weil es uns Angst macht? Und nützt es etwas, den Kopf in den Sand zu stecken oder wie ein kleines Kind die Hand vor die Augen zu halten und damit zu denken, daß es nicht mehr da ist, nur weil man es nicht mehr sieht?

Bei der Frage, ob etwas sein kann, was nicht sein darf, geht es meist mehr um die Frage, ob wir bereit sind die Existenz von etwas anzuerkennen, das uns Angst macht, als um die Tatsachen. Nostradamus konnte in die Zukunft schauen, das kann man schwarz auf weiß nachlesen und dank Autoren wie Nolan werden nun zunehmend auch die Texte klarer, die bisher keinen Sinn ergeben haben.

---

[44] Seite 94, „Des Nostradamus Testament", Ray Nolan

Cleve Backster's Pflanzenexperimente

Die Einsicht, daß Pflanzen miteinander und mit uns kommunizieren können, daß sie Gefühle und so etwas wie ein Gedächtnis haben, verdanken wir zu einem großen Teil Cleve Backster. Was Naturvölker und deren Schamanen schon immer wußten - und weswegen sie auch heute oft noch belächelt werden - ist durch Backsters Forschungsergebnisse inzwischen auch greifbarer Teil unserer „zivilisierten" Welt geworden.

Dabei hatte sein Leben zunächst gar nicht den Eindruck vermittelt, als könnte die Beschäftigung mit Pflanzen zum zentralen Mittelpunkt werden. Cleve Backster hatte in den frühen 50er Jahren nämlich eine Lügendetektor - Schule gegründet, die in den amerikanischen Geheimdienst CIA integriert war und deren Agenten und Angestellte er an diesen Geräten schulte. Backster unterrichtete später an einer eigenen Schule dann auch Polizei- und Sicherheitsbeamte aus dem Ausland und entwickelte die Lügendetektoren auch technisch immer weiter. Nicht gerade das esoterische Umfeld, das man als Saatboden für den Mann vermuten würde, den man später als „Vater der Pflanzenkommunikation" bezeichnet hat.

Wie es dazu kam? Dagny und Imre Kerner, ein ungarisches Journalisten - Ehepaar, haben ihn in seinem Labor in den USA aufgesucht und interviewt. Seine Geschichte haben sie in ihrem Buch „Der Ruf der Rose" festgehalten:

> „Er hatte gerade für die amerikanische Armee ein neues Lügendetektor-Verfahren entwickelt, als er mitten in der Nacht, oder besser gesagt, in den frühen Morgenstunden des 2. Februars 1966 seinen Drachenbaum im Büro ansah und auf die Idee kam, auch die Pflanze an dieses Gerät anzuschließen, um nachzuschauen, wie lange es dauert, bis das Wasser die Blätter erreicht, wenn er sie gießt. Die Blätter von Drachenbäumen sind groß und fest genug, um durch Elektroden nicht sofort verletzt zu werden. Er erwartete auf dem Schreiber seines Lügendetektors eine Kurve, die einen kleineren elektrischen Widerstand aufzeichnet wegen

der besseren Leitfähigkeit, wenn die Pflanze frisch mit Wasser versorgt ist. Zu seiner Überraschung zeigte der Drachenbaum eine völlig andere Reaktion: Auf dem Schreiber erschien exakt die typische Kurve, die er von unzähligen Verhören kannte, wenn Menschen kurzfristig positiv erregt sind. Hatte die Pflanze etwa Gefühle? Zeigte sie ihm, daß sie sich über das frische Wasser „freute"? Wie könnte man nachprüfen, ob sein Drachenbaum wirklich Gefühle hat?
Backster überlegte - die heftigsten Reaktionen zeigen Menschen, wenn sie bedroht werden. Also mußte er seine Pflanze bedrohen. Es kam ihm die Idee, das Blatt anzubrennen. In dem Moment, in dem er *dachte,* ich will das Blatt, an dem die Elektroden angeschlossen sind, anbrennen, reagierte die Pflanze heftig, der Schreiber bewegte sich, zeichnete eine dramatische Kurve auf. Es war alles still im Haus, drei Uhr morgens, er hatte sich nicht bewegt, die Pflanze nicht angefaßt, sondern nur daran gedacht, sie zu verbrennen. Fühlte sich die Pflanze bereits durch seine Gedanken bedroht? Konnte sie diese wahrnehmen? Er ging in ein anderes Zimmer, um Streichhölzer zu holen. Als er zurückkam, hatte der Schreiber wieder eine Angstkurve aufgezeichnet, offensichtlich in dem Moment, in dem er sich entschlossen hatte, seine Idee umzusetzen. Er nahm ein Streichholz und begann zögernd das Blatt anzusengen. Der Schreiber zeichnete wieder einen Ausschlag auf, diesmal schwächer. Backster mochte Pflanzen, er wollte seinem Drachenbaum nicht ernstlich „weh tun". Als er dann später nur noch so tat, als ob er das Blatt verbrennen wollte, reagierte die Pflanze überhaupt nicht mehr. Konnte die Pflanze etwa wirklich unterscheiden, ob er sie ernsthaft bedrohen wollte, wie am Anfang des Versuchs, als ihm die Idee gekommen war, das Blatt zu verbrennen, oder ob er, wie jetzt, nur so tat, als ob er sie ansengen würde? Backster arbeitete die ganze Nacht, immer neue Versuche führte er mit seinem Drachenbaum durch. Als sein Partner am nächsten Morgen zur Arbeit ins Büro kam, hingen die Papiere mit den Aufzeichnungen des Lügendetektors an der Wand. »Wen hast Du denn die ganze Nacht getestet?« fragte er.

»Den da«, antwortete Backster und zeigte auf den Drachenbaum. »Du bist verrückt, eine *Pflanze*?« ".

Cleve Backster hat in der Zeit, die diesem 2.Februar 1966 folgte, nach und nach seine Existenzgrundlage eingebüßt. Seine Pflanzenexperimente und die ersten Veröffentlichungen zu diesem Thema hatten ihn als Leiter einer Lügendetektor - Schule, die ja hauptsächlich Agenten, Polizei- und Sicherheitsbeamte aus aller Welt ausbildete, in den Augen der entsprechenden staatlichen Stellen so unmöglich gemacht, daß er immer weniger „Schüler" bekam.

Man kann eben nicht gleichzeitig mit Pflanzen kommunizieren und Angestellte des CIA ausbilden. Backster war in den Augen dieser Leute schlicht verrückt geworden. Daß ihn dieses Thema trotzdem nicht mehr losließ, obwohl es ihn letztlich seine Existenz gekostet hat, wirft ein Licht auf seine wahren Interessen, auf seine ehrlichen Absichten - und auf die Überzeugung, daß er da etwas auf der Spur war, das tatsächlich existierte und deren Existenz er beweisen konnte. Und eben kein Hirngespinst ist, wie ihm das seine Kritiker - oder besser: Spötter - immer wieder vorgeworfen haben. Backster hat danach noch viele Versuchsreihen durchgeführt, von denen die folgenden besonders bekannt wurden:

Es sollte der Nachweis geführt werden, daß diese „Kommunikation" nicht nur zwischen Mensch und Pflanze, sondern auch zwischen Pflanzen und generell zwischen allen Lebensformen existiert.

> „Um diese Hypothese zu erhärten, entwickelte Backster eine Methode, mit der er Aufgüsse von verschiedenen einzelnen Zellen zwischen die Elektroden praktizieren konnte, zum Beispiel von Amöben, Pantoffeltierchen, Hefepilzen, Schimmelkulturen sowie Abstriche aus dem Mund, Blut und sogar Sperma. Alle diese Zellen setzen die Feder des Polygraphen in Bewegung, und es ergaben sich ebenso interessante Kurven, wie sie die Pflanzen hervorgebracht hatten. Dabei erwiesen sich die Spermazellen als erstaunlich geschickt, denn sie schienen fähig zu sein, die Gegen-

wart ihres Spenders zu registrieren und darauf zu reagieren, während sie die Anwesenheit anderer Männer ignorierten. Solche Beobachtungen legen den Schluß nahe, daß eine Art von totalem Gedächtnis bis zur einzelnen Zelle hinunter vorhanden sein könnte und - daraus folgend - daß das Gehirn lediglich ein Schaltmechanismus ist und nicht unbedingt ein Gedächtnis-Speicherorgan.

»Empfindungsvermögen«, sagte Backster, »scheint es nicht nur auf zellularem Niveau zu geben. Vielleicht geht es sogar noch weiter hinunter, auf molekulares, atomares oder gar subatomares Niveau. Man wird dabei alles Mögliche mit einbeziehen müssen, was man bisher normalerweise als unbelebt betrachtete.«"[45]

Doch Backster wollte auch beweisen, daß Tiere und Pflanzen miteinander kommunizieren können und knobelte lange an einer Versuchsanordnung, die wissenschaftlichen Maßstäben gerecht würde und gleichzeitig einen Einfluß durch den Beobachter ausschließen ließe.

„Der Test, den Backster schließlich durchführte, bestand darin, lebende Zellen durch einen automatischen Mechanismus in einem zufällig gewählten Moment töten zu lassen, während sich niemand in oder nahe dem Büro befand, um dann zu sehen, ob und wie die Pflanzen reagierten.

Als »Opfertiere«[46] hatte Backster Rheinkrebschen ausgesucht, wie sie als Futter für tropische Fische verkauft werden. Dabei war wichtig, daß die Opfer ausgesprochen gesund waren, denn man hatte bemerkt, daß krankes oder schon absterbendes Gewebe nicht mehr in der Lage ist, eine Art Warnung auszusenden, und darum nicht mehr als Fernreiz wirksam wird. Ob die Krebschen in guter Verfassung sind, ist leicht zu erkennen: normalerweise bringen die Männchen ihre ganze Zeit damit zu, Weibchen zu jagen und zu begatten.

---

[45] Seite 22, „Das geheime Leben der Pflanzen", Peter Tompkins und Christopher Bird

[46] An dieser Stelle möchte ich einfügen, daß ich persönlich gegen Tierversuche bin!

Der Mechanismus, um diese Playboywesen »auszulöschen«, bestand aus einer kleinen Schüssel, die die Tierchen automatisch in einen Topf mit kochendem Wasser kippte. Ein entsprechend programmierter Apparat löste den Kippvorgang in einem zufällig gewählten Augenblick aus, so daß Backster und seine Assistenten gar nicht wissen konnten, wann das Ereignis eintrat. Um auszuschließen, daß auf den Kurven der bloße Kippvorgang registriert wurde, ließ man zwischendurch - als Kontrollversuche - auch Schüsseln ohne Krebschen, nur mit Wasser gefüllt, auskippen. Drei Pflanzen wurden in drei verschiedenen Räumen an drei separate Galvanometer angeschlossen. Ein viertes Galvanometer wurde mit einem unveränderlichen Widerstand verbunden, um möglicherweise zufällig auftretende Abweichungen zu registrieren, die durch Schwankungen in der Stromzufuhr oder elektromagnetische Störungen im Umfeld der Testanordnung verursacht werden könnten. Licht und Temperatur wurden für alle Pflanzen gleichmäßig gehalten, und die Pflanzen selbst wurden, als besondere Vorsichtsmaßnahme, ganz frisch ins Labor »importiert« und so befördert, daß sie vor dem Experiment kaum je eine Menschenhand berührte. Die für das Experiment ausgewählten Pflanzen gehörten zur Art Philodendron cordatum, deren schöne große Blätter kräftig genug sind, den Druck der Elektroden ohne Beeinträchtigung auszuhalten. In den aufeinanderfolgenden Testdurchgängen wurden verschiedene Pflanzen dieser Art verwendet.

Die wissenschaftliche Hypothese, die Backster erhärten wollte, lautete - wissenschaftlich ausgedrückt: „Bei lebenden Pflanzen existiert eine bis jetzt noch nicht definierte primäre Wahrnehmung; die Vernichtung von tierischem Leben kann als Fernreiz dienen, um dieses Perzeptionsvermögen zu demonstrieren; es kann gezeigt werden, daß diese Perzeptionsfähigkeit bei Pflanzen unabhängig von menschlicher Beteiligung funktioniert."

Die Ergebnisse des Versuchs zeigten, daß die Pflanzen stark und synchron auf den Tod der Krebschen in kochendem Wasser reagierten. Das automatisierte Aufzeichnungssystem, das von mehreren Wissenschaftlern überprüft wurde, ließ erkennen, daß Pflanzen auf den Tod von Kleinkrebsen kontinuierlich mit einer Quote von fünf zu eins gegen die Zufallswahrscheinlichkeit reagieren. Die ganze Versuchsanordnung und die Ergebnisse des Experiments wurden in Form einer wissenschaftlichen Abhandlung veröffentlicht. Nun war die Reihe an den anderen Wissenschaftlern zu versuchen, ob sie Backsters Experiment wiederholen und die gleichen Ergebnisse erzielen könnten. Mehr als siebentausend Wissenschaftler verlangten Sonderdrucke des Berichts über Backsters Forschungen. Studenten und Wissenschaftler von ungefähr zwei Dutzend amerikanischen Universitäten zeigten sich interessiert daran, die Backster-Experimente zu wiederholen, sobald sie die nötigen Apparaturen erhalten könnten. Stiftungen zeigten sich interessiert, weitere Versuche zu finanzieren. Die Massenmedien, die Backsters Bericht zunächst ignoriert hatten, griffen die Geschichte begeistert auf, nachdem National Wildlife den Mut hatte, im Februar 1969 mit einem Artikel den Anfang zu machen. Der Erfolg war so durchschlagend, daß viele Leser begannen, mit ihren Pflanzen zu sprechen, und *Dracaena massangeana* zu einem Begriff der Umgangssprache wurde."[47]

Auch heute noch gehen die Untersuchungen an Pflanzen weiter; die Geräte heißen jetzt allerdings nicht mehr Lügendetektoren, sondern Biofeedbackgeräte und sind inzwischen so erschwinglich geworden, daß sie sich jedermann leisten kann. Backster ist aber natürlich nicht der Einzige gewesen, der Pflanzen erforscht hat, und die Biofeedbackgeräte nicht die einzigen Instrumente, mit denen wir heute Kommunikation zwischen Pflanzen nachweisen können.

Wir wissen heute, daß Pflanzen miteinander kommunizieren können, daß z.B. Bäume, die von für sie schädlichen Borkenkäfern befallen werden, und die daraufhin beginnen bestimmte Abwehrstoffe und Gifte zu mobilisieren, andere Bäume, die noch nicht befallen sind, „warnen" können. Festgestellt hat man das ganz einfach dadurch, daß

[47] Seite 23, „Das geheime Leben der Pflanzen", Peter Tompkins und Christopher Bird

man diese Stoffe auch in den Blättern der Bäume nachweisen konnte, die noch nicht von Käfern befallen waren. Auch wenn Bäume gefällt werden, kann man mit bestimmten Instrumenten Reaktionen der umstehenden Bäume beobachten. Einige solcher und anderer Experimente sind in dem Buch „Der Ruf der Rose" beschrieben. Es würde an dieser Stelle zu weit führen, weitere Beispiele anzuführen, doch sei das Buch wärmstens zur Lektüre empfohlen.[48]

[48] „Der Ruf der Rose" Dagny und Imre Kerner 1992 im Kiepenhauer&Wirtsch Verlag

Die Materie lebt

In unserer westlichen Welt wird „Leben" nur biologischen Organismen tierischer oder pflanzlicher Herkunft zugesprochen: Im Gegensatz dazu gibt es viele Naturvölker, die auch in „toten" Gegenständen, wie etwa Steinen, etwas Lebendiges sehen und so etwas wie eine Seele zusprechen. Kann es sein, daß tote Materie vielleicht doch nicht so leblos ist, wie wir immer meinen? Macht es vielleicht doch Sinn, wenn wir unserem Auto oder Computer gut zureden, wenn sie gerade einmal „den *Geist* aufgegeben haben"?

Der Italiener Kolisko ist dieser Frage in einem höchst bemerkenswerten Versuchsaufbau nachgegangen:

> „Kolisko beschreibt Experimente mit verschiedenen metallischen Lösun-gen, die man einzeln und kombiniert in Filterpapier steigen ließ. Wenn der Steigvorgang beendet war, bildete sich ein charakteristischer Rand. Kom-binationen der Substanzen ergaben verschiedene Farb- und Formmuster. Dieses Experiment wurde täglich über einen Zeitraum von 21 Jahren fort-geführt. Kolisko gelang der Nachweis, daß der Einfluß der Mondphasen in der Silbernitratlösung verfolgt werden kann: beim Aufsteigen der Silberni-tratlösung im Filterpapier werden je nach Mondphase verschiedene spezifi-sche Muster gebildet. In ähnlicher Weise gab es andere Formmuster, die sich je nach Jahreszeit veränderten. Die üppigsten Formen traten zur Zeit des Blühens hervor, danach nahmen sie ab und verschwanden vollständig zwischen Dezember und Februar, um im Frühjahr wieder zu erscheinen. Überraschenderweise erhielt man spezifische Formmuster, darunter einige höchst brillante, zu den Festzeiten des Jahres, also an den Tagundnachtgleichen und den Sonnenwenden. Kolisko bemerkt dazu: »So seltsam es sich anhört, es scheint gestattet, von einer Stimmung zu sprechen, die sich in der Materie ausdrückt«,

denn die Bildmuster und Farben spiegeln die Stimmung der Jahreszeiten wider. "[49]

Nun, daß die Mondphasen Flüssigkeiten beeinflussen, ist ja nichts Neues. Warum aber „blüht" die Silbernitratlösung im Frühjahr und woher „weiß" sie von den Tagundnachtgleichen? „Lebt" „tote" Materie doch? Ist das der von Max Planck und Jean Charon zitierte "Geist der Materie"?

Der Goldene Schnitt

Damit aber nicht genug; "tote" und lebendige Materie sind in ihrem inneren und äußeren Aufbau auch noch strukturiert: schon im 13.Jahrhundert stieß ein italienischer Mathematiker namens Fibronacci auf eine Formel, der er in der Natur immer wieder begegnete: dem Verhältnis von 1 : 1,6181. Dieses Maß liegt allen Strukturen, seien sie pflanzlichen, tierischen oder mineralischen Ursprungs, zugrunde und ist als der „Goldene Schnitt" bekannt. Besonders bei Pflanzen läßt sich das gut beobachten, weil sie im obengenannten Verhältnis ihre Blätter aus dem Stamm treiben.

Die ganze Natur ist also auf dem Prinzip des Goldenen Schnitts aufgebaut und es hat sich so sehr herausgestellt, daß das auch die harmonischste Proportion ist, daß dieses Maß auch bei vielen Gebäuden und Inneneinrichtungen Pate steht. Es reicht also nicht, daß die Dinge, die uns in der Natur umgeben, einfach da sind, sie müssen auch „schön" sein.

Welch besseren Beweis könnte es für einen gemeinsamen Geist, für einen Schöpfer, für einen Gott geben, als diesen? Wie könnte man hier noch behaupten, Materie sei nicht Geist?

---

[49] Seite 83, „Psyche und Substanz", Edward Whitmont, Burgdorf Verlag

Plocher - Der „Wasserdoktor"

Vor einigen Jahren strahlte das Fernsehen im ZDF eine Sendung aus, die den Titel „Der Wassermann kommt" trug. Der Film handelte von einem gewissen Roland Plocher, der mit recht unkonventionellen Mitteln Fischteiche, Teiche und sogar kleine Seen, die durch starke Umweltbelastung gekippt, bzw. „tot" waren, wieder zum Leben erweckte. In diesem Film wurden mehrere Teich- und Seenbesitzer gezeigt, die mit Plocher's Arbeit offensichtlich sehr zufrieden waren.

Schließlich wurde Plocher auch dabei gefilmt, wie er diese Gewässer sanierte: er tat das, indem er etwa einen Meter lange Kunststoffröhren, mit einem Durchmesser von etwa 20cm, immer paarweise an verschiedenen Stellen der Gewässer versenkte. Darauf angesprochen, was denn in den Röhren sei, antwortete er: „Quarzsand." Und zwar Quarzsand, auf den die Information von Sauerstoff mit Orgon - Energie aufgeschwungen, d.h.: imprägniert wurde. Dieser Quarzsand befindet sich in den Kunststoff - Röhren, kommt also mit dem Wasser selber gar nicht direkt in Kontakt. Die Wirkung erfolgt durch die Wandung der Röhren hindurch, ausschließlich durch die Schwingungen, durch die homöopathische Information von Sauerstoff. Und es waren auch immer nur einige wenige dieser Röhrenpaare, die mit einer Kette an einen Betonklotz befestigt, in den Teichen und Seen eingesetzt wurden. Das zahlenmäßige Mißverhältnis zwischen Röhren und Wassermenge war im Film sehr deutlich zusehen und doch: es funktionierte.

Nur dort, wo den Gewässern durch Überdüngung der anliegenden Grünflächen oder aufgrund unzureichender Kläranlagen, auch weiterhin hohe Schadstoffbelastungen zugemutet wurden, blieb der Erfolg aus.

Besonders plastisch kann man die erfolgreiche Wirkung der Plocher - Präparate an Fischteichen sichtbar machen. Vor der „Behandlung" standen die Forellen immer im Kreis um die Stelle, wo das Wasser aus zwei Metern Höhe in das Becken lief; hier - und eben nur hier - war durch den Wasserfall ausreichend Sauerstoff vorhanden, um den Bedarf der Forellen zu decken.

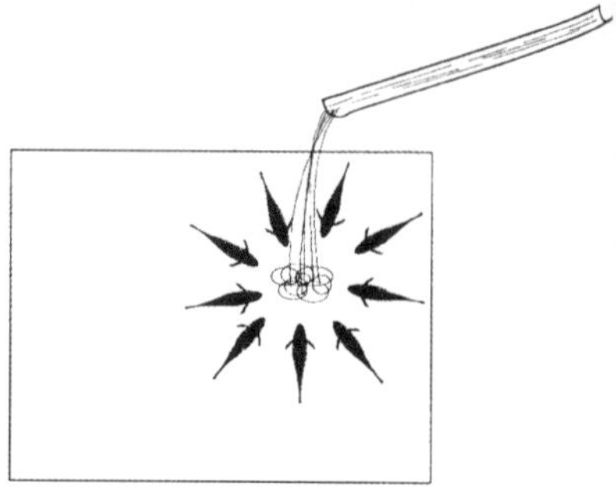

Nach Einsetzen der Plocher - Röhren waren die Fische im ganzen Bassin verteilt: jetzt war der Sauerstoffgehalt allgemein soweit angestiegen, daß das Gruppieren um die Wassereinlaufstelle für die Forellen uninteressant geworden war.

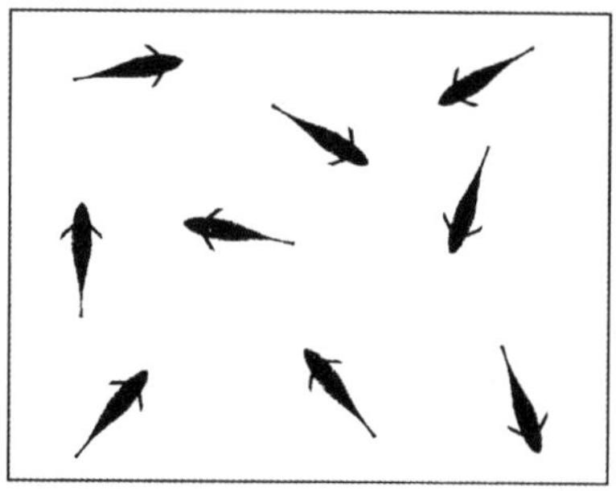

Es ist ja bekannt, daß Forellen in der Natur nur in fließenden Gewässern vorkommen. Bei einem Besuch bei Plocher in Meersburg, am Bodensee, wo er damals seine Produktionsstätte hatte, führte er mich zu einem kleinen Teich in seinem Garten. Der Teich war kaum so groß wie ein kleiner Swimmingpool, kein fließendes Gewässer und doch lebten Forellen darin. Allein der Quarzsand war hier in der Lage, denselben Sauerstoffgehalt zu generieren, wie wir ihn sonst nur in fließendem Wasser vorfinden. Für Aquariumbesitzer stellt Plocher inzwischen übrigens auch „Miniröhrchen" her, die - bei richtiger Bepflanzung des Aquariums - sogar eine Sauerstoffpumpe überflüssig machen!

Wohlgemerkt: in den Röhren ist nur Quarzsand! Allerdings behandelter Sand und deswegen aus Quarz (Silicium), weil der elektromagnetische Information am besten aufnehmen und vor allem dann über längere Zeiträume auch am besten halten kann. Wie aber gelingt es Plocher die „Information von Sauerstoff" auf einen Sand aufzubringen? Welches Prinzip steht dahinter?

Nun, Plocher hat zwei Technologien verknüpft:
Zum einen bedient er sich des homöopathischen Schwingungsprinzips. Sie kennen das von Mitteln, die Sie bereits eingenommen haben: Sie bekommen ein homöopathisches Mittel, z.B.: Sulphur, also Schwefel, verschrieben. Was Sie dann aber bei der Apotheke erhalten, ist ja nicht Schwefel, sondern Potenzen, also Verschüttelungen davon, die auf eine Trägersubstanz aufgeschwungen wurden. Das werden in der Regel entweder Alkohol - Wasser - Mischungen oder sogenannte Globuli (kleine Kügelchen aus Milchzuckerverreibungen) sein. Bei Plocher sind nun die Globuli aus Quarzsand und die Information ist Sauerstoff und nicht Schwefel; das Prinzip ist aber das Gleiche.

Der Unterschied zur Homöopathie liegt bei Plocher's Vorgehen darin, daß er keine Potenzierungen vornimmt, sondern mit Orgon - Energie die Information aufschwingt. Plocher hatte sich während einer eigenen, schweren Erkrankung mit Magnetfeldern und der Orgon - Energie nach Wilhelm Reich (u.a.) beschäftigt und - unter selbst erarbeiteten Modifizierungen - einen überdimensionalen Orgonstrahler gebaut, der in seinem Haus, durch zwei Stockwerke hindurch, vom Speicher bis zum Erdgeschoß reicht und sehr starke Energien aufbaut.

Das genaue Wirkprinzip eines Orgonstrahlers zu erklären, würde an dieser Stelle zu weit führen, doch sei erwähnt, daß Orgon - Energie überall im Raum vorhanden ist und durch spezielle Apparaturen konzentriert werden kann[50] Beide Verfahren, die Homöopathie und die Orgon - Energie, werden von der Wissenschaft abgewiesen. Ihre Existenz und Wirksamkeit könne nicht bewiesen werden. Nun, Plocher arbeitet damit, hat ein blühendes Unternehmen aufgebaut, stellt Pro-

---

[50] Nachzulesen in „Der Orgonakkumulator" von James DeMeo und „Die Bionexperimente" von Wilhelm Reich, beide im Zweitausendeins Verlag.

dukte vor allem auch für die Landwirtschaft (Güllegruben) her und hat damit einen stetig wachsenden Kreis von Anwendern vorzuweisen, die auf seine Produkte und deren Wirkung schwören.

Glauben Sie wirklich, daß all diese Landwirte, Besitzer von Seen, Teichen und Fischzuchtanstalten für Quarzsand gutes Geld ausgeben würden, wenn der nicht auch eine Wirkung, und zwar eine deutliche Wirkung zeigen würde? Besonders für Landwirte zählen nur Tatsachen und wenn Plocher's Produkte nicht wesentliche Verbesserungen in der Produktion bringen würden, wäre wohl auch der Film vom ZDF nie gedreht worden. Auch hier hat die Empirie, die Erfahrung, die Wissenschaft offensichtlich überrundet. Die Forellen können zwar nicht reden, aber die offensichtliche Umverteilung nach Anwendung der Plocher - Produkte spricht ja wohl auch eine deutliche Sprache.

„Der Wasserdoktor kommt", hieß der Film im ZDF. Und das kann man auch als Fazit dieses Films verstehen. Plocher bewegt etwas. Aus Sicht der Naturheilkunde ist es auch verständlich und nachvollziehbar, wie er das macht, welche Prinzipien da zur Anwendung kommen. Wir sehen auch, daß das bei Menschen funktioniert und nur, weil man diese Vorgänge noch nicht wissenschaftlich nachvollziehen kann, werden diese Methoden lächerlich gemacht, verschmäht, abgelehnt - und daher auch von den Krankenkassen nicht erstattet. Dabei gibt es so deutliche Parallelen; wie bei praktisch allen Krankheiten ist Übersäuerung und Sauerstoffmangel auch für die Gewässer die eigentliche Ursache für das Fischsterben und das anschließende „Kippen" des Milieus. Auch das Waldsterben hat die Ursache im Milieu, in der Übersäuerung, die durch den sogenannten „sauren Regen" sukzessive aufgebaut wird. Der Vergleich zwischen Mikro- und Makrokosmos sei auch hier gestattet und war seinerzeit der Grund, warum ich Plocher aufsuchte: ich wollte sehen, ob man seine Technologie nicht auch für die Behandlung von Krankheiten einsetzen kann. Leider ist das deutsche Arzneimittelgesetz da aber sehr hart, so daß eine direkte Übernahme der Plocher'schen Mittel nicht möglich war; das Wirkprinzip steht uns aber in der Homöopathie und dem Orgon - Strahler in der

Praxis zur Verfügung. Näheres dazu werden wir später in den Kapiteln über Radionik und Dunkelfeldmikroskopie noch erfahren.

Es wird wirklich Zeit, daß die Dinge, die sich empirisch bewähren, dann auch anerkannt werden und das auch dann, wenn die Wissenschaft aufgrund derzeitig beschränkter Möglichkeiten, ihrerseits die involvierten Wirkprinzipien nicht nachvollziehen kann.

Die jahrtausende alte Satellitenaufnahme aus Ägypten

Was wir brauchen, sind ein paar „verrückte" Leute.
Seht an, wohin uns die „vernünftigen" gebracht haben!

George Bernhard Shaw

Sicher haben Sie schon einmal von Erich von Däniken und seinen archäologischen Forschungen gehört. Und sicher hat auch sie das Stigma der Unseriosität mehr oder weniger beeinflußt, das die anerkannte, wissenschaftliche Archäologie über Däniken verhängt hat. Man mag zu Däniken stehen, wie man will, aber eines ist sicher: er hat Problematiken aufgedeckt, die sich mit der klassisch orientierten Archäologie nicht erklären lassen, so sehr die Herren Wissenschaftler auch versucht haben, Schubladen in ihrem Schrank für diese Phänomene zu schaffen.

Es gibt von *Time Life* eine Videoreihe mit 9 Videokassetten, auf denen alles zusammengetragen ist, was Däniken in der ihm eigenen Sichtweise erforscht hat. Diese Videos sind sehr, sehr spannend; man kann sie in einigen Videotheken ausleihen oder aber auch bei *Time Life* bestellen. Wenn sich ein paar interessierte Personen zusammentun, fällt der Kauf ein wenig leichter und Sie können die Videos dann auch immer wieder an „ungläubige Thomasse" ausleihen. Es ist wichtig, daß diese Dinge jetzt anfangen die Runde zu machen: je mehr Menschen davon Notiz nehmen, daß es Dinge gibt, die wir uns mit unseren derzeitigen Modellen nicht erklären können, desto eher ist der Weg offen für Neues.

Nachfolgend habe ich eine „Däniken - Geschichte" ausgewählt, um auch schon in diesem Buch, und auch ohne Betrachten der Videos, zeigen zu können, worum es bei den Themen und Entdeckungen von Dänikens geht:

„Zu Beginn des 18. Jahrhunderts fand man im Topkapi Palast in Istanbul alte Landkarten, die einem Offizier der türkischen Marine, Admiral Piri Reis, gehört hatten. Vom nämlichen Piri Reis, der seine Karten im Orient entdeckt haben will, stammen auch die beiden in der Berliner Staatsbibliothek aufbewahrten Atlanten, die exakte Wiedergaben des Mittelmeerraumes und des Gebietes am Toten Meer enthalten. Dieses ganze Kartenpaket wurde dem amerikanischen Kartographen Arlington H. Mallerey zur Untersuchung übergeben. Mallerey machte die merkwürdige Feststellung, daß zwar alle Angaben vorhanden, nicht aber an der richtigen Stelle eingezeichnet waren. Hilfesuchend wandte er sich an den Kartographen Walters vom Hydographischen Amt der US-Marine. Mallerey und Walters konstruierten ein Lesegitter und übertrugen die alten Karten auf einen modernen Globus. Sie machten eine wirklich sensationelle Entdeckung: die Karten waren absolut exakt, und zwar nicht nur was Mittelmeerraum und Totes Meer angingen, es waren ebenso die Küsten von Nord- und Südamerika und sogar die Konturen der Antarktis präzise in Piri Reis' Karten vermerkt. Die Karten gaben nicht nur die Umrisse der Kontinente wieder - sie hatten auch die Topographie im Innern dieser Länder! Gebirgsketten, Berggipfel, Inseln, Flüsse und Hochebenen waren haarscharf eingezeichnet.
1957 - im Geophysikalischen Jahr - wurden die Karten dem Jesuitenpater Lineham, der zugleich Direktor der Sternwarte von Weston ist und verantwortlicher Kartograph der amerikanischen Marine, übergeben. Auch Pater Lineham konnte nach genauesten Prüfungen nur bestätigen, daß die Karten von äußerster Genauigkeit sind - selbst in Räumen, die wir heute noch kaum erforscht haben.

Man bedenke, erst 1952 wurden Gebirgsketten in der Antarktis entdeckt, die auf den Reis'schen Karten bereits eingezeichnet sind! Die jüngsten Arbeiten von Professor Charles H. Hapgood, sowie des Mathematikers Richard W. Strachan, vermittelten uns geradezu schockierende Erkenntnisse. Aus Vergleichen mit modernen Satelliten-Aufnahmen unserer Erdkugel ging nämlich her-

vor, daß es sich beim Ur-Original der Piri-Reis-Karten um Luftaufnahmen aus extremer Höhe gehandelt haben muß! Wie ist dies zu erklären? Ein Raumschiff steht hoch über Kairo und richtet das Objektiv seiner Kamera gerade nach unten. Nach Entwicklung der Fotoplatte ergäbe sich folgendes Bild: Alles, was sich im Umkreis von zirka 8000 Kilometern unter dem Aufnahmeobjektiv befand, ist korrekt wiedergegeben, denn es lag ja direkt unter der Linse. Je weiter vom Mittelpunkt entfernt wir aber das Bild betrachten, um so verzerrter sind Länder und Kontinente.
Warum dies? Bedingt durch die Kugelgestalt der Erde »versinken« die vom Zentrum entfernten Kontinente nach »unten«. Südamerika beispielsweise wird in einer eigenartigen Längsverzerrung zu sehen sein, genauso nämlich, wie dies auf der Piri-Reis--Karte der Fall ist! Es gibt ein paar Fragen, die schnell zu beantworten sind. Fraglos haben unsere Vorfahren diese Karten nicht gezeichnet. Doch unzweifelhaft ist, daß diese Karten mit modernsten technischen Hilfsmitteln - aus der Luft - hergestellt worden sein müssen.

Wie sollen wir das erklären? Sollen wir uns mit der Legende zufrieden geben, ein Gott habe sie einem Oberpriester geschenkt? Oder sollen wir sie einfach nicht zur Kenntnis nehmen, das »Wunder« bagatellisieren, weil dies Kartenwerk nicht in unser Vorstellungsbild paßt . . . ? Oder sollen wir mutig ins Wespennest stechen und behaupten: diese Kartographie unseres Erdballs wurde von einem sehr hoch fliegenden Flugzeug oder von einem Raumschiff aus gemacht?! Die Karten des türkischen Admirals sind freilich keine Originale: sie sind Kopien von Kopien und nochmals Kopien von Kopien. Aber: wer immer sie vor Jahrtausenden machte, mußte fliegen und sogar photographiert haben können! Sicherlich verschlägt diese Behauptung manchem den Atem. Uralte Karten, aus großen Höhen angefertigt - ein Gedanke, den man besser nicht zu Ende denkt. Manchmal scheint es, als ob der Mensch Angst davor hätte, den Nebel vor seiner Vergangenheit schwinden zu sehen. Warum? Weil es sich mit der Schulweisheit so gut und ruhig leben läßt?"

Spannend? Ich hätte gerne auch noch weiter zitiert, aber das würde den Rahmen dieses Buches sprengen. Was hier schon in dürren Worten so unglaublich klingt, bekommt auf von Dänikens Videos noch eine andere Dimension, dann nämlich, wenn wir das auch *sehen,* wovon hier die Rede ist. Geben Sie sich einen Ruck und schauen Sie sich die Videos einmal an, Sie werden es nicht bereuen.

Paradigmenwechsel in den Wissenschaften

Worum es bei diesen Beispielen eigentlich geht, ist zu demonstrieren, daß nicht nur eine akademische Fachrichtung heute in einer Sackgasse steckt, sondern daß das eigentlich ein Phänomen ist, das - außer auf die moderne Physik - auch auf praktisch jede andere Wissenschaft zutrifft. Geschichte und Archäologie, Biologie, Medizin, allenthalben ist vom sogenannten Paradigmenwechsel die Rede und überall zeichnet sich ab, daß die überlieferten wissenschaftlichen Erkenntnisse der letzten Zeit einem tiefgreifenden Wandel unterzogen werden.

Über den Tod und das Leben danach

Frau Dr.Elisabeth Kübler - Ross

„Über den Tod und das Leben danach", so lautet der Titel eines Buches von Frau Dr. Elisabeth Kübler - Ross, in dem sie ihre Erfahrungen mit Sterbenden festgehalten hat. Frau Dr.Kübler - Ross hat 20 Jahre lang Studien auf dem Gebiet der Todesforschung gemacht und das so erfolgreich, daß sie (18!) Ehrendoktortitel dafür erhielt. Zuerst hatte sie dabei nur medizinische und psychologische Daten ausgewertet, kam aber bei ihrer Arbeit ständig auch mit einer Komponente in Kontakt, die in kein wissenschaftliches Konzept passen wollte: außerkörperliche und jenseitige Erfahrungen ihrer Patienten. Als sie anfing hierüber zu schreiben und Vorträge zu halten, wurde sie heftig angegriffen und sogar für verrückt erklärt. Dazu äußerte sie in einem Interview:

> „Meiner Meinung nach ist derjenige wissenschaftlich ehrenhaftig, der das niederschreibt, was er herausgefunden hat, und außerdem darlegt, wie er zu seiner Schlußfolgerung gelangt ist. Man müßte mir volles Mißtrauen schenken und mich geradezu der Prostitution zeihen, wenn ich nur das veröffentlichen würde, was der allgemeinen Meinung gefällt. Ich denke nicht daran, Leute zu überzeugen oder gar zu bekehren. Meine Arbeit sehe ich hauptsächlich darin, das Erforschte weiterzugeben. Jene, die dafür be-

reit sind, werden mir Glauben schenken. Und jene, die es nicht sind, werden mit den unglaublichsten Vernünfteleien und Besserwissereien argumentieren wollen."[51]

Frau Dr.Kübler-Ross hat unter anderem Forschungen mit Patienten gemacht, die sogenannte Todeserfahrungen hatten. Diese Patienten waren schon einmal - unterschiedlich lange - klinisch tot gewesen und dann wieder ins Leben zurückgekehrt. Die Erzählungen über die Erfahrungen, die diese Patienten während der Zeit gemacht hatten, während der sie tot gewesen waren, ähnelten einander sehr stark: Die Patienten gaben an, sich während dieses Zustandes selbst von außen gesehen zu haben, und konnten Dinge und Abläufe beschreiben, die passiert waren, während sie tot gewesen waren! So konnten Einige angeben, wie sie schlußendlich gerettet worden waren, Andere, was währenddessen gesprochen worden war usw. Diese Vorgänge wurden dann von Wissenschaftlern als Halluzinationen abgetan, die durch den Atemstillstand und den daraus resultierenden Sauerstoffmangel im Gehirn verursacht würden. Frau Dr.Kübler-Ross hat hierauf, um dieses Argument widerlegen zu können, *blinde* Patienten[52] mit Todeserfahrungen untersucht, die auch *gesehen* hatten, was während der Aus - Zeit passiert war und die die Umgebung, die Menschen und deren Kleidung und andere Details genau hatten beschreiben können. Wie hätten Halluzinationen das wohl bewerkstelligen sollen?

In der Folge konnte sie feststellen, daß viele Bilder (wie z.B. der Tunnel mit dem gleißenden, schönen Licht am Ende) auch von den Patienten beschrieben wurde, bei denen sie Sterbebegleitung machte und die ihr erzählten, was sie während des Sterbens sahen und empfanden. Die Studien von Frau Dr.Kübler - Ross sind mit umfangreichem Datenmaterial unterlegt und in ihrem Buch „Über den Tod und das Leben danach" (Verlag Silberschnur GmbH, DM 19,80) ausführlich geschildert. Es ist ein wirklich sehr aussagekräftiges und schönes Buch, das dem Tod viel von seiner Schrecklichkeit nimmt und das ich oft Patienten gegeben habe, die sich selbst oder in ihrer Umgebung,

---

51 „Über den Tod und das Leben danach", Dr.Kübler-Ross, Seite 4

52 Patienten, die bereits länger als 10 Jahre erblindet waren

mit dem Thema Tod auseinandersetzen mußten und es beweist, daß es da Phänomene gibt, die zu regelmäßig sind, als daß wir sie mit dem Hinweis auf die „Nicht - Wissenschaftlichkeit" einfach vom Tisch fegen könnten.

Dr.Raymond Moody

Neben Frau Dr.Kübler-Ross gibt es in den USA noch einen Arzt, den die Forschung mit den Todeserfahrungen zeitlebens stark beschäftigt hat: Dr.Raymond Moody. Er hat 20.000 (!) Fälle von Todeserfahrung untersucht und dokumentiert, darunter einen besonders außergewöhnlichen Fall: ein Mann, der von einem Blitz getroffen worden war, während er telefonierte.

Der Blitz war derart in ihn eingeschlagen, daß der Telefonhörer in seiner Hand schmolz und seine Schuhsohlen rauchten; er selbst war 20 Minuten (!) klinisch tot, bevor er „zurückkam" und brauchte Jahre, um von seinen Verletzungen zu genesen. Der Blitz hatte allerdings auch sein Bewußtsein verändert, er war jetzt hellsichtig geworden und hatte das zweite Gesicht, wenn er zum jeweiligen Mensch direkten Kontakt bekam. Außerdem hatte er besonders intensive, außerkörperliche Erfahrungen gemacht und einige paranormale (z.B.telepathische) Fähigkeiten entwickelt. Die Lebensgeschichte dieses Mannes wurde in einem Buch dokumentiert: „Zurück ins Leben - Die wahre Geschichte des Mannes, der zweimal starb" (Autor Dannion Brinkley und Paul Perry, Knaur Verlag, DM 12,90).

Ich schlage vor, Sie besorgen sich diese beiden Bücher und legen sie sich auf den Nachttisch. Ich garantiere Ihnen Trost in schwierigen Stunden, eine spannende Lektüre und eine Sensibilisierung für Realitäten jenseits unserer (menschlichen) Wirklichkeit.

Das Ende der Reduktion

Wer will was Lebendiges erkennen und beschreiben,
sucht erst den Geist herauszutreiben,
dann hat er die Teile in seiner Hand,
allein es fehlt das geistige Band.

J.W. von Goethe

Das klassisch - physikalische Verständnis von den Dingen, die uns umgeben, basiert auf der Grundlage, daß jeder Gegenstand die Summe der ihn bildenden Einzelteile ist und somit die Eigenschaften dieses Gegenstandes durch die Eigenschaften seiner Einzelteile charakterisiert werden können. Was dann mit diesem Gegenstand passiert, kann dann immer durch das Prinzip „Ursache und Wirkung" erklärt werden.

In diesem Denkmodell bestimmen die kleinen Teile also das Ganze. Das ließe den Schluß zu, daß man nur die Teile eines Ganzen genau genug zu kennen braucht, um das Ganze in seinen Eigenschaften bestimmen und sein Verhalten erklären zu können.

Rupert Sheldrake meint hierzu:

> "Die Schulbiologie (wie auch die Schulmedizin; Anm.d.Verf.) hat von der Naturwissenschaft des siebzehnten Jahrhunderts auch den starken Glauben an das reduktionistische Verfahren geerbt: Komplexe Systeme sind anhand kleinerer und einfacherer Teile zu erklären. Lange Zeit glaubte man, das Atom sei die nicht mehr zu unterschreitende Grundlinie allen physikalischen Erklärens. Heute, da wir wissen, daß Atome komplexe Aktivitätsstrukturen sind, zusammengesetzt aus subatomaren «Teilchen», die selbst wiederum Schwingungsmuster in Feldern darstellen, haben sich die scheinbar so sicheren Fundamente der materialistischen Naturwissenschaft in so gut wie nichts aufgelöst. Oder wie der Wissenschaftsphilosoph Karl Popper sagt: «Durch die moderne

> Physik hat der Materialismus sich selbst transzendiert.» Trotzdem ist der reduktionistische Geist nach wie vor stark in der akademischen Biologie, wo man die Phänomene des Lebens immer noch auf Vorgänge im molekularen Bereich zu reduzieren versucht. Man glaubt hier, daß Biologie letztlich Chemie ist, und das allerletzte Wort hat die Physik, die alles auf die Eigenschaften von Atomen und schließlich der subatomaren Teilchen zurückführen kann."[53]

Solange Demokrit mit seiner Annahme, daß Atome die kleinsten Teilchen sind, aus denen Materie aufgebaut ist, nicht widerlegt war und das physikalische Weltbild Newton's Gültigkeit hatte, konnte sich dieses klassisch - physikalische Weltbild halten. Als es dann aber durch technisch immer aufwendigere Versuchsanlagen möglich wurde Atome (Ende 19.Jahrhundert) und dann auch Atomkerne (Anfang 20.Jahrhundert) zu spalten und Einstein mit seiner Relativitätstheorie und Niels Bohr mit seiner Quantentheorie auftauchten, war klar, daß dieses alte Weltbild so nicht weiterbestehen konnte.

Die Physik ist an einem Punkt angekommen, wo das kleinste Teilchen, aus denen Materie besteht, selbst nicht aus Materie ist. Diese kleinsten Teilchen lassen sich auch nicht beobachten, weil die Beobachtung diese Teilchen in ihrem Verhalten beeinflußt. Dieses Phänomen stellt alles Wissen über Physik auf den Kopf und es waren wohl auch die Entdecker dieser Tatsachen selber diejenigen, die wohl am überraschtesten waren:

> „Das physikalische Universum wurde fremdartiger, als man je erwartet hatte: für die Quanten- und Teilchenphysiker schien sich die Materie selbst verflüchtigt zu haben. Die physikalische Basis der Realität wurde, nach Poppers Worten, einer Wolke ähnlicher als einem Felsen. . . . Die natürliche Umwelt - Objekt der klassischen Physik - schien dem Zugriff der Quantenphysiker entzogen zu sein. Die externe Welt der Physik wurde, nach den Worten Ed-

[53] Seite 20 „Sieben Experimente, die die Welt verändern könnten", Rupert Sheldrake

> dingtons, zu einer Schattenwelt. „Nichts ist wirklich", schrieb er, "nicht einmal die eigene Frau. Die Quantenphysik führt den Physiker zu dem Glauben, daß seine Frau nur eine ziemlich komplizierte Differentialgleichung ist." (Eddington fügte allerdings hinzu, daß der Wissenschaftler vermutlich taktvoll genug sei, diese Ansicht nicht zu Hause vorzutragen.)"[54]

Wenn es Ihnen, lieber Leser, nach der Lektüre der vorangegangenen Kapitel und dieser Zeilen, so geht wie mir, als ich mit diesen Umständen das erste Mal konfrontiert wurde, dann werden Sie diese Zeilen mit großem Interesse lesen, und auch annehmen, was Sie da an Information erhalten. Und anschließend doch denken, daß da irgend etwas vielleicht doch nicht stimmt. Und es sich nicht vorstellen können. Trösten Sie sich, niemand kann sich das im Moment vorstellen, auch die besten und bekanntesten Physiker nicht.

Der dreidimensionale Raum, in dem wir leben, ist nur ein Unter - Raum eines mehrdimensionalen Raumes. Erinnern Sie sich an die Bewohner der zweidimensionalen Fläche, die versuchen das Wesen eines Würfels zu ergründen? So geht es uns mit der Welt, die der Quantentheorie entspricht. Und solange wir nicht Wege finden, zu beobachten, ohne zu beeinflussen, oder solange wir nicht zusätzliche Dimensionen in unsere Vorstellungswelt integrieren können, werden wir damit auch weiterhin große Schwierigkeiten haben.

Fakt bleibt aber: die Welt ist nicht so aufgebaut, wie wir das bisher immer angenommen haben. Materie besteht aus Nicht - Stoff, aus einem Geist, der die Materie formt. Alle Versuche auch weiterhin das Ganze durch die Summe seiner Teile beschreiben zu wollen - und das ist die Definition von Reduktion (lat. reducere = zurückführen) - waren und sind zum Scheitern verurteilt. Im Gegenteil: heute können wir Aussagen über die kleinsten Teilchen, die wir - wie oben ausgeführt - ja nicht beobachten können, nur noch beschreiben, indem wir Felder empirisch analysieren, um aus dem Verhalten der Felder, des Ganzen,

[54] Seite 39 ff., „Kosmische Kreativität. Neue Grundlagen einer einheitlichen Wissenschaft von Materie, Geist und Leben,Ervin Laszlo (Mitglied des Club of Rome) 1995 Insel Verlag

auf das Einzelne, das Teilchen zu schließen. Und werden so mit der Tatsache konfrontiert, daß nicht nur das Teil Wirkung auf das Ganze hat, sondern auch umgekehrt. Und vor allem umgekehrt.

Ervin Laszlo dazu weiter:

> „In der Sozio - Bio - Öko - Sphäre unseres Planeten erstreckt sich das Netzwerk der Beziehungen in zwei Richtungen, vom kleinsten Teil zum System als Ganzem, und vom gesamten System zum kleinsten Teil. Die erste Art der Wechselwirkung ist unstrittig, aber die zweite ist überraschend: es ist nicht klar, wie ein ausgedehntes System seine kleinen Teile beeinflussen kann. Dennoch wird diese Art der Beeinflussung in einem Fachgebiet nach dem anderen beobachtet. Als erster benutzte Michael Polanyi dafür den Begriff „umgekehrte Verursachung", dann führte James Campbell die Bezeichnung „Abwärtsverursachung" ein. Karl Popper und John Eccles verwendeten diesen Term innerhalb ihrer Theorie der Wechselwirkungen von Geist und Gehirn . . ."

Das liest sich hier so einfach; tatsächlich hat sich die klassische Physik aber lange mit Händen und Füßen dagegen gewehrt (und tut es noch), weil das die tradierten Denkmodelle über den Haufen geworfen hat.

Was ändert das in der Medizin?

Das Erstaunliche für mich ist, daß all das, worum es in diesem Buch geht, in weiten Bereichen schon seit geraumer Zeit bekannt ist. Obwohl das aber unser Verständnis von Materie nicht nur verändert, sondern sogar neu definiert, tun alle anderen Wissenschaften so, als sei die Physik ein akademischer Zweig, der sie nichts angeht. Auch die klassische Schulmedizin tut so, als sei nichts geschehen, hält ihr reduktionistisches Bild vom menschlichen Körper aufrecht und organisiert sich in der Behandlung der Patienten auch dementsprechend: die Unterteilung in Form von Fachärzten wie Kardiologen, Urologen, Endokrinologen, Neurologen usw. macht das jedem deutlich. Als könnte man den

Menschen in einzelne Funktionskreise unterteilen, die - diesem Verständnis entsprechend - nichts oder zumindest vernachlässigbar nichts miteinander zu tun haben. Und die Therapie erfolgt stofflich, pharmakologisch und eben nicht energetisch oder gar geistig.

Der Physiker sagt uns aber: Materie ist aus Nicht - Stoff und mehr als alles andere aus Energie und Geist gemacht. Er sagt uns auch, daß nicht nur die Teile das Ganze beeinflussen, sondern vor allem auch das Ganze die Teile. Es wird aber wohl noch eine ganze Zeit brauchen, bis sich diese Einsicht durchsetzt und das ist wohl auch schon zu ganz anderen Zeiten ein Problem gewesen, was man aus einem Zitat aus der griechischen Antike erkennen kann:

> "Die Kraft eines solchen heilenden Wortes ist von der Art, daß sie nicht nur den Kopf gesund machen kann, sondern, wie du vielleicht von guten Ärzten gehört hast, wenn etwa einer, der an den Augen leidet, zu ihnen kommt, daß sie sagen, es wäre unmöglich die Heilung der Augen für sich alleine zu unternehmen, sondern sie müßten zugleich auch den Kopf behandeln, wenn die Augen sollten hergestellt werden; und wiederum zu glauben, man könnte den Kopf für sich behandeln ohne den ganzen Leib, wäre großer Unverstand. Dieser Rede zufolge richten sie nun ihre Verordnung auf den ganzen Leib und versuchen, mit dem Ganzen auch den Teil zu behandeln und es zu heilen."
>
> *Sokrates*

Ebenso, fährt Sokrates fort, verhalte es sich mit jenem Spruch, den er von einem der thrakischen Ärzte gelernt habe, die in dem Ruf stünden, unsterblich zu machen.

Sokrates erklärt:

> "Dieser Thrakier sagte, in jenem, was ich eben gesagt habe, hätten die hellenischen Ärzte ganz recht; aber Zamolxis, unser König, sprach er, der ein Gott ist, sagt, so wie man nicht unternehmen dürfe, die Augen zu heilen, noch den Kopf ohne den ganzen Leib,

so auch nicht den Leib ohne die Seele; sondern dies wäre eben auch die Ursache, weshalb bei den Hellenen die Ärzte den meisten Krankheiten noch nicht gewachsen wären, weil sie nämlich das Ganze verkennen, auf welches man seine Sorgfalt richten müßte, und bei dessen Übelbefinden sich unmöglich irgendein Teil wohlbefinden könnte."

Die heutige Situation hat also nichts Neues, Hellenen und Thrakier gibt es immer noch. Der zweite Teil dieses Buches soll sich jetzt mit Diagnose- und Therapieverfahren befassen, die auch und besonders unter den Augen der modernen Physik Bestand haben und naturheilkundlich - ganzheitlich orientiert sind.

III. DIE NEUE MEDIZIN

Wunder geschehen nicht im Gegensatz zur Natur,
sondern im Gegensatz zu dem,
was wir von der Natur wissen.

Augustinus

Die „Neue Medizin" ist eine Medizin, die die Erkenntnisse der modernen Physik berücksichtigt. Es hat keinen Zweck mehr, den Kopf in den Sand zu stecken oder so zu tun, als wären die Wissenschaften der Medizin und der Physik zwei Bereiche, die man voneinander trennen kann. Die moderne Physik hat festgestellt:

Materie besteht letztlich aus geistigem „Nicht - Stoff"

Wenden wir das doch einfach einmal auf den Bereich der Medizin an. Das in unserer westlichen Industriegesellschaft geprägte Weltbild sieht nämlich immer noch Materie als den Kern aller Dinge, den Geist bestenfalls als ein Anhängsel. Ein bekannter Hirnchirurg soll einmal gesagt haben, er habe schon viele Gehirne seziert und noch nie habe er dort eine Seele oder einen „Geist" gefunden. Sollen wir wirklich an der reduktionistischen Sichtweise festhalten, allopathische, also materie - bezogene Arzneien verschreiben und mit dem Skalpell „heilen"?

In der Naturheilkunde gelten seit Jahrhunderten Grund- und Glaubenssätze, die wir erst jetzt nach und nach durch die Erkenntnisse in der modernen Physik zu verstehen beginnen. Oder deren zumindest mögliche Berechtigung jetzt nicht mehr so rundweg und arrogant abgelehnt werden kann, wie das bisher oft der Fall war. Damit soll nicht gesagt sein, daß die Chirurgie nicht oft auch wirklich lebensrettend und heilbringend ist, aber zum einen wird viel mehr operiert, als eigentlich notwendig wäre, frei nach dem Grundsatz, „Was nicht mehr da ist, kann auch keinen Ärger mehr machen", und zum anderen sind den Operationen ja auch medizinische Behandlungen vorausgegangen. „Der berühmte Geheimrat *Professor August Bier* äußerte sich so Studenten gegenüber: „Meine Herren, ich möchte Sie bitten zu erkennen, daß selbst die gelungenste chirurgische Intervention nichts weiter bedeutet als ein Beweis dafür, daß wir nicht in der Lage waren, diese oder jene Krankheit zu heilen."

Der Geist der Dinge tritt also nun in den Vordergrund und macht verständlich, wieso Verfahren wie Akupunktur, und überhaupt die gesamte fernöstliche Medizin, Homöopathie, Magnetfeldbehandlung, Farbtherapie, Geistheilung (!), aber auch Psychotherapie empirisch so effektiv arbeiten können.

Der Placebo - Effekt

Ein Bereich, in dem die Kraft des Geistes ganz gut beobachtet werden kann, ist der sogenannte „Placebo - Effekt". Placebos sind einfach Zuckerpillen, die keinerlei therapeutische Wirkstoffe enthalten und in der medizinischen Forschung immer dann angewendet werden, wenn es darum geht, die Wirkung eines neuen Medikamentes festzustellen. Es werden dann zwei Gruppen gebildet, von denen eine das Medikament, die andere aber nur das Placebo bekommt. Handelt es sich um eine einfache Blindstudie, wissen nur die Therapeuten, welcher Patient zu welcher Gruppe gehört, bei der Doppelblindstudie wissen es auch die Therapeuten nicht. Rupert Sheldrake hat sich mit dem Placebo - Effekt befaßt und festgestellt, daß viele therapeutische Erfolge sich zu einem großen Teil durch diesen Effekt erklären lassen:

> „Das war sicher auch früher so, und es ist ganz bestimmt heute so. Eine zusammenfassende Untersuchung zahlreicher verschiedener pharmazeutischer Tests hat ergeben, daß Placebos im Durchschnitt ein Drittel bis die Hälfte der Wirksamkeit spezifischer Medikamente erreichen - eine beachtliche Wirkung für Zuckerpillen, die so gut wie nichts kosten. Aber nicht nur Pillen aus Zuc-

ker können als Placebos Verwendung finden; es gibt auch Zucker-Beratung, Zucker-Psychotherapie und sogar Zucker-Chirurgie. Bei Angina pectoris beispielsweise wird manchmal ein mamma-koronarer Bypass gelegt (Verbindung einer Thorax-Arterie mit einem Herzkranzgefäß). Zum Austesten dieser Methode wurde bei einer Kontrollgruppe von Patienten nur der äußere Schnitt gelegt, die Operation selbst aber nicht durchgeführt. Ergebnis: Die Schmerzreduzierung war bei den tatsächlich Operierten und bei den nur scheinbar Operierten gleich groß. Bei beiden Gruppen zeigten sich auch physiologische Veränderungen, zum Beispiel eine Verringerung der negativen T-Zacken im EKG."[55]

Ist das nicht unglaublich? Eine „Placebo - Operation" verändert die negativen T-Zacken im EKG! Der Patient glaubt an die durchgeführte Operation und gesundet dadurch; welch besseres Beispiel könnte es für die Herrschaft des Geistes über die Materie geben?

Ein besonders krasses Beispiel ist dann noch die Geschichte eines Mannes, der an Krebs erkrankt war, und bei dem die Strahlentherapie keinen Erfolg mehr brachte:

„Er bekam eine einzige Injektion der Experimentaldroge Krebiozen, die von manchen damals als „Wunderheilmittel" angesehen wurde (inzwischen aber in Mißkredit geraten ist). Der Erfolg war für den Arzt des Patienten ein regelrechter Schock; er sagte, die Tumoren „schmelzen wie Schneebälle auf dem Ofen". Später las der Patient Untersuchungen, die von der Unwirksamkeit des Medikaments sprachen, und da begann sein Krebs sich wieder auszubreiten. Einer Eingebung folgend, verabreichte sein Arzt ihm intravenös ein Placebo und sagte, es sei eine „neue, verbesserte" Form von Krebiozen. Wieder schwand der Krebs mit kaum glaublicher Schnelligkeit. Aber dann las der Mann in der Zeitung die offizielle Verlautbarung der American Medical Association:

[55] Seite 221, „Sieben Experimente, die die Welt verändern könnten", Rupert Sheldrake

> Krebiozen sei völlig wertlos. Da war es um seinen Glauben geschehen, und ein paar Tage später war er tot."[56]

Was aber ist nun ein Placebo anderes als die Kraft des Geistes, die Vorstellung des Patienten, etwas eingenommen zu haben, das ihm helfen wird, die Krankheit zu besiegen? Übrigens: wenn Placebos solche drastischen Wirkungen haben können, warum dann so abfällig über sie urteilen? Warum diese geistigen Kräfte nicht ganz gezielt einsetzen, so wie z.B. die Mayo - Klinik das in den USA mit Krebspatienten gemacht hat? In der Mayo Klinik wurde mit der Vorstellung der Patienten dergestalt gearbeitet, daß sie sich ihr Blut als Soldaten denken sollten, die sie dann zu der Stelle hinführten, an der der Krebs festgestellt worden war. Die therapeutischen Erfolge bei dieser Methode haben seinerzeit viel Aufsehen erregt.

Auch Dr. med. O. Carl Simonton, Strahlenonkologe und Direktor eines Krebsforschungsinstitutes in Dallas, Texas, hat diese Techniken angewendet und darüber eine Studie durchgeführt:

> „In einer Anschlußstudie unterwiesen Simonton und seine Kollegen 159 Krebspatienten, die als unheilbar galten, in diesen Vorstellungstechniken. Die zu erwartende Überlebensdauer liegt in solchen Fällen bei zwölf Monaten. Nach vier Jahren waren 63 Patienten noch immer am Leben. Von diesen zeigten 14 keine Krankheitssymptome mehr, bei 12 war der Krebs rückläufig und bei 17 der Krankheitszustand stabil. Die durchschnittliche Überlebenszeit der gesamten Gruppe belief sich auf 24,4 Jahre, war also doppelt so lang wie der amerikanische Normwert. Seither hat Simonton eine Reihe von ähnlichen Studien durchgeführt, stets mit positiven Resultaten. Gleichwohl ist seine Arbeit nach wie vor sehr umstritten. Die Kritiker wenden zum Beispiel ein, daß die Personen, die bei Simontons Untersuchungen mitmachen, keine „Durchschnittspatienten" seien. Viele hätten sich an Simonton gewandt mit dem ausdrücklichen Wunsch, seine Techniken ken-

[56] Seite 223, dito

nenzulernen, und dies sei ein Zeichen dafür, daß bei ihnen der Überlebenswille schon vorher überdurchschnittlich groß war. Trotz allem fanden viele Forscher Simontons Versuchsergebnisse so überzeugend, daß sie seine Arbeit unterstützten, und Simonton konnte inzwischen das Simonton Cancer Center aufbauen, ein erfolgreiches Forschungs- und Behandlungszentrum in Pacific Palisades in Kalifomien, in dem Patienten mit unterschiedlichen Erkrankungen die Bildvorstellungstechniken erlernen. Die therapeutische Anwendung von Bildvorstellungen beschäftigt mittlerweile auch die Öffentlichkeit, und aus einer neueren Bestandsaufnahme geht hervor, daß sie die vierthäufgste altemative Krebsbehandlungsmethode ist."[57]

Wie gezielt man bei diesen bildhaften Vorstellungen das eigene Immunsystem stimulieren kann, hat dann die Psychologin Jeanne Achterberg, Leiterin der Forschungs- und Rehabilitationsabteilung am Health Science Center der University of Texas in Dallas, aufgezeigt:

„Jeanne Achterberg hat herausgefunden, daß die durch Bildvorstellungen erzeugten physiologischen Wirkungen nicht nur mächtig sind, sondern auch sehr spezifisch sein können. Ein Beispiel: Der Begriff weiße Blutkörperchen bezieht sich in Wirklichkeit auf eine Reihe verschiedener Zelltypen. In einer Studie wollte Achterberg überprüfen, ob sie Versuchspersonen dazu bewegen konnte, die Zahl nur eines bestimmten Blutzellentyps im Körper zu vermehren. Zu diesem Zweck brachte sie einer Gruppe von Studenten bei, sich sogenannte neutrophile Zellen vorzustellen, die den Hauptbestandteil der weißen Blutzellenpopulation ausmachen. Eine zweite Gruppe setzte sie auf die T-Zellen an, einen spezielleren Typ der weißen Blutkörperchen. Beim Abschluß der Untersuchung war in der Gruppe, die die „Bildsprache" der Neutrophilen erlernt hatte, eine deutliche Zunahme dieser Zellen, aber keine Veränderung in der Zahl der T-Zellen zu verzeichnen. Bei der anderen Gruppe zeigte sich eine signifikante Vermehrung der

[57] Seite 93, „Das holographische Universum", Michael Talbot

T-Zellen, während die Zahl der neutrophilen Zellen gleichgeblieben war."[58]

Wie sehr sich der Körper tatsächlich am Geist orientiert, kann auch folgendes Experiment zeigen:

> „In einem neueren Experiment ließ der Psychologe Shlomo Breznitz von der hebräischen Universität in Jerusalem mehrere Gruppen israelischer Soldaten vierzig Kilometer weit marschieren, wobei er jeder Gruppe andere Informationen gab. Einige marschierten dreißig Kilometer und erhielten dann von ihm die Mitteilung, daß sie noch weitere zehn Kilometer vor sich hätten. Anderen erklärte er sie würden sechzig Kilometer zurücklegen, doch in Wirklichkeit ließ er sie nur vierzig Kilometer weit laufen. Einige Gruppen durften sich an Kilometersteinen orientieren, andere ließ er im unklaren darüber, wie weit sie marschiert waren. Nach Abschluß des Experiments stellte Breznitz fest, daß der Streßhormonspiegel im Blut der Soldaten stets ihren Entfernungsschätzungen und nicht der tatsächlich zurückgelegten Strecke entsprach. Mit anderen Worten: ihr Körper reagierte nicht auf die Realität, *sondern auf das, was sie für die Realität hielten."*[59]

Die Russen, die ja traditionell solchen Phänomenen auch früher schon aufgeschlossener gegenüberstanden, haben sich diese Umstände zunutze gemacht und das - wie man erst heute, nach erfolgter Öffnung gegenüber dem Westen weiß - unter anderem beim Training für Ihre Spitzensportler eingesetzt:

> „Nach Auskunft von Charles A. Garfield, einem ehemaligen NASA-Forscher, der heute Präsident des Performance Sciences Institute in Berkeley, Kalifornien, ist, haben die Sowjets den Zusammenhang zwi-schen Vorstellungskraft und körperlichen Leistungen ausgiebig er-forscht. In einer Studie wurde eine Phalanx von sowjetischen Weltklassesportlem in vier Gruppen einge-

[58] Seite 94, dito

[59] Seite 98, „Das holographische Universum", Michael Talbot

teilt. Die erste Gruppe brachte 100 Prozent ihrer Trainingszeit mit Trainieren zu. Die zweite trainierte nur 75 Prozent der Zeit und verwendete 25 Prozent darauf, sich die genauen Bewegungen und Leistungen, die sie in ihrer Sportart erbringen wollte, bildlich vorzustellen. Bei der dritten Gruppe waren die Zeiten im Ver-hältnis 50 zu 50 und bei der vierten 25 und 75 aufgeteilt. Man möchte es nicht glauben, aber bei den Olympischen Winterspielen 1980 in Lake Placid zeigte die vierte Gruppe die größte Leistungssteigerung, gefolgt von der dritten Gruppe, dann kam die zweite und am Ende die erste Gruppe!
Garfield, der Hunderte von Stunden darauf verwendet hat, Athleten und Sportwissenschaftler überall in der Welt zu befragen, ist der Mei-nung, daß die Sowjets ausgeklügelte Bildvorstellungstechniken in viele sportliche Ausbildungsprogramme integriert haben und daß sie mentale Bilder als Voraussetzungen für den Prozeß der neuromuskulären Im-pulsbildung betrachten. Laut Garfield funktioniert die Bildvorstellung deshalb, weil Bewegungsabläufe im Gehirn holographisch erfaßt wer-den. In seinem Buch *Peak Performance: Mental Training Techniques of the World's Greatest Athletes* erklärt er: »Diese Bilder sind holographisch und wirken primär auf der Ebene des Unterbewußten. Der holographische Vorstellungsmechanismus befähigt uns zur raschen Lö-sung räumlicher Probleme, etwa zum Zusammenbau einer komplizier-ten Maschine, zur Choreographierung eines Tanzes oder dazu, ein Spiel im Kopf ablaufen zu lassen.«

Der australische Psychologe Alan Richardson hat ähnlich erstaunliche Resultate bei Basketballspielern erzielt. Bei drei Gruppen von Spie-lern testete er die Leistungen im Freiwurf. Dann wies er die erste Gruppe an, täglich zwanzig Minuten lang Freiwürfe zu üben. Die zweite Gruppe durfte nicht trainieren, und die dritte sollte sich zwanzig Minuten lang pro Tag perfekte Würfe bildlich vorstellen. Wie zu erwarten, zeigte die Gruppe, die untätig gewesen war, keinerlei Fortschritte. Die erste Gruppe verbesserte sich um 24 Prozent, bei der dritten Gruppe aber war allein durch das bildhafte

Denken eine Leistungssteigerung von 23 Prozent zu verzeichnen - fast genausoviel wie bei der Trainingsgruppe 1."[60]

Den „Beweis", der mir am schlüssigsten erscheint, habe ich mir aber bis zum Schluß aufgehoben; er kommt aus dem Bereich der Psychatrie und hier aus dem Krankheitsbild, das man mit „Multipler Persönlichkeit" bezeichnet. Man versteht darunter Patienten, die mehrere „Unterpersönlichkeiten" haben, die einander ohne erkennbares Zeitmuster abwechseln. „Multiple" können nur zwei, drei, aber auch über 50 (!) verschiedene Unterpersönlichkeiten haben. Diese Unterpersönlichkeiten unterscheiden sich meist stark voneinander und

> „besitzen nicht nur unterschiedliche Gehirnstrommuster, sondern sind auch psychologisch gesehen streng voneinander geschieden. Jede hat einen anderen Namen, ein anderes Alter, andere Erinnerungen und Fähigkeiten. Vielfach unterscheiden sie sich auch durch die Handschrift, das vermeintliche Geschlecht, den kulturellen und rassischen Hintergrund, die künstlerische Begabung, die Beherrschung von Fremdsprachen und den Intelligenzquotienten.
>
> Noch erstaunlicher sind jedoch die biologischen Veränderungen, die bei einem Persönlichkeitswechsel in einem solchen Kranken vorgehen. Häufig verschwindet auf geheimnisvolle Weise ein medizinisches Problem, mit dem eine Unterpersönlichkeit behaftet ist, sobald eine andere Unterpersönlichkeit die Herrschaft übernimmt. Dr. Bennett Braun von der International Society for the Study of Multiple Personality in Chicago hat einen Fall dokumentiert, in dem alle Unterpersönlichkeiten eines Patienten bis auf eine einzige gegen Orangensaft allergisch waren. Wenn der Mann Orangensaft trank, während eine seiner allergischen Unterpersönlichkeiten dominierte, bekam er einen furchtbaren Hautausschlag. Doch sobald er sich in seine nichtallergische Persönlichkeit versetzte, ging der Ausschlag sofort zurück, und der Mann konnte so viel Saft trinken, wie er wollte.

[60] Seite 99, „Das holographische Universum", Michael Talbot

Francine Howland, eine Psychiaterin aus Yale, die sich auf die Behandlung von Multiplen spezialisiert hat, berichtet von einem noch verblüffenderen Vorfall, der die Reaktion eines Kranken auf einen Wespenstich betrifft. Eines Tages erschien er mit einem zugeschwollenen Auge, verursacht durch einen Wespenstich, zum vereinbarten Termin bei Francine Howland. Sie erkannte, daß er medizinische Hilfe benötigte, und rief einen Augenarzt an. Dieser hatte jedoch erst eine Stunde später einen Termin frei, und da der Mann starke Schmerzen hatte, entschloß sich die Psychiaterin, selbst etwas zu unternehmen. Wie sich herausstellte, war eine der Wechselpersönlichkeiten des Mannes eine »anästhetische Persönlichkeit«, die absolut keinen Schmerz empfand. Howland ließ diese Unterpersönlichkeit die Kontrolle über den Körper übernehmen, und der Schmerz hörte auf. Als der Mann die Praxis des Augenarztes betrat, hatte sich die Schwellung zurückgebildet, und das Auge war wieder normal. Der Arzt sah keine Notwendigkeit für eine Behandlung und schickte den Patienten heim.
Doch nach einer Weile verlor die anästhetische Persönlichkeit die Kontrolle über den Körper, die ursprüngliche Persönlichkeit des Mannes kehrte zurück und damit auch die Schmerzen und die Schwellung. Am nächsten Tag suchte er wiederum den Augenarzt auf, um sich doch noch behandeln zu lassen. Weder die Psychiaterin noch ihr Patient hatten dem Augenarzt erzählt, daß der Mann eine multiple Persönlichkeit war. Nach der Behandlung rief der Augenarzt Francine Howland an. »Er meint, seine Phantasie habe ihm einen Streich gespielt«, erklärte sie lachend. »Er wollte sich nur vergewissern, daß ich ihn tatsächlich tags zuvor angerufen hatte und daß er sich das nicht nur eingebildet hatte.«"[61]
„Das Kontrollsystem, das vorhanden sein muß, um solche Abläufe zu regulieren, ist atemberaubend und stellt unsere Fähigkeit, eine Warze durch Willenskraft verschwinden zu lassen, weit in den Schatten. Die allergische Reaktion auf einen Wespenstich ist ein komplexer und vielschichtiger Prozeß; dieser umfaßt die zielgerichtete Aktivität von Antikörpern, die Produktion von Hista-

[61] Seite 108, „Das holographische Universum", Michael Talbot

min, die Erweiterung und Zertrennung von Blutgefäßen, die massenhafte Freisetzung von Immunstoffen usw. Welche unbekannten Einflußströme befähigen den Geist einer multiplen Persönlichkeit, alle diese Vorgänge zu unterbrechen?"[62]

Doch noch einmal zurück auf die Placebos: gut in dieses Bild paßt auch die erstaunliche Tatsache, daß Placebos nicht nur Besserungen, sondern auch starke Verschlimmerungen auslösen können.

„Eine zusammenfassende Darstellung von 67 pharmazeutischen Doppelblindtests, durchgeführt mit 3549 Patienten, offenbarte, daß 29 Prozent der Patienten während der Behandlung mit Placebos Nebenwirkungen erlebten, zum Beispiel Appetitlosigkeit, Übelkeit, Kopfschmerz, Schwindel, Zittern und Hautausschläge. Die Nebenwirkungen waren manchmal so stark, daß sie zusätzliche medizinische Maßnahmen erforderlich machten. Außerdem zeigten sie eine Beziehung zur Erwartung der Ärzte und Patienten hinsichtlich der aktiven Droge, die bei diesem Test verwendet wurde. Bei einem großangelegten Doppelblindtest oraler Empfängnisverhütungsmittel berichteten dreißig Prozent der Frauen, die das Placebo bekommen hatten, von einer Verminderung des Geschlechtstriebs, siebzehn Prozent klagten über vermehrte Kopfschmerzen, vierzehn Prozent über vermehrte Menstruationsschmerzen und acht Prozent über ungewöhnliche Nervosität und Reizbarkeit."[63]

Ich würde gerne noch mehr Beispiele einfügen, doch würde das auch hier wiederum den Rahmen dieses Buches sprengen. Ich kann Ihnen aber, wenn Sie gerne mehr über diese Dinge wissen möchten, die in diesem Kapitel wiederholt zitierten Bücher „Das holographische Universum" von Michael Talbot und „Sieben Experimente, die die Welt verändern könnten" von Rupert Sheldrake, sehr zur Lektüre empfehlen.

---

[62] Seite 111, „Das holographische Universum", Michael Talbot

[63] Seite 224, „Sieben Experimente, die die Welt verändern könnten", Rupert Sheldrake

Zusammen mit allen Phänomenen, um die es hier in diesem Buch geht und die in den vorangegangenen Kapiteln beschrieben wurden, dürfte (hoffentlich) nun zumindest eines klar geworden sein:

Wir müssen neue Wege gehen, bei der Behandlung von Patienten (nicht: Krankheiten!), und diese Wege sollen den neuen Erkenntnissen Rechnung tragen. „Neue" Wege sind natürlich aber ganz oft und vor allem auch alte Wege, die sich in der Naturheilkunde empirisch immer wieder bewährt haben. Natürlich ist es nicht möglich in diesem Buch alle Diagnose- und Therapieverfahren vorzustellen und sie in ihrem Zusammenhang mit der modernen Physik zu beschreiben. Sie werden nach der Lektüre dieses Buches aber wohl auch zunehmend selber in der Lage sein, diejenigen Verfahren „herauszufiltern", die dem Geist der in diesem Buch beschriebenen Phänomene gerecht werden können.

Ich möchte aber doch ein paar Diagnose- und Therapiemethoden erwähnen, mit denen ich in meiner Praxis arbeite und die gut in diesen Kontext passen.

Am Schluß dieses Kapitels sind dann noch ein paar Artikel abgedruckt, die für diverse medizinische Zeitschriften geschrieben wurden und die keinen direkten Zusammenhang mit dem eigentlichen Thema dieses Buches haben. Da sie aber gut in ein ganzheitlich orientiertes Therapieschema passen, wurde die Chance einer weiteren Verbreitung im Rahmen dieses Buches genutzt.

Radionik - was ist das?

Wahrheit ist nicht das Beweisbare.
Wahrheit ist das Unausweichliche.
St. Exupéry

Die Radionik bedient sich des Wissens der modernen Physik und ist in ihren Möglichkeiten so unbeschränkt und so unglaublich, daß sie von den etablierten Wissenschaften - wie auch von vielen ansonsten naturheilkundlich/ganzheitlich denkenden und arbeitenden Kollegen - bisher in das Reich der Phantasien verwiesen wird.

> Radionik ist ein bioelektronisches Diagnose- und Therapieverfahren,
>
> „obwohl es in einem gewissen Sinne nur bedingt "elektronisch" ist. Sie ist in den Vereinigten Staaten und England zu Hause und in den deutschsprachigen Ländern noch weitgehend unbekannt. Die Berichte über sie zeigen, daß sie nicht nur eines der ungewöhnlichsten Diagnose- und Therapieverfahren darstellt, sondern geradezu eine Art "elektronischer Magie", deren sensationelle Möglichkeiten, wenn sich die Berichte bewahrheiten sollten, sie nicht nur zu einem potenten Heilverfahren machen, sondern auch Befürchtungen in bezug auf zerstörerischen Mißbrauch wecken. Ist die Radionik tatsächlich "die Wissenschaft der Zukunft", wie sie schon genannt worden ist? Lange bevor die moderne Quantenphysik feststellte, daß jeder Stoff eine charakteristische Strahlung besitzt, waren schon andere Leute von dieser Tatsache überzeugt gewesen. Uralt ist die Vorstellung, daß von jedem Objekt eine Kraft, ein "Fluidum" ausgeht, an dessen Eigenschaften man die Art des Objektes und seinen Zustand erkennen kann. Diese Kraft wurde auch schon früh mit der Elektrizität in Verbindung gebracht."[64]

[64] Seite 77, esotera 12/87, „Elektronische Magie", von Marco Bischof

Die Frage, was denn Radionik eigentlich ist, kann nur vor dem Hintergrund der bisher in diesem Buch behandelten Themen gesehen und verstanden werden. Doch nun zu einer Definition von Radionik, die David V. Tansley, einer der führenden Köpfe auf diesem Gebiet, formuliert hat:

> „Einfach gesagt ist Radionik ein System der Ferndiagnose und Fernbehandlung, das sich der menschlichen Fähigkeit der außersinnlichen Wahrnehmung bedient, in Verbindung mit bestimmten speziell konstruierten Instrumenten, die uns helfen, die zugrundeliegenden Wurzeln von Krankheit in einem lebenden Organismus zu bestimmen. Radionik ist eine Heilkunst, die ihre Wurzeln in der Medizin des zwanzigsten Jahrhunderts hat, jedoch insofern einmalig ist, als sie sich bewußt und absichtlich der höheren geistigen Fähigkeiten bedient, deren Existenz die Wissenschaft weitgehend abstreiten zu müssen glaubt (...)
>
> Es gibt jedoch noch eine andere Art des Wissens, nämlich das intuitive Wissen. Wir alle haben es in unserem Leben viele Male erlebt; wir wissen oft Dinge, ohne zu wissen, warum und wie wir sie wissen. Wir sehen Dinge vorher, wir haben Gefühle oder Eindrücke von Dingen, die den physischen Sinnen nicht zugänglich sind. Wenn wir uns die Zeit nehmen, zu beobachten, wie unser Verstand funktioniert, werden wir sogar überrascht sein, wie oft sich diese intuitive Fähigkeit manifestiert. Die meisten von uns haben schon erlebt, daß ihnen ein Freund oder Verwandter sehr intensiv gegenwärtig war oder sie sehr intensiv an ihn denken mußten und er dann innerhalb der nächsten Minute anrief. Oder Sie bekommen einen Brief von einer Person, mit der Sie jahrelang keinen Kontakt hatten, kurz nachdem Sie zum ersten Mal seit langer Zeit an diesen Menschen gedacht hatten. Dies sind keine Zufälle, sondern die höheren geistigen Fähigkeiten in Aktion. Das Problem ist, daß die logischen Anteile unseres Verstandes dazu neigen, das Erkennen dieser inneren Eindrücke, mit denen ein Geist unmittelbar auf einen anderen einwirkt, automatisch auszuschließen. Was passiert denn, wenn Sie den

fort außerhalb des Bereichs unserer täglichen Glaubens- und Begriffssysteme."[65]

Radionik ist also ganz allgemein der Oberbegriff für die Übertragung von In - Formation auf nichtstofflichem, auf geistigem Wege. Radionik wird zur Diagnose und zur Therapie genutzt. Im Folgenden wollen wir uns erst einmal mit der Therapie befassen; hierbei kann es sich um die Information von homöopathischen Mitteln, Nosoden, Farben, Edelsteinen und vielem mehr handeln. Der Grundgedanke ist, daß jede Materie nicht nur einen materiellen, stofflichen Anteil hat, sondern auch einen geistigen, der sich in Form einer Schwingung ausdrückt. Bei der Herstellung von homöopathischen Arzneimitteln, beim sogenannten "Potenzieren", geht es darum, die Information, die diese Schwingung beinhaltet, Stufe um Stufe zu verstärken (Potenz).

Bei der Herstellung von D - Potenzen geht das wie folgt vor sich: man nimmt einen Tropfen des Ausgangsstoffes (Urtinktur), z.B. Tintenflüssigkeit vom Tintenfisch (Sepia) und fügt 9 Tropfen einer Alkohol - Wasser - Lösung hinzu. Sodann wird diese Mischung zehn Mal auf ganz bestimmte Weise verschüttelt und nun haben wir ein homöopathisches Mittel, nämlich Sepia in der D1. Zum weiteren Aufwärtspotenzieren nimmt man nun wiederum einen Tropfen Sepia D1 und fügt 9 Tropfen einer Alkohol - Wasser - Lösung hinzu. Zehn Mal Verschütteln und schon haben wir Sepia D2. So geht das dann nach und nach bis zu den Hochpotenzen.

Ab der Potenz D23 ist rein mathematisch kein einziges, stoffliches Molekül der Urtinktur, des Ausgangsstoffes mehr vorhanden. Ab dieser Potenz haben wir es bei dieser Art der Arzneimittelherstellung „nur noch" mit Schwingungen, mit den geistigen Kräften, zu tun. Und mehr noch: wer schon erleben durfte, wie gerade auch ein homöopathisches Arzneimittel in der D 200 oder in der D 1000 ihre Wirkung entfalten können, wird bestätigen können, daß es auf das Vorhandensein von stofflichen Anteilen, von Materie, nicht ankommt.[66] In der homöopathischen Praxis wird das auch täglich bestätigt; die Zweifel an der Wirk-

[65] Radionik, Energetische Diagnose und Behandlung, David, V. Tansley

samkeit solcher Medikamente kommt denn auch meistens von Seiten solcher Therapeuten und Wissenschaftler, die weder über theoretisches, noch praktisches Wissen auf dem Gebiet der Homöopathie oder anderen, auf der geistigen Ebene arbeitenden, Methoden verfügen.

Ungetrübt von der erforderlichen Sachkenntnis wird der Grad der Verdünnung, der in den hohen Potenzen erreicht wird, dann bildlich so verglichen, daß man da ja gleich einen Tropfen der Urtinktur in den Bodensee schütten und dann eine Arznei aus dem Seewasser bereiten könne. Auch wenn es im Kontext dieses Buches schwer fällt das zu glauben: das „Argument" mit dem Bodensee ist das am öftesten zitierte in diesem Zusammenhang! Was dabei übersehen wird, ist aber, daß die hohe Verdünnung nicht auf einmal erreicht wird, sondern daß jedesmal, wenn einem Tropfen der vorherigen Potenz neun Tropfen neutraler Alkohol/Wasser - Lösung hinzugefügt werden, der Verschüttelungsvorgang derjenige ist, der die geistige In-Formation auf die nächste Potenz überträgt.

Daß Homöopathie „funktioniert" gilt heute als erwiesen. Kurioserweise ist die Tatsache, daß die Behandlung mit homöopathischen Arzneien - oder besser: homöopathischen Medikamenten[67] - tatsächlich eine Wirkung entfaltet die, daß sie auch von den Krankenkassen bezahlt wird und das sicher gegen die Interventionen der Lobby der Pharmaindustrie, die den Siegeszug der Homöopathie lange aufgehalten hat. Ein weiterer Hinweis in dieser Richtung ist, daß die Homöopathie in letzter Zeit ihren Einzug auch in der Schulmedizin gehalten hat und heute sogar schon an einigen Universitäten gelehrt wird.

---

[66] Besonders in Indien wird viel mit hohen und höchsten Potenzen gearbeitet; hier sind Gaben in der D 50.000 die Regel und Potenzen bis zur D 1 Mio und sogar 10 Mio (!) keine Seltenheit.

[67] Das Wort Medikament kommt aus dem lateinischen und ist zusammengesetzt aus medica (Heilmittel) und mens (Geist) - bedeutet also Heilmittel für den Geist, für die Psyche. Während die in unserer westlichen Medizin eingesetzten Therapeutika lediglich Arzneien sind, die auf der organischen Symptomenebene (neben)wirken, handelt es sich bei den Trägern geistiger Energien eben um Medikamente, die an den Ursachen ansetzen und so einen wirklichen Heilungsprozeß fördern helfen. Allopathische Mittel verdienen den Namen Medikament in aller Regel nicht und sollten Arzneimittel genannt werden.

Daß das geistige Prinzip in der Therapie von Patienten zur Behandlung herangezogen werden kann, ist also in der Homöopathie (wie auch in der Akupunktur) heute ein Faktum. Wenn das aber hier gilt, muß das auch für andere Bereiche gelten. Es kann nicht, was in der Homöopathie richtig ist, woanders auf einmal falsch sein. Und so, wie sich die Akupunktur und die Homöopathie schlußendlich dann doch durchgesetzt haben, werden sich auch die anderen Verfahren durchsetzen, die mit denselben geistigen Energien arbeiten.

Das Radionik - Gerät

Das Besondere an dem Verfahren „Radionik" ist nun, daß keine Urtinktur, kein Ausgangsstoff, für die Medikamente mehr benötigt wird, weil das Gerät in der Lage ist, das Schwingungsmuster der betreffenden Urtinktur auf geistigem Wege selber zu erstellen. Man kann sich das auch so vorstellen, daß - frei nach Rupert Sheldrake - ein solches Gerät in der Lage ist, sich an das morphische Feld der gewählten Urtinktur anzuschließen und das entsprechende Schwingungsmuster auf ein bestimmtes Objekt zu übertragen. Ein solches Objekt kann eine Pflanze, ein Tier oder auch ein Mensch sein. In unserem obigen Beispiel müßte also keine Urtinktur von Sepia mehr vorhanden sein, sondern die entsprechende Schwingung (als Träger der Information) wird direkt in einem dafür hergestellten Radionik - Gerät erzeugt. Diese Eigenschaft hat für die Verbreitung von Radionik - Geräten vor allem in solchen Ländern gesorgt, deren schwache Infrastruktur auch auf dem Gebiet des Gesundheitswesens den für uns selbstverständlichen Gang zur nächsten Apotheke nicht immer möglich machen; dieses sowohl aus Gründen der Entfernung wie auch wegen der finanziellen Situation der Betroffenen.

Indien, Afrika und Südamerika wären da zu nennen, wobei auffällt, daß die Verbreitung von Radionik in den ehemals englischen Kolonien besonders groß ist.

Ein solches Gerät wird in der Regel mehrere Drehknöpfe aufweisen, die auf Zahlen von 0 - 9 eingestellt werden können. Auf mitgelieferten Tabellen kann man nun die „Rate" d.h.: die Zahlenfolge für Arsenicum album D30 ablesen (z.B. 10217) und dann mittels der Drehknöpfe einstellen. Die Schwingung wird dann auf einen Behälter gegeben, in den dann die Flüssigkeit oder die Globuli hineingegeben werden können, auf die diese Information aufgeschwungen werden soll. Es gibt auch Geräte, in die man vorgefertigte Karten stecken kann, die Information in geometrischen Mustern gespeichert haben und die dann vom Gerät abgerufen und potenziert werden können. Relativ bekannt geworden ist in letzter Zeit auch der nach Reich konstruierte Orgonstrahler, der auch als Radionik - Instrument benutzt werden kann.

Das klingt nun relativ phantastisch und ich muß zugeben, daß ich anfangs nicht so recht an die Möglichkeit geglaubt habe, daß es funktionieren könnte, auf diese Weise ein homöopathisches Mittel herzustellen. ohne den Ausgangsstoff (Urtinktur) dazu zu verwenden, sondern einfach sein Schwingungsmuster zu "kopieren". Ich wäre wohl auch nie auf diese Methode gekommen, wenn ich nicht „zufällig" ein Jahr in einer Fortbildungsgruppe mit einem Kolumbianer verbracht hätte, dessen Vater in Kolumbien schon seit vielen Jahren mit einem solchen Gerät therapiert.

Juan Carlos Sabogal, der nach Deutschland gekommen war, um Naturheilkunde aus hiesiger Sicht zu erlernen, erzählte mir, daß sein Vater mit durch Radionik hergestellten Medikamenten sogar Infektionskrankheiten wie Typhus, Cholera und Malaria behandelte, ja oft sogar behandeln mußte, weil halt meistens keine gut sortierte homöopathische Apotheke in der Nähe war. So war er darauf angewiesen seine Patienten mit dem Radionik - Gerät zu behandeln und setzte sie dann auch bei schweren Erkrankungen ein. Für Juan Carlos war es auch kein Thema mehr, die Wirkung dieser Therapie in Frage zu stellen; für ihn war es bereits selbstverständlich geworden, Radionik zu benutzen.

Jetzt war ich doch neugierig geworden und bat ihn um die Adresse des Herstellers. Ich bekam eine Adresse in England, von einer kleinen Firma, die diese Geräte schon seit mehr als dreißig Jahren herstellt und bestellte mir das kleinste und billigste Gerät. So ganz traute ich der Sache denn doch noch nicht, trotz der Erzählungen aus Kolumbien.

Das Gerät, das ich dann bekam, war denn auch keines, wo man irgendwelche Raten hätte einstellen oder in das man eine Karte hätte einstecken können, sondern lediglich mit der Möglichkeit versehen, die Substanz, die man homöopathisch potenzieren wollte, in einen Behälter (Quelle) zu legen.

Das funktionierte dann so, daß man z.B. die Katzenhaare der Katze, die beim Patienten die Allergie auslöste, in den Behälter (Quelle = IN) legte, mit einem Drehknopf die gewünschte Potenz einstellte und dann in den anderen Behälter (Ziel = OUT) das Medium (z.B. Globuli) legte, auf das die Information aufgeschwungen werden sollte[68].

In dieser Zeit hatte ich gerade ein interessantes Buch über Therapie mit Eigenurin gelesen[69] und sie verstärkt auch meinen allergischen Patienten angeboten. Jetzt ist das aber so eine Sache mit dem Urin trinken: viele Patienten konnten sich einfach nicht dazu überwinden und so kam ich auf die Idee den Urin einfach in mein neues Radionik - Gerät zu stellen und die Information im ersten Behälter auf eine neutrale Alkohol - Wasser - Mischung im zweiten Behälter aufzuschwingen. So hätten die Patienten die Information aus ihrem Urin - und darum geht es ja bei diesem Verfahren - und müßten aber den Urin selbst nicht trinken.

[68] So kann man übrigens ganz gezielt Katzenhaar - Allergien **gegen die eigene Katze** löschen; bei Fertigprodukten, die ja aus Haaren **anderer** Katzen hergestellt wurden, bleibt der Erfolg oft aus.

[69] „Urin - ein ganz besonderer Saft"

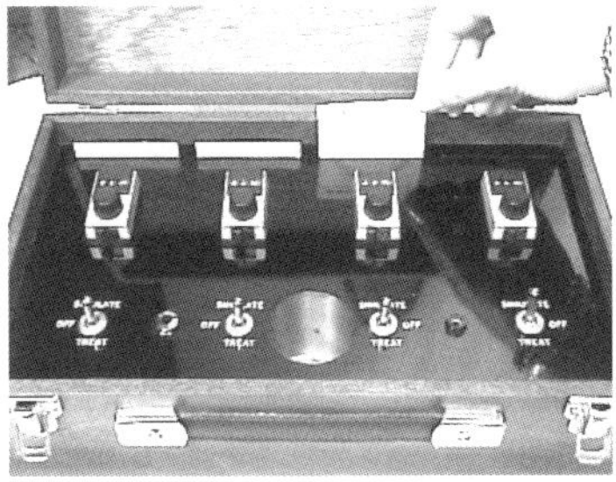

Wenn man den Urin nun aber nicht pur trinkt, sondern ihn homöopathisch verschüttelt, ist es üblich, diese Verschüttelungen dem Patienten in aufsteigender Potenz zu geben, damit er sich nach und nach darauf einstellen kann und unerwünschte Nebenwirkungen nicht auftreten. Nun ja, habe ich gedacht, das Radionik - Gerät wird nicht so stark wirken, wie die tatsächlich aus dem Urin verschüttelte Potenz und so habe ich den Potentiometer kurzerhand auf D 30 gestellt, also auf eine Potenz, die ich beim klassischen Verfahren nie als erste gegeben hätte.

Der „Erfolg" stellte sich dann auch postwendend ein: beide Patienten, denen ich solcherart potenzierten Eigenurin mitgegeben hatte, riefen mich zwei Tage später an und klagten über Depressionen. Da das bei Eigenurin - vor allem bei Erstgabe in dieser Potenz - eine der möglichen Nebenwirkungen in Form einer Erstverschlimmerung sein kann, ließ ich die Tropfen sofort absetzen, was die Symptome dann auch rasch abklingen ließ. Ich war jetzt gewarnt und begann mich eingehender mit der Radionik zu befassen. Ich kaufte mir dann auch das größere Gerät (s. Abb. oben), das mehr therapeutische Möglichkeiten bietet und beobachte damit so gute Wirkungen, daß ich diese Methode in meiner Praxis nicht mehr missen möchte. Dazu später mehr.

Daß diese Methode funktioniert, steht für mich fest. Sie wirkt auch bei Patienten (und Kollegen!), die, vorsichtig ausgedrückt, von der Methode nicht gerade überzeugt sind, wie auch bei Kleinkindern, so daß ich hier den Placebo - Effekt ausschließen kann. Gerade sind es übrigens oft die Zweifler, die nachher zu den überzeugtesten Anhängern geworden sind und dann von Zeit zu Zeit nur dazu in die Praxis kommen, um wieder ein Fläschchen von „ihrer Mischung" zu bekommen. Einen wissenschaftlichen „Beweis" kann ich nicht antreten, aber nachdem, was die moderne Physik in den letzten Jahren ans Tageslicht bringt, ist es nicht mehr unwahrscheinlich, daß die Übertragung von Information von einem Körper auf den anderen durch In - Formations - Prozesse abläuft, wie wir sie weiter oben bei Elektronen und Photonen gesehen haben.

Noch einmal: empirisch steht für mich fest, daß Radionik funktioniert. Wenn die Wissenschaft derzeit nicht in der Lage ist zu erklären, wie das funktioniert, bedeutet das in meinen Augen ein Defizit bei der Wissenschaft und nicht bei der Methode der Radionik. Da nun die Wissenschaft auf Phänomene gestoßen ist, die sie nicht erklären kann - die Quantenparadoxien - und es bei diesen Paradoxien Vorgänge gibt, die zumindest gewisse Analogien in den Erklärungsmustern für die Informationsübertragung bei radionischen Abläufen anbieten, darf die Einschätzung der Radionik als Verfahren nicht mehr einfach mit dem Adjektiv „nicht wissenschaftlich" vom Tisch gefegt werden.

Als Gegenleistung könnte ich anbieten die moderne Physik nicht für „nicht wissenschaftlich" zu erklären, nur weil sie heute zugeben muß, daß sie den Grundstoff unserer Welt nicht mehr nicht nur nicht beobachten, sondern auch mathematisch nicht mehr darstellen kann. Jedenfalls nicht mehr in seiner Gesamtheit, sondern nur noch in Teilbereichen und mit gravierenden Wissenslücken in Form der sogenannten Quantenparadoxien.

Das Prinzip der Fernheilung

Doch genug von Wissenschaft, wenden wir uns wieder der Empirie zu: weiter oben haben wir von den Experimenten von Targ und Puthoff zum Phänomen der Telepathie gelesen. Es gab aber auch

> „andere kontrollierte Experimente zur außersinnlichen Informationsübermittlung, die in Krankenhäusern durchgeführt wurden und deren Ergebnisse teilweise noch erstaunlicher waren. In einigen dieser Experimente wurden keine Gedanken oder Bilder, son-

dern anscheinend Heilwirkungen übertragen. „Fernheilung" ist ein bei Naturheilern und anderen Adepten des Paranormalen bekanntes Phänomen, das jedoch bisher kaum systematisch überprüft wurde. Der Kardiologe Randolph Byrd, ein früherer Professor an der Universität von Kalifornien, wollte diesen Zustand ändern. Er führte eine zehnmonatige computergestützte Studie der medizinischen Fallgeschichten von Patienten durch, die während dieser Zeit wegen Herzerkrankungen im San Francisco General Hospital aufgenommen wurden. Byrd bildete eine Gruppe von Experimentatoren, die nicht aus bekannten Heilern, sondern aus gewöhnlichen Menschen bestand, deren einzige Besonderheit es war, daß sie in einer der umliegenden Kirchengemeinden regelmäßig zu beten pflegten. Die ausgewählten Personen wurden gebeten, für eine Gruppe von 192 Kranken regelmäßig zu beten; weitere 210 Patienten, für die im Rahmen dieses Experimentes niemand betete, bildeten die Kontrollgruppe. Dieses Experiment fand unter strengen Kontrollbedingungen statt: Die Auswahl der Patienten erfolgte nach dem Zufallsprinzip, der Versuch erfolgte nach dem Doppelblind-Prinzip, wobei weder die Patienten, noch Ärzte oder Schwestern wußten, welcher Patient zu welcher Gruppe gehörte.

Die Experimentatoren erhielten den Namen der Patienten, sowie einige Informationen über die Art der Herzerkrankung und wurden aufgefordert, jeden Tag für sie zu beten. Sie erhielten keine weiteren Auskünfte. Da jeder Experimentator für mehrere Patienten beten konnte, hatte jeder Patient fünf bis sieben Menschen, die für ihn beteten. Die Ergebnisse waren statistisch signifikant. Es zeigte sich, daß die Gruppe, für die gebetet wurde, im Vergleich zur Kontrollgruppe nur ein Fünftel der Antibiotika benötigte (drei gegenüber sechzehn Patienten); dreimal seltener an Lungenödem erkrankte (drei gegenüber achtzehn Patienten) und in keinem einzigen Fall künstliche Beatmung erforderlich war (während zwölf Patienten in der Kontrollgruppe beatmet werden mußten).

Entsprechend gab es auch in der „Gebetsgruppe" weniger Todesfälle als in der Kontrollgruppe (obwohl dieses Ergebnis statistisch nicht signifikant war). Weder die Entfernung zwischen Patienten und denen, die für sie beteten, noch die Art des Betens machten irgendeinen Unterschied bei den Ergebnissen. Der entscheidende Faktor war konzentriertes und wiederholtes Beten, unabhängig davon, an wen das Gebet gerichtet war und wo die Gebete abgehalten wurden."[70]

„Die obigen Beispiele deuten in eine bestimmte Richtung. Sie enthalten Beweise, daß der menschliche Geist in größerem Umfang „informiert" ist, als bisher allgemein angenommen wurde. Unsere Informationsquellen sind nicht auf die Sinnesorgane des Körpers beschränkt; es gibt Dinge, die in unser Bewußtsein treten, obwohl sie außerhalb des sinnlichen Wahrnehmungsbereiches liegen: es scheint, daß dabei weite Bereiche von Raum und Zeit übersprungen werden können. Diese Vorgänge lassen sich nicht länger übersehen; sie ereignen sich relativ häufig und können zum Teil auch in kontrollierten und wiederholten Experimenten demonstriert werden. Im Gegensatz zu den optimistischen Annahmen um die Jahrhundertmitte, nach denen alles Wissenswerte über den Geist aus der Beobachtung des Verhaltens geschlossen und auf die entsprechenden Gehirnstrukturen zurückgeführt werden kann, ist die Wissenschaft heute gezwungen, die Realität von Elementen bewußter Erfahrung anzuerkennen, die sich, wenn auch im Prinzip mittels Gehirnkorrelationen analysierbar - nicht auf die von Auge, Ohr und anderen Sinnesorganen empfangenen Signale reduzieren lassen."[71]

Wir haben bis hierher nun erfahren, daß Geist die Materie formt, die uns umgibt, daß die Teilchen ungewöhnliche Fähigkeiten besitzen (Speicherkapazität, Unabhängigkeit von Raum und Zeit) und daß sie, auch über große Entfernungen hinweg, miteinander kommunizieren können. Charon spricht sogar davon, daß Teilchen (wie z.B. Elektronen) auch „Erfahrungen" und „Informationen" über große Entfernungen austauschen können, und daß dieser Austausch ihre Negentropie

[70] Seite 149ff., „Kosmische Kreativität", Ervin Laszlo

[71] Seite 151, „Kosmische Kreativität", Ervin Laszlo

(d.h.: ihren Ordnungszustand) erhöht. Charon hat das als „Liebe" beschrieben.

Wie das funktionieren kann, daß Elektronen Information austauschen?

> „Feynman würde sagen, daß ein Austausch „virtueller" Photonen stattfindet, was bedeutet, daß tatsächlich nichts von dem einen Photon auf das andere übergangen ist, sondern daß wir es hier mit einer regelrechten Fernwirkung zu tun haben, die sich unmittelbar zwischen korrespondierenden schwarzen Photonen der zwei Elektronen-Mikro-Universa abspielt."[72]

Und Charon schlägt die Brücke hier noch ein Stück weiter:

> „Darüber hinaus besitzt das Elektron die Möglichkeit, diese Information durch Fernwirkung mit anderen Elektronen auszutauschen, und zwar nach einem Prinzip, das genau gleich dem der rein elektrostatischen Wechselwirkung funktioniert. Dieser Austausch von Informationszuständen wird, wie sich denken läßt, noch eine kapitale Rolle in unserer Theorie spielen, da es sich hier ja in der Tat um Austauschprozesse geistiger Art handelt, wenn man Information als ein "geistiges Produkt" definiert.
> In diesem Zusammenhang ist noch besonders zu beachten, daß in der gleichen Weise, in der ein Elektron dem elektrostatischen Einfluß eines anderen Elektrons ausgesetzt ist, ungeachtet der zwischen beiden liegenden Entfernung (obgleich dieser Einfluß sich umgekehrt proportional zum Quadrat der Entfernung verhält), auch der Informationsaustausch, das heißt der geistige Austausch zwischen zwei Elektronen unabhängig von der Größe der Entfernung vor sich gehen kann. Zeigt sich hier nicht ein erster wissenschaftlicher Ausgangspunkt für die Erklärung telepathischer Phänomene?"[73]

---

[72] Seite 84, „Der Geist der Materie", Jean F. Charon

Was ist denn Radionik oder auch Telepathie anderes als ein morphisches Phänomen? Rupert Sheldrake hat in einem Interview mit Karsten Welte über sein Gespräch mit dem Physiker Prof. C. F. von Weizsäcker gesagt, daß

> „wenn man die Nichtlokalisierbarkeit der Quanten als gegeben annimmt, wobei abgetrennte Teilchen des Systems eine simultane Verbindung aufrechterhalten, er (v.Weizsäcker; Anm.d.Verf.) geneigt ist, die Grundidee der morphischen Resonanz als eine mögliche Form anzusehen, die vereinbar ist mit der zeitgenössischen Physik."[74]

Und Professor von Weizsäcker ist nur einer von vielen Physikern, die so denken; so ist beispielsweise auch für den amerikanischen Mathematiker Arthur M.Young, den Erfinder des Bell Helikopters und bekannten Wissenschaftsphilosophen, die Heisenberg'sche Unbestimmtheit als »freier Wille des Mikrobereichs« bewußtseinsähnlich!

Im Klartext: moderne Physik ist vielleicht in der Lage Phänomene, die bisher auf breiter Basis verdrängt wurden, zu rehabilitieren. Und die Anerkennung dieser Phänomene auf wissenschaftlicher Basis wird andere Theorien, die bisher den Anspruch auf Wissenschaftlichkeit hatten, vielleicht schon bald als veraltet und falsch erscheinen lassen.

Radionik und brasilianischer Schamanismus (Voodoo)

Radionik in der Therapie erlaubt aber nicht nur, die gewünschten Schwingungen auf ein Medium, z.B. Globuli oder eine Alkohol - Wasser - Mischung zu übertragen, sondern auch direkt auf den Patienten. *Und zwar unabhängig davon, ob der sich gerade in der Praxis befindet oder nicht.*

---

[73] Seite 85, „Der Geist der Materie", Jean E. Charon

[74] Seite 43, „Gespräch mit Rupert Sheldrake", Karsten Welte

Wir können, um einmal zu betrachten, wie das ablaufen kann, eine gedankliche Reise nach Brasilien, zu einem Voodoo - Priester machen. Leider ist der Voodoo - Kult nur durch seine schwarze Magie bekannt geworden; tatsächlich wird Voodoo aber hauptsächlich als schamanische Praktik zu Gunsten des Patienten eingesetzt.

Die schwarz-magische Komponente ist aber nun einmal bekannter und so werden wir uns einmal ein Beispiel betrachten, daß so oder so ähnlich wahrscheinlich jeder von Ihnen schon einmal gelesen oder in einem Film gesehen hat:

Es kommt jemand zu einem Voodoo - Priester, der, aus welchem Grund auch immer, einem Mitmenschen eine Krankheit oder gar den Tod wünscht. Der Priester wird nun den „Klienten" bitten, Haare, Blut oder ein Kleidungsstück, daß der, der nun verhext werden soll, am Leibe getragen hat, zu bringen und währenddessen eine Puppe basteln, die die Zielperson darstellen soll. Der Klient bringt dem Priester das Gewünschte und der befestigt das an der Puppe. Wenn nun die Zielperson z.B. an einem Herzinfarkt sterben soll, wird der Priester, in Trance, nach bestimmten rituellen Handlungen, der Puppe eine Nadel in der Herzgegend durch die Brust stoßen. Die Zielperson wird dann, wenn der Ritus richtig durchgeführt wurde, (im selben Moment oder geringfügig später) an einem Herzinfarkt sterben.

Was ist passiert? Der Priester, oder besser: der Hexer hat eine Puppe gebastelt, die die Zielperson darstellen soll. Um diese Person dann einwandfrei zu „identifizieren" und quasi genau „mitzuteilen", wer gemeint ist, werden an der Puppe dann Körperzellen der betreffenden Person angebracht. Da der genetische Code in jeder Körperzelle identisch ist, ist es egal, ob es sich dabei dann um Blut, Haare oder Hautzellen (die im am Leib getragenen Kleidungsstück sitzen) handelt. Theoretisch würde es auch ausreichen ein Bild zu haben oder den Namen und das Geburtsdatum auf ein Blatt Papier zu schreiben.

In dem Moment, wo einer Körperzelle eine In - Formation gegeben wird, erreicht diese alle Zellen mit demselben DNA - Code, und auch hier wieder der Zusatz: *unabhängig wo sich diese Zellen befinden.* Jeder Mensch hat seinen ureigenen und individuellen DNA - Code (außer eineiige Zwillinge); so kann man bei „Behandlung" einer Körperzelle sicher sein, daß man unter Garantie nur den entsprechenden Patienten mit der ihm zugedachten Schwingung anspricht. Theoretisch könnte das auch ein Astronaut auf dem Mond sein, auch ihn würde das erreichen.

Bisher waren diese Vorgänge „unglaublich" und auch, ähnlich wie die Telepathie und andere solche Phänomene, nicht einmal ansatzweise erklärbar. Tatsächlich gibt es aber viele Therapeuten, die diese Kräfte zum Wohle ihrer Patienten einsetzen und empirisch bestätigen können, daß es diese Fernwirkung nicht nur gibt, sondern daß sie auch sehr kraftvoll arbeitet. Weiter oben haben wir gesehen, daß Teilchen über weite Strecken, ohne Bindung an Raum und Zeit, miteinander Informationen austauschen können. Und da ist die Analogie zwischen der modernen Physik im Sinne des Kopenhagener Modells und der Empirie. Natürlich ist das kein Beweis im wissenschaftlichen Sinne, aber solange nicht das Gegenteil bewiesen wird, ist es nicht nur möglich, sondern auch sehr logisch. Es handelt sich hier um dasselbe Prinzip.

Auch mit diesem Thema hat Rupert Sheldrake sich auseinandergesetzt und wie folgt darüber geschrieben:

> „Seit den sechziger Jahren bietet uns der Kosmos in seiner Gesamtheit immer weniger das Bild einer gewaltigen Maschine und immer mehr das eines sich entwickelnden Organismus - eines Organismus, der wächst und dabei neue Organisationsmuster hervorbringt. Der starre Determinismus der alten Physik hat dem Unbestimmtheitsprinzip auf der Quantenebene, der Ungleichgewichts-Thermodynamik und den neuen Erkenntnissen der Chaos- und Komplexitätstheorien nicht standhalten können und ist der Einsicht gewichen, daß in der Natur selbst ein Spontaneitätsprinzip waltet. In der Kosmologie hat man eine Art kosmisches Unbewußtes aufgefunden, nämlich in Gestalt der «dunklen Materie», deren Natur völlig unerklärlich ist, die aber trotzdem neun-

zig bis neunundneunzig Prozent der gesamten Materie im Kosmos auszumachen scheint.

Unterdessen hat die Quantentheorie sehr merkwürdige und paradoxe Seiten der Natur aufgedeckt, etwa das Prinzip der Nichtlokalität oder Untrennbarkeit, demzufolge Systeme, die einmal Teile eines größeren Ganzen waren, auch dann auf geheimnisvolle Weise verbunden bleiben, wenn große Abstände zwischen ihnen entstehen."[75]

Diese "geheimnisvolle Verbindung" ermöglicht es dann auch, einen Patienten zu behandeln, der sich nicht in der Praxis befindet; benötigt werden lediglich ein paar Körperzellen - die also einmal Teil des Ganzen, des Körpers waren - und die werden dann z.B. mit einem bestimmten, für den betreffenden Patienten richtigen homöopathischen Mittel in Kontakt gebracht. Die Information dieser homöopathischen Schwingung - man könnte auch sagen: der Geist dieser Materie, die sich auch in Schwingung ausdrückt - wird dann von den behandelten Körperzellen an den Körper, an das Ganze, dessen Teil sie einmal waren, weitergegeben.

Natürlich klingt das für unsere Ohren phantastisch und erst einmal seltsam; wie aber soll man sich die Heilungserfolge durch Radionik, die Fernheilungen, das Erkennen japanischer Zeichen durch deutsche Studenten, den indirekten Lernvorgang australischer Ratten aus Erfahrungen englischer Artgenossen und all die anderen Phänomene, die hier geschildert wurden, sonst erklären? Und es ist ja nicht so, daß es sich hier um reine Behauptungen handelt; diese Dinge sind ja in *wissenschaftlichen* Studien wieder und wieder überprüft worden. Man hätte Wissenschaftler wie Sheldrake und Laszlo nur zu gerne widerlegt, aber das gelang bis heute nicht! In der in diesem Buch zitierten Literatur kann man das auch ausführlich nachlesen. Diese Dinge passen halt einfach nicht in unser Weltbild, sie entsprechen nicht der uns

---

[75] Seite 23, „Sieben Experimente, die die Welt verändern könnten", Rupert Sheldrake (Fettdruck zur Hervorhebung durch den Verfasser)

anerzogenen Wahrnehmung. Und trotzdem sind sie Realität und die Wahrheit wird sich nach und nach ihren Weg bahnen.

Radionik und Elektromagnetismus

Beim Versuch die radionischen Prozesse physikalisch zu erklären, ist man anfangs noch davon ausgegangen, daß Radionik vor allem ein elektromagnetisches Phänomen ist. Der Physiker Markus Schmieke hat zu diesem Thema folgendes geschrieben:

> „Die Vielfalt der außergewöhnlichen Anwendungsformen radionischer Geräte und Methoden läßt darauf schließen, daß sie zwar mit elektromagnetischen Wellen in Zusammenhang stehen, jedoch nicht ausschließlich auf dem elektromagnetischen Prinzip beruhen. Experimente mit Pflanzen haben gezeigt, daß der radionische Ferneinfluß auch durch einen Faradayschen Käfig und durch Bleiwände hindurch wirkt und von Pflanzen registriert werden kann, die sich in einem solchen Gehäuse befinden, welches das bekannte elektromagnetische Spektrum abschirmt. Die immer wiederkehrende Beobachtung, daß die radionischen Energien durch die Kraft der Gedanken geführt und beeinflußt werden, läßt den Schluß zu, daß die erzielten Effekte auf einem Prinzip, feiner als die bekannten elektromagnetischen Felder, beruhen. Es ist die elektromagnetische Ebene, auf der diese subtileren Einflüsse und Steuerungsmechanismen physikalisch nachgewiesen werden können, und das elektromagnetische Feld, das den menschlichen Körper durchdringt, ist eine sehr sensible Antenne hierfür. Doch um alle beobachteten Effekte zu erklären, bedarf es eines zusätzlichen feinstofflicheren Mediums, das nicht den bisher bekannten physikalischen Gesetzen folgt, sondern anderen Gesetzmäßigkeiten unterworfen ist, die eng mit der Funktion des Bewußtseins und dem menschlichen Geist verbunden sind. Radionik gründet auf dem Verständnis, daß jeder Mensch und jedes andere Lebewesen von einem komplexen elektromagnetischen Feld umgeben ist und gesteuert wird. Dieses ist ein Teil eines umfassenden,

strukturierten elektromagnetischen Feldes, welches den gesamten Planeten umspannt. Dieses Feld koordiniert alle elektromagnetischen Einflüsse auf diesem Planeten, welche die Funktionen der einzelnen Lebewesen miteinander in Beziehung setzen. Es wird jedoch von einem noch feineren Feld beeinflußt und gesteuert, das mit physikalischen Mitteln bisher nicht gemessen oder beschrieben werden kann. Es soll hier als Lebensfeld bezeichnet werden und weist die folgenden beobachtbaren Eigenschaften auf:

1.) Es ist mit der Materie lebender Organismen verbunden, die von ihm beeinflußt wird.

2.) Jeder Organismus besitzt ein individuelles in sich geschlossenes Lebensfeld, das gleichzeitig mit den Lebensfeldern anderer Lebewesen verbunden ist.

3.) Das Lebensfeld eines individuellen Lebewesens ist in das Lebensfeld des Planeten Erde eingebettet, das alle individuellen Lebensfelder miteinander verbindet.

4.) Das Lebensfeld eines Lebewesens enthält dessen gesamte physische, biologische, psychische und mentale Information.

5.) Das Lebensfeld eines Lebewesens ist mit jedem Teil seines Körpers verbunden. Es ist von holographischer Natur. Somit trägt selbst ein Tropfen Blut eines Menschen dessen gesamtes Lebensfeld.

6.) Die Verbindung des Lebensfeldes eines Lebewesens mit einem bestimmten Informationsmuster oder dessen Empfang wird durch die Gedanken, die Aufmerksamkeit oder den Willen eines Menschen herbeigeführt und kommt ohne die bewußte Anstrengung einer Person nicht zustande.

7.) An jedem Ort ist die gesamte Information aller Lebensfelder des gesamten Planeten zugänglich, da sie holographisch im

Lebensfeld der Erde eingebettet sind, doch der Zugang zu ihnen erfolgt durch die geistige Herstellung der notwendigen Zusammenhänge. Die Energie bzw. die Informationsmuster, die von der Energie getragen werden, folgen den Gedanken oder dem Bewußtsein.

Das gesamte holographische Lebensfeld des Universums besteht aus einer hierarchischen Struktur individueller Lebensfelder, die jeweils wieder eine weitere hierarchische holographische Struktur von Lebensfeldern umfassen. Jedes einzelne Lebensfeld stellt einen komplexen Zusammenhang dynamischer Prozesse dar. Im jeweils übergeordneten Lebensfeld werden die einzelnen unzähligen untergeordneten Lebensfelder in ein strukturiertes Beziehungsmuster gestellt, das die Resonanz der einzelnen Lebensfelder und die Qualität, Richtung und Stärke der Resonanz durch die geistige Qualität der einzelnen Beziehungen reguliert."[76]

Doch wie kann es sein, daß das Lebensfeld, wie Markus Schmieke es nennt, oder das morphogenetische Feld, wie es von Rupert Sheldrake definiert wird, überall miteinander verbunden ist? Wie kann ein Blutstropfen, ein Haar oder eine andere Körperzelle mit dem Organismus in Verbindung bleiben, auch wenn dieser sich bereits weit entfernt aufhält?

Der amerikanische Physiker Wheeler hat für das Verständnis dieses Phänomens ein Bild kreiert, das Marco Bischof in seinem Buch „Biophotonen - Das Licht in unseren Zellen" dargestellt hat. Wheeler sieht in diesem Bild den gesamten Weltraum mit seiner Materie und dem Vakuum als eine Art „Quantenschaum", als „ein Meer von Bläschen" an:

„Die für unvorstellbar kurze Zeit auftauchenden und wieder verschwindenden Blasen sind jene bereits erwähnten Quantenfluktuationen des Vakuums. Felder und Teilchen sind die Schwingungsmuster, Wellengekräusel in diesem Quantenschaum. Auf der

[76] Seite 188 ff, „Das Lebensfeld", Markus Schmieke, INES Verlag

Ebene des Quantenschaums existieren die drei Dimensionen des Raums nicht mehr. Die Oszillationen der Quantenfluktuationen sind so stark, daß das Gewebe von Raum und Zeit zerrissen wird, was zu einer kontinuierlich aufgenommenen und wieder abreißenden Verbindung zwischen weit voneinander entfernten Regionen des Raums führt. Wheelers Bild dafür ist die Existenz von dauernd auftauchenden und wieder verschwindenden »Wurmlöchern«, die eine ständig wechselnde Verbindung zwischen Blasen des Quantenschaums schaffen. Die Wurmlöcher spannen nicht den normalen dreidimensionalen Raum auf, sondern einen »Überraum«. Durch sie wird jeder Punkt des Raums, der in der gewöhnlichen Raumzeit ganz bestimmte Distanzen von anderen Punkten besitzt, ständig mit jedem anderen Punkt des Raums verbunden, und zwar auf eine Art, in der räumliche Distanzen und die Zeit, die für eine Verbindung benötigt wird, bedeutungslos werden. Durch ständig erscheinende und wieder verschwindende Wurmlochverbindungen gehen auch Signale, durch die eine unmittelbare, überlichtschnelle Kommunikation zwischen allen Raumregionen entsteht. Diese Signale wirken wie die Nervenimpulse in einem riesigen kosmischen Gehirn, so daß das Universum auf der Ebene des Überraums, wie der englische Astrophysiker Sir James Jeans einmal sagte, »wie ein einziger riesiger Gedanke« erscheint.

Eine weitere Variante des »Quantenäthers« ist die »implizite Ordnung« des vor kurzem verstorbenen Einstein-Schülers und führenden Quantentheoretikers David Bohm. Nach seiner »holographischen Theorie« existieren in unserer Wirklichkeit zwei Dimensionen, die sich grundlegend voneinander unterscheiden. Die Welt, die wir in der normalen, alltäglichen Wahrnehmung erfahren und - als eine Erweiterung unserer Sinne - mit den Instrumenten der Physik messen, nennt er die »explizite Ordnung«. Sie ist die Dimension, in der alles in einem »entfalteten« (lateinisch »explicare« heißt entfalten), manifesten, objekthaften Zustand vorhanden ist: Die Welt der Objekte im leeren Raum, die sich voneinander und vom Hintergrund abheben. Es ist die »mechanistische Ordnung (. . .), deren wesentlichstes Kennzeichen (es ist),

daß die Welt aus Einheiten zusammengesetzt gedacht ist, die sich außerhalb voneinander befinden, in dem Sinne, daß sie unabhängig voneinander in verschiedenen Bereichen des Raums (und der Zeit) existieren und durch Kräfte miteinander interagieren, die ihr eigentliches Wesen unberührt lassen«.
Die zweite Dimension von Bohms Weltbild ist die sogenannte »implizite Ordnung«, die dem Quantenäther, Beardens »Skalarwellenfeld« und Wheelers »Quantenschaum« und »Überraum« entspricht. Sie befindet sich außerhalb von Raum und Zeit, in ihr gibt es keine in Raum und Zeit festgelegten Objekte, ja überhaupt keine Objekte. In dieser Dimension ist alles in allem anderen enthalten. Es existiert hier nicht in manifester, sondern in »eingefalteter« Form. Diese Dimension ist holographisch: Jeder Teil, ja jeder Punkt des »Raumes« enthält die gesamte Information des Ganzen, so, wie in einem Hologramm »die Form und die Struktur des ganzen Objektes in jeder Region der photographischen Aufnahme eingefaltet ist« (Bohm). Diese implizite Ordnung ist fundamentaler und umfassender als die explizite Ordnung, die, wie Bohm schreibt, als Spezialfall der impliziten Ordnung betrachtet werden muß. Die Objekte der expliziten Ordnung sind nicht nur eingebettet in sie und durchdrungen von ihr, wie man vom Äther sagt. Auch die Formulierung, daß die implizite Ordnung den Ursprung und die Matrix aller materiellen Erscheinungen darstellt, ist nur richtig, aber noch nicht ausreichend. Auf dem unendlichen Ozean des »Holomovement«, wie Bohm die implizite Ordnung auch nennt, um auf ihre Dynamik hinzuweisen, sind die manifesten, physikalischen Erscheinungen Kräfte, Felder und Teilchen - nur kleine Wellen oder Störungen, Projektionen der impliziten Ordnung, einer höher-dimensionalen Realität. Die implizite Ordnung erscheint wie ein Wurzelgrund, in dem die Objekte der expliziten Ordnung, vor ihrer (eventuellen) Manifestation, in potentieller, virtueller oder informativer Form als »Keime« oder modellhafte »Urbilder« ruhen. Diese Dimension stellt also auch eine Art morphogenetisches Feld dar, das als Matrize Materie und Felder in der typischen Gestalt von »Bakterie«, »Baum«, »Hund« oder »Mensch« kanalisiert und anordnet.

Bohm spricht in diesem Zusammenhang auch von »Führungsfeldern«, die wie Kanäle Quantenereignisse vorspuren und in bestimmte Bahnen lenken. Im Boden der impliziten Ordnung wurzeln die Objekte aber auch während ihrer Manifestation. Das gilt nicht nur für die »äußeren« Objekte unserer Wahrnehmungswelt, sondern gleichermaßen für die »inneren« Erscheinungen unserer subjektiven Welt, für die Gestalten unseres Denkens, Fühlens und Vorstellens, denn die implizite Ordnung ist nach Bohm jener Grund, aus dem beides entspringt und der beidem gemeinsam ist. Sowohl Materie wie Bewußtsein ragen wie Eisberge mit ihrem expliziten Teil über die Wasserfläche hinaus und erscheinen uns dort als getrenntes Gegenüber von Wahrnehmendem und Wahrgenommenem. Im Bereich des weitaus bedeutenderen impliziten Anteils der Wirklichkeit sind die Dinge und wir selbst, in der Tiefe des Wassers verborgen, auf geheimnisvolle Weise ineinander verwoben. So wie jeder Moment des Bewußtseins einen gewissen expliziten Inhalt hat, der ein Vordergrund ist, und einen impliziten Inhalt, der ein dazugehöriger Hintergrund ist« (Bohm), so hat auch ein Materieteilchen oder eine Welle als expliziter Teil einer Ganzheit ihre Ergänzung in der impliziten Ordnung. Jedes sinnlich wahrnehmbare und physikalisch meßbare Phänomen ist nur das in diese Welt hineinragende Ende einer umfassenderen Wirklichkeit, sozusagen die Wellenkrone einer Welle, die letztlich nur als Teil des unendlichen und unfaßbaren Ozeans der »anderen Welt« verstanden werden kann."[77]

Was können wir aus diesen Zitaten nun für eine Schlußfolgerung ziehen? Doch zumindest, daß es viele namhafte Physiker gibt (diese Zitate stammen von den führenden Physikern unserer Zeit!), die sich darin einig sind, daß Materie ein Produkt dynamischer geistiger Prozesse ist und daß es aus Sicht der modernen Physik keineswegs unerklärlich ist, wie Materie auch unabhängig von Raum und Zeit miteinander in Verbindung stehen kann. Doch welche Schlüsse können wir daraus ziehen? Wie können wir dieses Wissen in die Praxis umset-

[77] Seite 415 ff, Biophotonen - Das Licht in unseren Zellen", Marco Bischof, Zweitausendeins Verlag

zen? An welchem Objekt könnten wir demonstrieren, daß Radionik funktioniert?

Radionik und Elektromagnetismus und ihre Wirkungen auf Pflanzen

Da bei Demonstrationen am Menschen immer der „Placebo-Effekt" als mögliche Erklärung für Behandlungserfolge mit Radionik herangezogen wird, bieten sich für die Beweisführung in diesem Fall besonders Pflanzen an. Doch bevor wir darangehen die elektromagnetische Wirkung durch Radionik zu beleuchten, sei erst einmal die Folge der direkten elektromagnetischen Behandlung an Pflanzen beschrieben. Auch hier sei Marco Bischof zitiert:

Elektromagnetische Wachstumsstimulation (Elektrokultur)

> „Seit den sechziger Jahren ist die wachstumsbeeinflussende Wirkung von elektromagnetischen Feldern gesichert. So konnten Versuche nicht ausbleiben, elektromagnetische Methoden zur Wachstumsförderung in der Landwirtschaft zu erproben. Entsprechende Experimente gab es allerdings schon Ende des 19. Jahrhunderts. Der finnische Wissenschaftler Karl Selim Lemström verfaßte bereits 1902 ein Buch mit dem Titel »Elektrokultur«. Er erzeugte mit einem Generator statische Elektrizität, die er in ein geerdetes Drahtnetz leitete, das 40 Zentimeter über den Pflanzen aufgehängt war. Er erreichte damit nach 8 Wochen Behandlung eine 50prozentige Gewichtszunahme gegenüber den Kontrollpflanzen. Behandelte Erdbeeren schmeckten süßer als unbehandelte. Der Ertrag von Haferpflanzen stieg um ein Drittel.
>
> Elektromagnetische Stimulationsverfahren sind seither immer wieder erprobt worden, so auch in neuerer Zeit in den Ländern der ehemaligen Sowjetunion, in Ungarn, Bulgarien und der ehemaligen Tschechoslowakei in Langzeitversuchen. Dabei wurden verschiedene Methoden angewendet, die sowohl die Behand-

lung des Saatgutes vor der Keimung mit konstanten und wechselnden Magnetfeldern und elektrostatischen Feldern beider Arten wie auch eine Behandlung während der Keimung und des Pflanzenwachstums und eine Behandlung der verwendeten Nährlösungen und des Gießwassers umfaßten. Eine DDR-Studie berichtet, daß nur in wenigen Fällen kein Erfolg erzielt wurde. Das behandelte Saatgut zeigte ein früheres Keimen, erhöhte Keimfähigkeit und ein rascheres Wachstum. Die Reife trat durchschnittlich eine Woche früher auf, die Erträge stiegen um 5 bis 25 Prozent.

Offenbar spielt die Richtung der Furchen oder Pflanzungsreihen eine Rolle, wie der kanadische Landwirt Urban Pittman Mitte der sechziger Jahre feststellte. Ihm war aufgefallen, daß auf einem Versuchsfeld die Pflanzen einiger in Ost-West-Richtung angesäter Reihen Winterweizen besser gediehen als die in anderen Richtungen. Ihm fiel in der Folge auf, daß die Wurzelanlagen von Norden nach Süden wachsen, das heißt entsprechend dem Erdmagnetfeld. Ähnliche Experimente auf Neufundland bestätigten seine Ergebnisse. Sie lieferten außerdem die Erkenntnis, daß künstlich erzeugte Magnetfelder das Wachstum von Getreide und anderem Saatgut noch weiter steigern können. Pittman schloß seither Versuche mit Mais, Bohnen und Gemüse erfolgreich ab. In den USA wird heute auch der Lakhovskysche »Multiple-Wave-Oscillator« in der Landwirtschaft eingesetzt, vor allem von der Firma Energy Refractors in Reedsville (Ohio). Die Firma ist allerdings umstritten, da sie auch Radionik-Apparate herstellt, deren elektromagnetische Grundlage bezweifelt wird (es wird auch spekuliert, es könne sich um »Skalarwellen« handeln). Aber selbst solche »okkulten Technologien« wie die Radionik werden seit den vierziger Jahren in den USA und in England zur Bekämpfung von Schädlingen und zur Wachstumsförderung verwendet. (...)

Akustische Stimulation des Pflanzenwachstums

Vielversprechend scheint die akustische Stimulierung des Pflanzenwachstums zu sein. Davon berichteten bereits Peter Tompkins und Christopher Bird in ihrem berühmten Buch »Das geheime Leben der Pflanzen«. So konnte der Biologe Julian Huxley 1950 anläßlich eines Besuchs beim Leiter des Botanischen Institutes der Annamalai-Universität südlich des indischen Madras, Dr. T. C. Singh, beobachten, wie das Wachstum einer Pflanze durch das tägliche 25minütige „Beschallen" mit dem Musikstück „Raga-Kara-harapriya" nach fünf Wochen 75 Prozent mehr Blätter bekam und 20 Prozent höher gewachsen war als die Kontrollpflanzen.
Weitere Beispiele: Eine 400 Meter lange purpurne Passionsblumenpflanze, die ins „*Guinness-Buch der Rekorde*" aufgenommen wurde, 5,4 Kilogramm schwere Runkelrüben und eine Tomatenpflanze mit 500 Früchten. Carlsons Methode soll den Bauern nur etwa 50 Dollar pro Acre (0,4 Hektar), also etwas mehr als 100 Dollar pro Hektar kosten. Eine ähnliche Methode ist das »Growplantone Sound System«, das von dem Engländer Gerald B. Rawinsky entwickelt wurde.

Vielleicht stimmt es also doch, worüber ich in einer früheren Publikation spekuliert habe, daß der Vogelgesang für unsere Umwelt essentiell ist und daß frühere Kulturen von prähistorischer Zeit bis zu den irischen Klöstern in Imitation der natürlichen Klangumwelt versuchten, durch ein konstantes Klangfeld die Umwelt resonanzhaft aufzuladen und sie dadurch in vitalem Zustand zu erhalten, Gesundheit und Fruchtbarkeit von Pflanze, Tier und Mensch zu stimulieren."[78]

Doch die von Marco Bischof erwähnte Firma „Energy Refractors" aus Reedsville in Ohio, USA, waren bei weitem nicht die einzigen, die sich mit radionischer Wachstumsförderung und Schädlingsbekämpfung in der Landwirtschaft befaßten. Zwei weitere Amerikaner hatten ebenfalls Versuche durchgeführt:

„Diese beiden waren Curtis P. Upton, ein in Princeton ausgebildeter Ingenieur, dessen Vater mit Thomas Alva Edison zusammengearbeitet hatte, und sein Studienkollege William J. Knuth, ein Fachmann für Elektronik, der aus Corpus Christi in Texas stammte. Upton ließ der Gedanke an den »Oszilloklasten«[79] nicht mehr los. Er fragte sich, ob der merkwürdige Apparat, der zur Heilung von Erkrankungen des Menschen eingesetzt wurde, nicht auch zur Schädlingsbekämpfung auf den Feldern angewendet werden könnte. Gemeinsam fuhren Upton und Knuth auf die Baumwollfelder des 12.000 Hektar großen Gebietes von Cortaro, Marana in der Nähe von Tucson, Arizona. Aus ihrem Wagen kam ein geheimnisvolles, kistenähnliches Gerät zum Vorschein, das ungefähr die Größe eines tragbaren Radios hatte und mit Skalen-Wählscheibe und Stabantenne ausgestattet war. Sie wollten versuchen, eine Wirkung auf das Feld auszuüben, aber nicht direkt, sondern mit Hilfe von Fotografien. Eine Luftaufnahme des Feldes wurde auf eine »Kollektorplatte«, die an der Unterseite des Geräts befestigt war, gelegt, ebenso ein Reagens, von dem man wußte, daß es Baumwollschädlinge vernichtete. Die Skalen-Wählscheiben wurden eingestellt. Ziel der Übung war es, das Feld von Schädlingen zu befreien, ohne auf chemische Insektizide zurückgreifen zu müssen. Das ganze baute auf der Theorie auf, daß die molekularen und atomaren Bestandteile der Fotografie mit den gleichen Frequenzen schwingen würden wie die Objekte, die sie im Bilde darstellten. Das hatte schon Bovis in den dreißiger Jahren entdeckt, doch davon wußten die beiden amerikanischen Ingenieure nichts. Indem sie die Fotografie mit einem Reagens behandelten, von dem sie wußten, daß es für die Baumwollschädlinge giftig war, glauben die Amerikaner, sie könnten die Baumwollpflanzen auf dem Feld gegen Schädlinge immunisieren. Es hätte damals wohl kaum einen Wissenschaftler gegeben, der auch nur einen Pfennig darauf gewettet hätte, daß das Vorgehen von Upton und Knuth einen Schutz vor irgendwelchen Schädlingen bieten

[78] Seite 336 ff, Biophotonen - Das Licht in unseren Zellen", Marco Bischof, Zweitausendeins Verlag

[79] Frühere Bezeichnung für ein Radionik-Gerät

könnte. Aber die beiden Ingenieure verfolgten unverdrossen ihren Weg und »bearbeiteten« auch die Felder der Cortaro Management Company, einer der größten Baumwollpflanzerfirmen von Arizona, nach ihrer Methode. Im Herbst brachte der Weekend-Reporter von Tucson einen zweiseitigen Bildbericht mit der Schlagzeile: »Millionen-Dollar-Spekulation mit Baumwolle zahlt sich aus.« In dem Artikel wurde festgestellt, daß »ein elektronisches Schädlingsbekämpfungsgerät vom Typ „Kleiner Moritz"« es Cortaro erlaubt hatte, eine gegenüber dem Landesdurchschnitt um beinahe fünfundzwanzig Prozent höhere Baumwollernte einzubringen. W. S. Nichols, der Präsident der Cortaro Management Company, gab die schriftliche Erklärung ab, daß die »behandelte« Baumwolle auch etwa zwanzig Prozent mehr Samen zu haben schien. »Wahrscheinlich, weil die Bienen überhaupt nicht behelligt wurden, da auf sie der radionische Prozeß keinen Einfluß zu haben scheint.«

An der Ostküste der Vereinigten Staaten beschloß ein weiterer Princetoner Studienkollege von Upton, Howard Armstrong, der Chemiker geworden war, die Methode seines Freundes in Pennsylvania auszuprobieren. Nachdem er eine Luftaufnahme eines Maisfeldes gemacht hatte, das bereits von Schädlingen befallen war, schnitt er eine Ecke der Aufnahme ab. Den Rest legte er auf die »Kollektorplatte« eines der Uptonschen Radionikgeräte und fügte eine kleine Portion eines Insektizids hinzu, das aus der Wurzel eines verholzten asiatischen Rebengewächses gewonnen wird. Nach mehreren fünf- bis zehnminütigen Behandlungen, bei denen die Wählscheiben auf bestimmte Zahlen der Skala eingestellt waren, wurde eine sorgfältige »Schädlingszählung« durchgeführt. Sie ergab, daß achtzig bis neunzig Prozent der Käfer aus den Maispflanzen des behandelten Fototeils entweder gestorben oder verschwunden waren. Die unbehandelten Pflanzen der abgeschnittenen Ecke zeigten weiterhin einen hundertprozentigen Befall! Nachdem er Zeuge dieses Experiments geworden war, schrieb B. A. Rockwell, der Forschungsleiter der Pennsylvania Farm Bureau Cooperative Association in Harrisburg: »Schädliche

Insekten aus einer Entfernung von achtundvierzig Kilometer zu bekämpfen, und das ohne Gefahr für Mensch, Pflanze oder Tier, ist vielleicht eine Errungenschaft, wie sie in der wissenschaftlichen Bekämpfung von Pflanzenschädlingen bisher einmalig sein mag. Jemandem mit einer neunzehnjährigen Erfahrung auf diesem Forschungsgebiet erschien dieses Kunststück unwirklich, unmöglich, phantastisch und verrückt. Und dennoch; sorgfältige Zählungen an den behandelten und unbehandelten Maispflanzen, die ich selbst durchführte, ergaben eindeutig einen Vernichtungsquotienten von zehn zu eins zugunsten der behandelten Pflanzen.« Upton, Knuth und Armstrong taten sich und die Anfangsbuchstaben ihrer Namen zusammen, um die UKACO zu gründen. Ziel der neuen Gesellschaft war es, die Felder von Schädlingen zu befreien - mit einer neuen Methode, die ebenso wissenschaftlich unerklärbar war, wie einfach und billigst. Es folgten Verträge mit einer ganzen Reihe von Pflanzern und Bauern, die alle zur vollen Zufriedenheit der Auftraggeber erfüllt werden konnten - jedoch weniger zur Freude der Hersteller und Vertreter von Schädlingsbekämpfungsmitteln. Das war wohl der Hauptgrund, daß Upton das Patent auf sein Verfahren verweigert wurde. Schließlich war die UKACO gezwungen, sich der obrigkeitlichen Ablehnung zu beugen und sich aufzulösen. Die Möglichkeiten aber, die sie eröffnet hat, sind nicht abzuschätzen, und die Erforschung der sogenannten Radionik steht erst an ihrem Anfang."[80]

Jahre später sollten weitere Versuche folgen, die von T. Galen Hieronymuseinem Gerätebauingenieur der Kansas City Power an Light Company, durchgeführt wurden. Ihm gelang es auch, 1949 das USA-Patent Nummer 2 482 773 für »das Registrieren und Messen von Strahlungen verschiedenster Materialien« zu erhalten.

[80] Seite 159 ff, „Das geheime Leben der Pflanzen", Peter Tompkins/ Christopher Bird, Fischer Verlag

„Es folgten weitere Patente in England und Kanada. Hieronymus kam auch mit den UKACO-Leuten zusammen. (...) Hieronymus machte im Beisein von Vertretern der UKACO eine Erfahrung, die ihn sehr erschütterte. Er suchte sich von einem Maisfeld drei Maiskolben aus, an denen je ein Maiswurm nagte. Er packte die Kolben so ein, daß die Würmer nicht mehr entfliehen konnten, und begann, sie mit seinem Radionik-Sender zu behandeln. Nach drei Tagen, an denen er die Behandlung im Laufe von vierundzwanzig Stunden jeweils zehn Minuten pro Stunde durchführte, waren zwei der Würmer nur noch Brei. Der dritte allerdings knabberte noch. Nach weiteren vierundzwanzig Stunden der gleichen Behandlung hatte auch der widerborstige Wurm dasselbe Schicksal erlitten. Von den beiden andern blieb nichts übrig als zwei feuchte Flecke auf dem Maiskolben. Hieronymus war von den tödlichen Kräften seines Gerätes so beeindruckt und entsetzt, daß er beschloß, niemals genaue Angaben über den Bau und die Funktion seiner Apparatur zu machen, es sei denn, es fanden sich ernsthafte, aufrichtige Forscher, die ihm bei der Aufklärung der Grundlagen seiner Arbeiten helfen konnten."[81]

In den USA für ein solches Radionik-Gerät ein Patent zu bekommen, war vor Hieronymus niemandem gelungen.

„Um die Theorie zu veranschaulichen, auf der die Erfindung basierte, beschrieb Hieronymus ein Experiment, das von jedem Gärtner wiederholt werden kann. Er pflanzte Samen in einem abgedunkelten Kellerraum in Töpfe und verband die Pflanzen durch Drähte mit Metallblechen außerhalb des Gebäudes, die dem Sonnenlicht ausgesetzt waren. Über dieses Experiment, das die Verbindung zwischen radiästhetischer und radionischer Forschung und der "Od-Lehre" des Freiherrn von Reichenbach (1788-1869) zeigt (es wurde von ihm ersonnen und zum erstenmal durchgeführt), schrieb Hieronymus: "Diejenigen Elemente, die

[81] Seite 162 ff, „Das geheime Leben der Pflanzen", Peter Tompkins/ Christopher Bird, Fischer Verlag

die Pflanze benötigt, um normal zu wachsen, sind ihr auf diese Weise offensichtlich durch die Drähte und die damit verbundenen Elektroden zugeführt worden. Die behandelten Pflanzen blieben nämlich relativ gesund, während die Kontrollpflanzen, die ohne Drähte geblieben waren, alle Merkmale von Pflanzen zeigten, die jener Elemente beraubt worden sind, die die Bestrahlung durch das Sonnenlicht mit sich bringt. Insbesondere fehlte der Kontrollpflanze das Chlorophyll vollständig, während die übrigen Pflanzen grün waren." Die Publikation dieses Patents hatte zwei wichtige Konsequenzen. Zum einen hörte der geschulte und erfinderische Wissenschaftler John Campbell, der auch einer der ersten und berühmten Pioniere der Science-fiction-Literatur und Herausgeber der SF-Zeitschrift "Analog" war, von der Erfindung und ließ sich eine Kopie des Patents kommen. Er baute den Apparat nach Hieronymus Angaben nach und testete ihn unzählige Male. Er stellte fest, daß er tatsächlich funktionierte, und schrieb in den frühen fünfziger Jahren einen wohlwollenden Bericht darüber in seinem Magazin, der eine große Nachfrage nach Kopien des Patents auslöste und viele Leute veranlaßte, selbst mit dem Apparat zu experimentieren."[82]

„Noch viel unglaublicher sind die Berichte über die landwirtschaftlichen Anwendungen der Radionik, die erstmals Ende der sechziger und Anfang der siebziger Jahre erprobt worden sind. So hatte zum Beispiel Dr. William J. Hale, der Forschungschef der "Dow Chemical Company", in Zentralflorida eine mit Schädlingen verseuchte Citrus-Plantage vom Flugzeug aus fotografiert. Die Fotografie legte er in einen Radionik-Apparat und bestrich jede zweite Baumreihe (auf dem Bild!) mit einem starken Insektizid. Dann brachte Hale den Apparat dem Pflanzer und wies ihn an, das Gerät jeden Morgen zwei Stunden lang in Betrieb zu setzen. Eine Woche später, so berichtet Joseph F. Goodervage in der Anthologie "Future Science" (Hrsg. John White u. Stanley Krippner), soll jede zweite Reihe der Pflanzung von jeglichem

[82] Seite 81, esotera 12/87, „Elektronische Magie", von Marco Bischof

Schädlingsbefall befreit gewesen sein. In den unbehandelten Baumreihen war hingegen das Zerstörungswerk der Nematoden, die zu den schlimmsten Schädlingen der Welt gehören und normalerweise selbst den stärksten Pestiziden trotzen, weitergegangen.

Nicht einmal die resistenten Nematoden überlebten.

„Ein anderer Versuch spielte sich im Cumberland Valley ab, ganz in der Nähe eines Gebietes in Pennsylvanien, das von den von deutschen, Schweizer und holländischen Täufern abstammenden "Amish" bewohnt wird. Die inzwischen nicht mehr existierende "Homeotronic Research Foundation" in Newport (Pennsylvanien), die viele dieser landwirtschaftlichen Versuche durchgeführt hat, schickte zunächst ein umgebautes Aufklärungsflugzeug der Luftwaffe über die Felder des fruchtbaren Tales in dem zwischen lieblichen Hügeln voll gesunden Grüns auch braungraue Gebiete lagen, wo die Kulturen von Millionen von hungrigen Insekten befallen waren. Eine Kamera machte genaueste Aufnahmen des ganzen Gebietes, die anschließend dem Bauern gezeigt wurden: Er sollte die Gebiete anzeichnen, die er behandelt haben wollte. Ein Techniker der "Homeotronic Research Foundation" schnitt daraufhin die betreffenden Partien aus und legte sie in die Öffnung des schwarzen Radionik-Kastens. Wieder wurde der Farmer angewiesen, jeden Morgen von 8.30 bis 11 Uhr den großen Knopf am Apparat ganz nach rechts zu drehen. Einige Tage später konnte jedermann mit eigenen Augen sehen, daß nicht nur jeder Maiszünsler und Japanische Käfer auf den behandelten Pflanzen tot war, sondern selbst die resistenten Nematoden unter der Erde den geheimnisvollen Einfluß aus dem schwarzen Kasten nicht überlebt hatten, so berichtet der schon genannte Joseph F. Goodavage in seinem Beitrag in "Future Science". Ähnliche Experimente in Kalifornien und Arizona endeten mit der erfolgreichen Beseitigung von Baumschädlingen auf mehr als 22.000 Quadratkilometern. Die magische Verbindung zwischen Radionik-Apparat beziehungsweise menschlichem Geist und dem zu behandelnden Objekt, die in diesen Versuchen durch eine Fotografie zustande kam (sie soll nur funktionieren wenn das Negativ nicht zerstört wird) wurde in manchen Fällen auch durch Blätter oder ein wenig Saft von einer befallenen Pflanze oder einem Baum hergestellt. In der medizinischen Radionik wird ein Tropfen Blut vom Patienten, eine Haarlocke oder ein Stückchen Haut oder Fingernagel verwendet - ganz wie beim schwarzmagischen Voodoo-Zauber übrigens."[83]

„Aber nicht nur in Amerika wurde Radionik-Forschung betrieben. In Großbritannien erschien 1934 das Buch eines britischen Chirurgen, Guyon Richards: The Chain of Life (»Die Kette des Lebens«). Richards befaßte sich vor allem mit galvanometrischen Untersuchungen von Pflanze und Mensch. Sein Buch weckte bei einigen britischen Ärzten das Interesse für Radionik, und sie suchten daraufhin einen Ingenieur, einen »englischen Hieronymus«, der ihnen bei der Konstruktion dieses merkwürdigen, neuen Geräts behilflich sein konnte, und fanden ihn in der Person von George De la Warr, einem Ingenieur, der in Oxford studiert hatte und medial begabt war. De la Warr und seine Frau Marjorie bauten mehrere Apparate, die mit schwarzem Leder überzogen waren und deshalb später als »black boxes« bekannt wurden. Ein Jahr nach der Auflösung von UKACO, von deren Existenz sie keine Ahnung hatten, entdeckten die beiden, daß sie das Wachstum kranker oder schlecht ernährter Pflanzen beeinflussen konnten, wenn sie »radionische« Energie direkt auf sie richteten. Sie bedienten sich dabei eines Linsensystems und bestätigten so die Beobachtungen Hieronymus' - von dem sie ebenfalls nichts wußten -, daß die Energie sich optisch brechen läßt. Wie die UKACO-Leute stellten auch die De la Warrs fest, daß sie nicht nur erfolgreich waren, wenn sie die Pflanze direkt bestrahlten, sondern auch wenn sie die Energie nur auf eines ihres Blätter richteten, oder sogar nur auf eine Fotografie der Pflanze. Warum das so war, blieb den De la Warrs ein Rätsel. Die Ergebnisse, die

[83] Seite 70, esotera 1/88, „Elektronische Magie", 2.Teil, von Marco Bischof

sie mit Hilfe der Radionik erzielten, waren phantastisch. Kohlköpfe, Erbsen, Broccoli - alles wuchs bei radionischer Behandlung per Fotografie besser und brachte reichere Ernteerträge . . ."[84]

Zusammenfassend kann gesagt werden, daß es viele Anhaltspunkte gibt, daß die Radionik der fehlende, geistig informierte Baustein ist, der in unserer materiell strukturierten Sicht- und Denkweise bisher nicht berücksichtigt wurde. Analog der physikalischen Erkenntnis, daß der Geist über der Materie steht, bergen radionische Diagnose- und Therapieverfahren ein Potential in sich, welches unseren herkömmlichen Verfahren zumindest ebenbürtig, wahrscheinlicher aber doch deutlich überlegen sein dürfte.

Die Beschränkungen des Verfahrens „Radionik" liegen zum Teil sicherlich noch in den Radionik-Geräten, die das Potential noch nicht vollends ausschöpfen können. Eines hat sich in all den Versuchsreihen aber auch gezeigt: Der Faktor Mensch spielt eine große Rolle. Offensichtlich ist es nicht egal, wer ein Radionikgerät betreibt; zwei verschiedene Personen können mit demselben Gerät zu unterschiedlichen Ergebnissen kommen - bei manchen Menschen versagen die Geräte ihren Dienst sogar ganz.

[84] Seite 164 ff, „Das geheime Leben der Pflanzen", Peter Tompkins/ Christopher Bird, Fischer Verlag

Marco Bischof hierzu:

„Vielleicht kann die Radionik von allgemeinerer Bedeutung für das Verständnis aller bioelektronischen Diagnose- und Therapieverfahren sein gerade weil sie an der Grenze zwischen den eigentlich elektronisch apparativen Verfahren und jenen Methoden angesiedelt ist, die ohne Apparate auskommen und ganz auf den Fähigkeiten des menschlichen Bewußtseins beruhen. Sie kann uns nämlich eine Anregung sein, darüber nachzudenken, welche Rolle eigentlich die Elektronik, der Apparat, im Verhältnis zwischen Therapeut und Patient spielt und was andererseits der persönliche geistig-seelische Zustand, die Haltung des Therapeuten und der unwägbare, energetische und geistig-seelische Einfluß, der von ihm auf den Patienten ausgeht, für eine Bedeutung haben. Es gibt so viele Ähnlichkeiten zwischen der Radionik und den bei uns gebräuchlichen bioelektronischen Diagnose- und Therapieverfahren, daß man sich auch überlegen muß, ob nicht bei diesen vielleicht manchmal die Elektronik nicht das entscheidende Element darstellt oder zumindest neben den apparativen Wirkungen eine Art sympathetischer Magie vor sich geht, die sich nur des Apparates als Kristallisationshilfe bedient. Vielleicht gilt überhaupt für die gesamte moderne Technologie, so könnte man sich weiter überlegen, daß elektronische Schaltpläne, Strukturen von Apparaten usw., die ja alle nach den Modellvorstellungen verfertigt sind, die wir heute von energetischen Vorgängen in der Natur haben, nur eine Art Gußform oder Kanalsystem darstellen, das hilft, die um uns herum überall vorhandenen Energien zu strukturieren und zu kanalisieren - daß es aber in Wirklichkeit unsere kollektive geistige Kraft ist, die das Ganze zum Funktionieren bringt und aufrechterhält ?"[85]

---

[85] Seite 73, esotera 1/88, „Elektronische Magie", 2.Teil, von Marco Bischof

Steht der Geist über der Materie?

Die Frage, ob der menschliche Geist die uns umgebende Materie beeinflussen kann, beschäftigte bereits seit Beginn der 80er Jahre in den USA, an der Princeton Universität, den Professor in Weltraumtechnologie und Dekan der dortigen Abteilung für Ingenieure und angewandte Wissenschaften, Robert G. Jahn und Brenda J. Dunne, die an derselben Universität als Managerin des „Princeton Engineering Anomalies Research" arbeitet. Schon der Name „Engineering Anomalies Research" deutet unmißverständlich darauf hin, daß so viele „Anomalien", d.h. von der Norm abweichende und dem Wissenschaftsverständnis unserer Zeit nicht zugängliche Phänomene aufgetaucht sind, daß selbst die Princeton Universität es für notwendig erachtet hat, extra dafür eine Abteilung einzurichten - und mit Mitteln auszustatten. Und Mittel, d.h. Geld ist auch an den Universitäten in den USA knapp; außerdem ist Princeton zusammen mit Harvard die amerikanische Eliteuniversität. Dort ist kein Platz für esoterisches Wunschdenken (gegen das ich persönlich nichts einzuwenden habe). An diesen Universitäten wird nur an harten Fakten gearbeitet und das auf wissenschaftliche Weise. Die Princeton Universität hat einen Ruf zu verlieren und wenn Jahn und Dunne die hier vorliegenden Ergebnisse publizieren durften, kann man davon ausgehen, daß - gerade bei einer Studie mit einem so heiklen Thema und einem unerwarteterweise positiven Resultat - alles doppelt und dreifach überprüft wurde.

Um ihren Versuchsaufbau erläutern zu können, soll kurz das Galton'sche Brett vorgestellt werden:

Galton's Brett

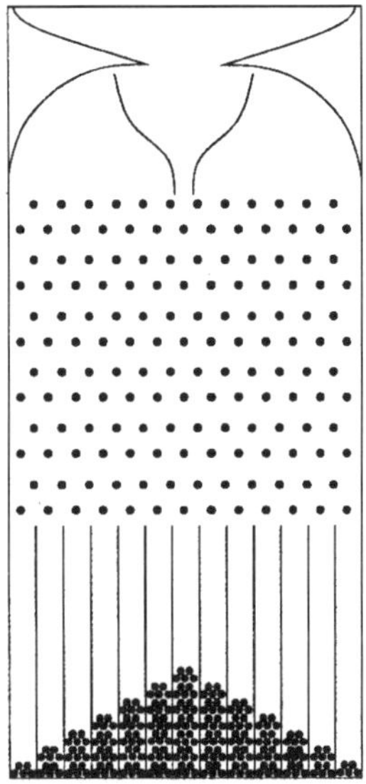

Der Engländer Francis Galton hat 1894 eine Vorrichtung konstruiert, die den Effekt vieler binärer Ereignisse[86] auf eine statistische Normalverteilung (die Gauss'sche Glocke) darstellen sollte.

Zu diesem Zweck baute er den nebenstehenden Apparat, bei dem die Kugeln aus dem oben angebrachten Behälter auf Nägel trafen, von denen sie dann entweder nach rechts oder links auf die folgende Ebene Nägel fielen. Von da konnten sie dann wiederum nach rechts oder links weiterfallen usw. Nach der letzten Ebene Nägel landeten sie dann in Behältern, wo sie dann gezählt wurden.

Die statistisch zu erwartende Verteilung der Kugeln sieht dann so aus, daß jeweils in der Mitte der höchste Stand erreicht wird und die Pegel nach den Außenseiten hin abfallen. Diese Form entspricht der einer Glocke, die nach ihrem Entdecker als Gauss'sche Glocke bezeichnet wird.

Prof. Dr. Robert G.Jahn und Brenda Dunne

Jahn und Dunne bauten nun ein solches Galton'sches Brett und stellten es in der Universität auf, um es von Testpersonen bedienen zu lassen, die versuchen sollten aus einer Distanz von mehreren Metern durch Willenskraft die Bahn der Kugeln in eine vorher angekündigte Richtung abweichen zu lassen.

---

[86] ein binäres Ereignis ist ein Ereignis, bei dem es nur zwei (= bi) mögliche Resultate geben kann; z.B. 0 oder 1 (Computer), ja oder nein, oder, wie in diesem Beispiel, rechts oder links.

Die Testpersonen waren willkürlich gewählt, gewöhnliche Menschen, ohne bekannte paranormale Kräfte oder ähnliches. Jede Testperson absolvierte im Schnitt 76 Sitzungen, mit 10 - 20 Abläufen pro Sitzung. Das Ergebnis zeigte eine statistisch hochsignifikante Abweichung von der Normalverteilung, die allerdings von Testperson zu Testperson verschieden stark ausfiel. Es wurden dann auch ähnlich geartete Versuchsreihen mit Zufallsgeneratoren auf Computerbasis durchgeführt: *auch diese zeigten die Möglichkeit der Beeinflussung von Versuchsabläufen!*

Diese Studie wurde unter wissenschaftlichen Rahmenbedingungen durchgeführt; sie wurde Ende der 80er Jahre veröffentlicht und hat viel Aufsehen erregt. Jahn und Dunne sind in der Gemeinschaft der Physiker respektiert und haben ähnlich wie Targ und Puthoff, Pionierarbeit geleistet und sich den Anfeindungen, die den Veröffentlichungen ihrer Studien folgten, gestellt. Der Untertitel des Buches, in dem sie ihre Ergebnisse publiziert haben, heißt "The Role of Consciousness in the Physical World" (Die Rolle des Bewußtseins in der materiellen Welt) und enthält noch weitere Phänomene, die unserer Auffassung von Wirklichkeit widersprechen.

Erwähnenswert ist im Rahmen der hier zitierten Studie noch die Tatsache, daß Jahn und Dunne herausfanden, *daß die Entfernung der Testperson vom Galton'schen Brett keinerlei Einfluß auf das Resultat hatte!* In weiteren Testreihen betrugen die Entfernungen bis zu mehr als tausend Kilometern, ohne das deshalb das Ergebnis der Manipulation durch die Testperson abgeschwächt worden wäre! Im Kapitel "Radionik" ist davon mehrfach die Rede gewesen; auch hier kann man wieder Analogien zum Verhalten der Photonen sehen, die ja auch über beliebige Entfernungen (ohne Bindung an Raum und Zeit) miteinander Kontakt halten. Ohne daß die Distanz die Qualität dieses Kontaktes verändern würde . . .

Und die zweite Überraschung war, daß die Testpersonen bei Durchläufen, die ohne bewußte Manipulation abliefen, ein immer wiederkehrendes und für sie typisches, also quasi persönliches, Muster produzierten. Für die Kugeln machte es also einen Unterschied, wer sie beobachtete, wer den Test durchführte . . .[87]

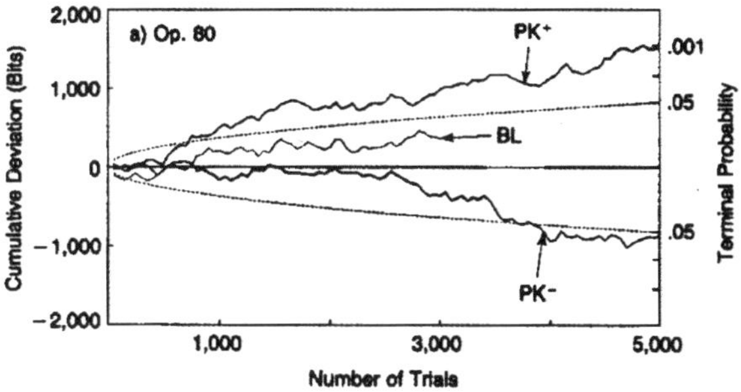

Die obige Grafik zeigt die statistische Auswertung der Daten des Operanden mit der Nummer 80. Bei den Testreihen am Computer ging es darum „+" oder „-" Entscheidungen zu beeinflussen. Operand 80 war erfolgreich dabei. Es ist deutlich zu sehen, daß er bei beiden Vorzeichen (PK+ und PK-) Werte erzielen konnte, die weit von der zu erwartenden Normalverteilung abweichen, also nicht durch die bei Zufallsreihen üblicherweise auftretenden Abweichungen erklärt werden können. (BL bedeutet übrigens „baseline" und bezieht sich auf die Versuchsreihen, bei der der Operand zwar auf den Computer konzentriert war, aber neutral blieb - also ohne den Versuch den Computer nach „+" oder „-") zu beeinflussen.)

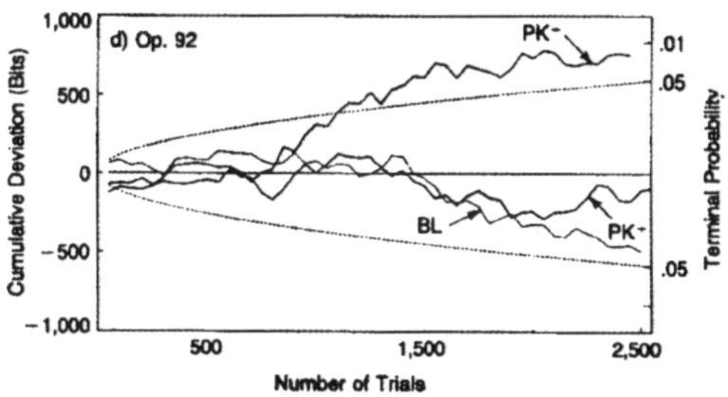

Operand 92 wiederum fiel insoweit aus dem Rahmen, als sich bei ihm die Werte in ihr Gegenteil verkehrten. Beim Versuch den Computer auf „-" zu beeinflussen, produzierte dieser statistisch signifikant mehr „+"

[87] S. 126, "Margins of Reality", Robert G. Jahn and B.J. Dunne, Verlag Harcourt Brace.

Werte und die baseline (BL) zeigte auch eine starke Abweichung von der Mittellinie.

Trotz dieser individuellen Abweichungen brachte aber die Auswertung aller Testreihen (250.000!) von allen Probanden ein statistisch signifikantes Ergebnis der Art, daß im Durchschnitt die Beeinflussung des Computers in Richtung „+", wie auch bei „-", ein entsprechendes Resultat zeitigte und daß die baseline (BL) sich im Verlauf ziemlich genau auf die zu erwartende Mittellinie einpendelte.

Jahn und Dunne bestätigen das:

> „5.3 der PK+ Serien, bzw. 61%; 56 der PK- Serien, bzw. 64% (...) entsprachen der Absicht der Operanden. Diese Resultate stellen statistische Anomalien dar, die einer weitergehenden Erklärung bedürfen. (...)

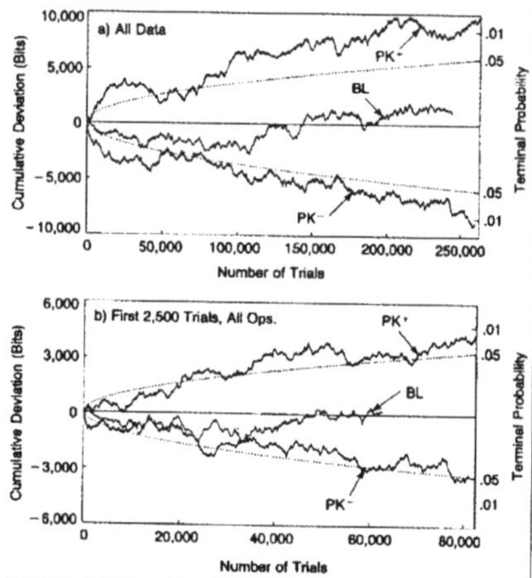

Figs. II-8(a,b) *REG Grand Cumulative Deviations: All Operators*

Obwohl die Ergebnisse der einzelnen Operanden zum Teil ziemlich weit auseinanderlagen, und unter Berücksichtigung der Tatsache, daß der größte Teil der Operanden jeder für sich keine statistisch relevanten Abweichungen erzielte, ist es um so bemerkenswerter, daß die Kombination aller Ergebnisse eine deutliche Abweichung von der Norm aufweist (Grafik II-8[a]).

Trotz der gelegentlichen gegenteiligen Abweichungen und flachen Zonen der Charts, die durch die weniger erfolgreichen Versuche zustande kamen, zeigt die Zusammenfassung aller Testreihen deutliche

Abweichungen sowohl für PK+, als auch für PK-, von den Werten, die bei reinen Zufallsprozessen zu erwarten gewesen wären. Die baseline (BL, ohne Beeinflussung nach + oder -) hingegen bleibt fast neutral.

Grafik II-8(b) zeigt einen ähnlich verlaufenden Chart für alle Operanden, wobei hier aber nur die ersten 2.500 Dreierreihen (+, -, BL) jedes Operanden gewertet wurden; das war notwendig, um die Bemühungen jedes einzelnen Operanden in der Auswertung gleich zu gewichten.[88]

Jahn und Dunne kommen zu dem Ergebnis, daß, wenn Zufallsgeneratoren ohne *mechanische* Beeinflussung Resultate hervorbringen, die von der *mathematisch genau berechenbaren, zu erwartenden Normalverteilung abweichen,* eben ein anderer Faktor beteiligt gewesen sein muß, der das zustandegebracht hat. Da zudem die Operanden, die die deutlichsten Abweichungen in die gewünschte Richtung hatten bewirken können, diejenigen waren, die auf dem Versuchsprotokoll angegeben hatten, sie hätten sich geistig in den Computer projiziert, den Computer in ihr „geistiges Feld" aufgenommen oder ähnliches, stellen Jahn und Dunne in ihrer Studie den menschlichen Geist als den Faktor vor, der diese von der Norm abweichenden Werte erzeugt haben muß. Und es sei an dieser Stelle nochmals gesagt: Das ist eine Studie, die an der Eliteuniversität Princeton erstellt wurde! Da ich gerade diesen Umstand um so bemerkenswerter finde, als wir uns hier auf genau dem Boden befinden, der sonst immer in den Bereich der Nichtwissenschaftlichkeit verbannt wird, möchte ich das soeben gesagte auch noch im englischen Original zitieren:

> „In more subjective terms, these transcribe into a "proximity," in consciousness coordinates, to the PK task ("feeling close"); *a reduction of the body-centeredness of the consciousness; and a relaxation of high-precision analytical thought processes in favor of more broadly ranging, but nonetheless intense, diffuse-focus*

[88] Seite 110, „Margins of Reality", Robert G. Jahn and Brenda Dunne, Harvest book (Übersetzung aus dem Englischen durch den Autor)

modes, respectively, all of which seem consistent with the reported strategies of many of our successful operators. Whichever of these wave-mechanical options are applied, the model and the experiments agree that under certain circumstances human consciousness can interact with physical systems to broaden their observable behavior beyond chance expectation. They also concur on some qualitative conditions for such broadening. More quantitative agreement of experiment and theory must await better definition of the consciousness coordinates, the consciousness quantum numbers, and the consciousness quantum itself."[89]

Jahn und Dunne stellen also fest, daß der menschliche Geist in der Lage ist Materie zu beeinflussen. Und das sowohl unmittelbar, wie im Versuch mit den Kugeln, die im Galton'schen Brett untersucht wurden, als auch mittelbar, über einen Zufallsgenerator mit Zugriff auf einen Computer.

[89] Seite 273, „Margins of Reality", Robert G. Jahn and Brenda Dunne, Harvest book (Hervorhebung des letzten Absatzes durch den Verfasser)

Die Diode mit dem weißen Rauschen . . .

Da ich nun aber jemand bin, der gerne selber überprüft, woran er glauben soll, habe ich in der Folge ein PC-Programm (syntec) in Auftrag gegeben, das auf dem Bildschirm ein digitales Galton'sches Brett steuert und welches nun als Testgrundlage für die Möglichkeit dienen sollte, auch hier die Beeinflußbarkeit von Materie, in Gestalt des Computers, durch den menschlichen Geist zu beweisen.

Zusammen mit "esotera" und anderen Zeitschriften wurde ein Großversuch ausgeschrieben, an dem sich dann in der Folge Einzelpersonen und auch Universitäten beteiligt haben. Erste Auswertungen der Ergebnisse haben gezeigt, daß bestimmte technische Voraussetzungen bei einem PC unbedingt gegeben sein müssen, um die Beeinflussung durch den menschlichen Geist zu ermöglichen.

Obwohl nämlich beim Versuch in den USA eine Diode mit weißem Rauschen als "Empfänger" zwischen Mensch und Computer geschaltet worden war, wurde die Wiederholung des Versuchs mit ***syntec*** einfach nur mit einem programmierten Zufallsgenerator im PC durchgeführt. Die Ergebnisse haben gezeigt, daß auf die Diode keinesfalls verzichtet werden darf! Beim Bau von Radionikgeräten, die mit PC-Unterstützung arbeiten, muß dieser Umstand also auf alle Fälle berücksichtigt sein!

Der Artikel aus der esotera . . .

PSYCHOKINESE

Großversuch

Das „Campus-Studienzentrum für angewandte Naturheilverfahren“ wird in Zusammenarbeit mit der Veda-Akademie 1997/98 einen Großversuch durchführen, der die Beeinflußbarkeit sogenannter Zufallsereignisse durch mentale Kraft wissenschaftlich untersuchen soll. Das Projekt schließt an die Versuchsreihen an, die in den 80er und frühen 90er Jahren von *Robert G. Jahn* und *Brenda J. Dunne* an der „School of Engineering“ der Princeton University durchgeführt wurden. Jahn und Dunne arbeiteten mit 100 Probanden, die die Aufgabe hatten, auf verschiedene Weisen erzeugte Zufallsereignisse mental zu beeinflussen. Die Ergebnisse der Studie von Jahn und Dunne haben erbracht, daß Materie sehr wohl durch Gedanken beeinflußbar ist. Da ein großer Teil der Wissenschaftler solche geistigen Einflüsse im-

Der Durchbruch

Nach diesen Forschungsergebnissen war also geklärt, daß, wie auch in den USA und später von der Universität Freiburg bestätigt, die Diode mit weißem Rauschen in der Lage ist Zufallsereignisse derart zu beeinflussen, daß ein nicht mehr zufälliges Ergebnis herauskommt und zwar abhängig vom Willen desjenigen, der diesen Zufallsgenerator mental „steuert". Wir können in diesem Zusammenhang also nicht mehr von Zufallsgeneratoren sprechen, denn, wie Prof. Dr. Jahn als erster und viele andere in der Folge bewiesen haben, bekommen wir durch solche Testläufe Ergebnisse, die außerhalb des Zufallsbereiches liegen. *Wir haben es also mit Generatoren zu tun!*

Diese Generatoren haben nun zwei Eigenschaften, von denen zumindest eine bei den bisherigen Forschungsergebnissen kaum berücksichtigt wurde, die aber gerade für die Radionik von großer Bedeutung ist.

Die erste, bekanntere Eigenschaft, ist die, daß die Generatoren *nicht* in der Lage waren jede Entscheidung (im Beispiel von Princeton „+" und „-„ Entscheidungen) zu beeinflussen. Erst, wenn man viele tausend solcher binärer Ereignisse, solcher Entscheidungen, vom Computer hatte treffen lassen, ergaben sich statistisch signifikante Hinweise. Es wurde nicht nur einmal „+" oder „-„ von der Testperson abgefragt, sondern eben mehrere tausend Mal. Und die statistische Auswertung der Verteilung dieser „+" und „-„ Entscheidungen erbrachte dann, woran die Testperson gedacht, in welche Richtung sie den Computer hatte steuern wollen.

Der amerikanische Flugzeugbauer BOEING forscht übrigens bereits an Steuermechanismen für Flugzeuge, die nach diesen Prinzipien funktionieren.

Die zweite Eigenschaft der Generatoren, die wie gesagt zwar bekannt ist, aber noch wenig oder gar nicht berücksichtigt wurde, ist die Tatsache, daß die Generatoren nicht nur mit „+" und „-„ Entscheidungen Testläufe absolvierten, sondern auch solche, bei denen die Testpersonen aufgefordert worden waren, an gar nichts zu denken bzw. weder an „+" noch an „-„. Das ergab in den statistischen Charts dann die besagte base-line „BL".

Und jetzt kommt's: Die Auswertung diese base-lines bei allen Teilnehmern ergab, daß die Testpersonen, als sie den Testlauf nicht zu beeinflussen suchten, eine für jede Testperson charakteristische Kurve erzeugten!

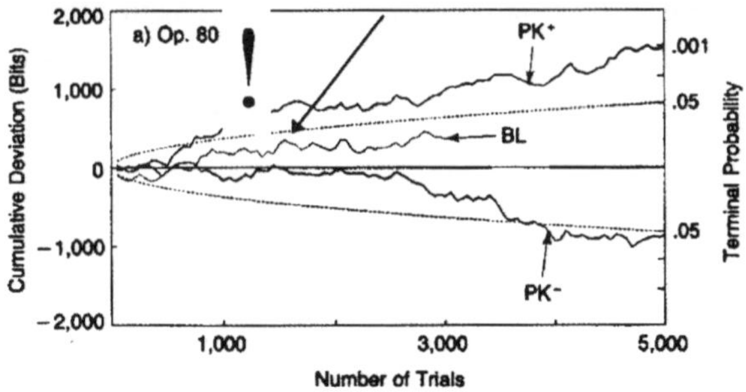

Der Generator wußte also, wer da mit ihm verbunden ist und sich nichts dabei denkt!!! (Und das ohne jeden direkten Kontakt, wie z.B. beim Lügendetektor. Einfach „nur" geistig, ohne physischen Anschluß wie Kabel etc.)

Bei der Entwicklung meines eigenen Radionik-Gerätes war das der entscheidende Gedanke: der Generator reagiert auf die Präsenz (Physisch und/oder geistig) von Menschen, und, wie sich in späteren Testreihen belegen ließ, auch auf Tiere, Pflanzen, ja sogar auf Steine, Häuser etc. . .

Nun hatten die Testreihen aber nur in „+" und „-„ Entscheidungen bestanden; es gab also nur zwei Alternativen, zwischen denen sich der an die Diode mit dem weißen Rauschen angeschlossene Computer entscheiden konnte. Was würde nun geschehen, wenn der Generator sich unter 100, 1000 oder gar 10.000 Alternativen entscheiden müßte und was wäre, wenn das zum Beispiel homöopathische Mittel, Nosoden, Akupunkturpunkte oder ähnliches sein würde? Würde der Generator auch hier wieder das heraussuchen, was charakteristisch für die Person war, um die es ging?

Die Antwort hat uns in ihrer Klarheit bei den diesbezüglichen Testreihen zutiefst beeindruckt und lautete uneingeschränkt: ja! Ähnlich wie beim von Jung postulierten Prinzip der Synchronizität wird aus den entsprechenden Datenbanken über den Generator immer genau der Eintrag herausgesucht, der mit der momentanen Situation des Patienten etwas zu tun hat. Die Sicherheit, mit der das passiert ist frappierend und zeigt, daß es tatsächlich gelungen ist hier ein Gerät zu entwickeln, das in der Lage ist innerhalb von wenigen Minuten selbständig die Problemfelder aufzudecken.

Wie gesagt läßt sich das aber nicht nur beim Menschen einsetzen: Es gibt schon BaubiologInnen, Feng-Shui-MeisterInnen und TierheilpraktikerInnen, die erfolgreich Störungen, toxische Belastungen, Wasseradern, elektromagnetische Belastungen, kurz Defizite jeder Art auf diese Weise aufspüren und dann auch behandeln.

Das neue Radionik - Gerät

Es ergab sich beim Schreiben dieses Buches in der Folge wie von selbst, daß ich die Erkenntnisse, die ich durch diese umfangreiche Materialsammlung gewonnen hatte, dann einsetzten wollte, um selber ein neuartiges Radionik-Gerät zu konzipieren, das mir erlauben würde über die „Matrix aus Nichts" auf Materie in welcher Form auch immer Einfluss nehmen zu können, sie zu in-formieren.

Ich arbeite schon seit vielen Jahren mit Radionik in meiner Praxis und möchte diese Methode nicht mehr missen. Das relativ einfache Gerät, mit dem ich bis dato gearbeitet hatte, war aber nur sehr zeitaufwendig zu handhaben und ließ auch nur einige bestimmte Verfahrensweisen zu. Durch das Wissen, welches ich bei meinen Recherchen über dieses Gebiet erworben hatte, kam der Wunsch nach einem Radionik - Gerät auf, mit dem auch andere Möglichkeiten ausgeschöpft werden können.

Da die am Markt befindlichen Geräte meinen Wünschen immer nur in Teilbereichen entsprechen konnten, habe ich dann ein neues Radionik-Gerät in Auftrag gegeben. Größter Wunsch war dabei, die moderne Technik unserer Zeit so mit der Radionik zu verbinden, daß ein Computer möglichst viele der recht zeitraubenden Handgriffe für mich übernehmen könnte.

Traditionellerweise geht eine radionische Behandlung nämlich so vor sich, daß zuerst die Probe des Patienten aus der Ablage herausgesucht werden muß. Wie schon vorher beschrieben, kann es sich dabei um einen Blutstropfen, ein Haar oder auch ein Photo handeln. Diese Probe wird dann in das Radionik - Gerät gestellt und dann mit einer Rate (Schwingung) behandelt, die zuvor am Gerät eingestellt werden muß. Nach Ablauf der für diesen Patienten festgesetzten Behandlungszeit, muß die Probe abgelegt, der nächste Patient herausgesucht, dessen Probe entnommen, seine Rate aus der Akte abgelesen und am Gerät eingestellt werden, um dann wiederum diese Probe in das Radionik - Gerät zu stellen und zu behandeln.

Idealerweise sind dann auch noch mehrere kurze Behandlungen nur einer von längerer Dauer vorzuziehen, so daß dieser Vorgang eigentlich pro Patient mehrmals täglich wiederholt werden sollte. Schon bei nur 20 - 30 radionisch zu behandelnden Patienten stellt einen das - vor allem zusätzlich zum normalen Praxisbetrieb - vor kaum lösbare organisatorische Probleme. Hinzu kommt noch, daß ich in der Praxis immer wieder beobachten kann, daß meine akribisch durchgeführten Entgiftungen, die begleitenden Ausleitungen und der Aufbau des Immunsystems und der Darmflora nicht ewig halten: Der Patient ist nach der Behandlung ja wieder schädlichen Umweltfaktoren ausgesetzt. Natürlich akkumulieren sich da sofort wieder neue Belastungen, die dann periodisch immer wieder therapiert werden müssen.

Manuell und mit den alten Gerät ist das einfach zeitlich kaum zu machen. Mit dem Computer geht das aber jetzt. Über eine digitale Kamera wird das Bild des Patienten in seine Akte eingelesen. Je nach Diagnose wird dann ein Therapieprogramm festgelegt, welches anfangs dem individuellen Krankheitsbild und der homöopathischen Konstitution des Patienten und später dann der allgemeinen Gesunderhaltung, so wie oben beschrieben, entspricht. Die vom Behandler ermittelten Therapeutika werden in der Akte vermerkt, die Behandlungsintervalle und -dauer festgesetzt. Und jetzt kann der Computer zu

den festgelegten Zeiten das Bild aus der Akte aufrufen, mit den entsprechenden Therapeutika behandeln und das mehrmals am Tag. Auf diese Weise können viele Patienten jeden Tag mehrmals radionisch behandelt werden.
Das entbindet den Behandler nicht davon, sich in diesen Prozeß einzubringen. Wie oben beschrieben ist es ja der Therapeut, der den radionischen Prozeß in Gang setzt; es hilft ihm aber die organisatorischen Aufgaben besser zu bewältigen und so kostbare Zeit zu gewinnen.

Die zweite Anforderung an das neue Radionik - Gerät war, daß es nicht nur die Behandlung, sondern auch die (radionische) Diagnose erleichtern können sollte, was dann wie oben beschrieben, durch den Einsatz der Diode mit dem weißen Rauschen gelang.

Bevor ich zu einer etwas eingehenderen Beschreibung komme, sei ein historischer Rückblick erlaubt, um darzustellen, wie Diagnose mit Radionik bisher erfolgte und welchen entstehungsgeschichtlichen Hintergrund das hat:

Die Geschichte der Radionik - Geräte

Dr. Albert Abrams, Sohn eines erfolgreichen Kaufmanns aus San Franzisko, kam Ende des 19. Jahrhunderts nach Heidelberg, um dort seine medizinische Ausbildung zu vervollständigen. An der Universität lernte er auch Professor de Sauer kennen, der - Jahre bevor sich Gurwitsch mit »mitogenetischer Strahlung« befaßte - eine Reihe von interessanten Pflanzenversuchen durchführte, die auch damals schon Resultate erbrachten, die Jahre später von Gurwitsch und Backster bestätigt werden sollten. Diese Erlebnisse müssen Abrams damals sehr beeindruckt und seine Offenheit für radionische Wirkungsweisen sicherlich stark gefördert haben .

> „Abrams kehrte (dann) in die Vereinigten Staaten zurück und lehrte an der medizinischen Fakultät der Stanford-Universität (!) Pathologie. Er war ein ausgezeichneter Diagnostiker und beherr-

schte meisterhaft die Kunst des Abklopfens; die dabei auftretenden Resonanzgeräusche gaben ihm Hinweise auf die Krankheit, an der der Patient litt. Eines Tages bemerkte Abrams, daß das Resonanzgeräusch beim Abklopfen plötzlich gedämpfter klang, nachdem ein in der Nähe stehender Röntgenapparat unvermittelt eingeschaltet worden war. Erstaunt drehte Abrams seinen Patienten herum und entdeckte, daß diese merkwürdige Dämpfung des Tones nur dann auftrat, wenn der Mann in Ost-West-Richtung saß. Bei Nord-Süd-Stellung hingegen blieb das Perkussionsgeräusch unverändert. Zwischen dem magnetischen Feld der Erde und dem elektromagnetischen Feld eines Menschen schien ein Zusammenhang zu bestehen. Etwas später entdeckte Abrams, daß ein ganz ähnlicher Effekt auftrat, sobald ein Mann mit Lippenkrebs anwesend war. Nachdem er daraufhin mehrere Monate lang mit Leuten experimentiert hatte, die die unterschiedlichsten Erkrankungen aufwiesen, kam Abrams zu dem Schluß, daß die Nervenfasern in der oberen Bauchgegend sowohl auf den Reiz der Röntgenstrahlen, als auch bei Anwesenheit eines Krebspatienten mit Kontraktion reagierten, die nur aufhörte, wenn der Patient in Nord-Süd-Richtung saß. Daraus schloß Abrams, daß die Kontraktionen, die im ersten Fall auf die Strahlungsenergie aus dem Röntgengerät zurückgeführt werden konnten, im zweiten Fall als Reaktion auf vibrierende Moleküle, die das Wachstum des Krebsgeschwürs ausmachen, zu deuten waren. Abrams bat seinen Boy, der ihn zur Vorlesung begleitet hatte, aufs Podium zu kommen, sich bis zur Taille frei zu machen und nach Westen zu blicken. Während er den Jungen oberhalb des Bauchnabels abklopfte, forderte Abrams seine Studenten auf, genau auf den deutlichen, hohl klingenden Ton zu achten, der dabei zu hören war. Dann bat er einen jungen Arzt, ein Stück krebsverseuchtes Gewebe leicht gegen Ivors Stirn zu drücken, es einige Sekunden dort zu lassen, wieder zu entfernen und erneut aufzulegen. Abrams fuhr fort, das Abdomen abzuklopfen und das Auditorium stellte erstaunt fest, daß der deutliche Klang jedesmal dumpf wurde, sobald das Gewebestück an Ivors Stirn gepreßt wurde - offensichtlich infolge einer Muskelkontraktion. Als Abrams das Krebsgewebe durch tuberkulöses Gewebe ersetzte, änderte sich der Klang nicht. Wenn er aber gerade unterhalb des Nabels klopfte, trat wieder das gleiche Phänomen auf wie zuvor beim Krebsgewebe im Epigastrium. Abrams blieb nur der Schluß, daß von erkrankten Individuen offenbar unbekannte Wellen ausgehen, die von einem gesunden menschlichen Körper registriert werden können und ihn irgendwie beeinflussen. In den folgenden Monaten gelang es Abrams, weitere interessante Beobachtungen zu machen. Zunächst stellte er fest, daß die »elektronischen Reaktionen« gewisser Körperstellen beim gesunden Menschen bestimmten Erkrankungen zugeordnet werden können. Dann folgte die Entdeckung, daß sich die Strahlungen erkrankter Gewebe durch ein Kabel übertragen ließen - wie Elektrizität. Weil aber einzelne Körperstellen auf mehrere Erkrankungen ansprachen, konstruierte Abrams ein Gerät, das zwischen allen möglichen Wellenlängen von erkrankten Geweben unterscheiden können sollte. Schließlich war sein »Reflexophon« - wie er es nannte - fertig, ein Instrument, das wie ein variabler elektrischer Widerstand arbeitete, einen in der Klangfarbe wechselnden Ton aussandte, der das Abklopfgeräusch ersetzte, und mit einer Meßskala versehen war. Mit Hilfe dieses Geräts konnte Abrams sogar einem einzigen Tropfen Blut einer erkrankten Person entnehmen, woran sie litt, denn jede Zahl auf der Skala entsprach einer bestimmten Krankheit. Eines Tages, als Abrams in einem Kolleg demonstrierte, wie sein Apparat auf das Blut eines Malariapatienten ansprach, wandte er sich plötzlich seinen Zuhörern zu und sagte: »Nun, Sie sind hier über vierzig Ärzte, und wahrscheinlich würde jeder von Ihnen einem Patienten mit dieser Krankheit Chinin verschreiben. Aber kann mir einer von Ihnen irgendeine wissenschaftliche Begründung dafür geben ?« Nachdem keine Antwort erfolgte, vertauschte er den Blutstropfen in seinem Gerät mit ein paar Körnern Chininsulfat. Daraufhin hörte man den gleichen Ton wie zuvor beim Malariablut. Als Abrams jedoch Blut und Chinin gleichzeitig in den Behälter legte, wurde aus dem bisher dumpfen ein deutlicher, heller Ton. Abrams war zu der Ansicht gelangt, daß Krankheit als eine Veränderung in der Anordnung und Anzahl der Elektronen in den Molekülen betrachtet werden muß, die eine Veränderung der Molekularstruktur der Zelle zur Folge hat, die erst später als Veränderung einzelner Zellen unter dem Mikroskop sichtbar wird. Er entwickelte nun vor seiner verblüfften Zuhörerschaft die Theorie, daß die Schwingungen der Chininmoleküle diejenigen der Malariamoleküle durch eine Art Interferenz auslöschen. Abrams war sich darüber klar, daß er die Krankheitsstrahlungen ebensogut auslöschen konnte, wenn es ihm gelang, einen Apparat zu konstruieren, der wie ein Radiosender entsprechende Wellenlängen aussandte. Mit Hilfe seines Freundes Samuel O. Hoffman, einem hervorragenden Radio-Forschungsingenieur, baute er dann den »Oszilloklasten«, mit dem er tatsächlich Krankheiten heilen konnte, indem der Apparat offenbar Wellen aussandte, die die Wellen der kranken Moleküle veränderten oder löschten. 1919 begann er damit, Ärzte im Gebrauch seines Geräts zu unterweisen. Aber seine Erfolge schienen den meisten zu schön, um wahr zu sein. Die »Abrams Box«, wie man den »Oszilloklasten« scherzhaft nannte, wurde als Schwindel und Geldschneiderei abgetan. Es wurde geflissentlich übersehen, daß der schon zuvor finanziell unabhängige Abrams an Upton Sinclair, einen seiner Verteidiger in Amerika, geschrieben hatte, er wäre bereit, seine Geräte und seine Arbeitskraft jedem Institut unentgeltlich zur Verfügung zu stellen, das seine »Abrams Box« zum Wohle der Menschheit weiterentwickeln wolle. Abrams starb 1924, aber die Hetze gegen ihn und sein Gerät ging weiter."[90]

[90] Seite 156 ff, „Das geheime Leben der Pflanzen", Peter Tompkins/ Christopher Bird, Fischer Verlag

Das Schicksal der Pioniere . . .

Viktor Schauberger (Freie Energie), Wilhelm Reich (Orgon-Energie), Ruth Drown (Radionik), Abrams . . . alles Menschen, die für ihre Überzeugungen heftig angegriffen, ja sogar hinter Gitter gebracht wurden und, wie im Falle von Wilhelm Reich und Ruth Drown, (in den USA) daran gestorben sind. Hetze hat leider Tradition, wie man sieht, und das besonders gegen Verfahren, die die bestehende wissenschaftliche Meinung erschüttern und den Interessen der Industrie zuwiderlaufen. Abrams hatte eine erstklassige medizinische Ausbildung, hatte Geld geerbt und durch seine Überzeugungen nicht nur kein Geld verdient, sondern sein gesamtes Vermögen in die Erforschung der Radionik gesteckt. Wo ist in einem solchen Leben Platz für Scharlatanerie? Welches Interesse hätte ein Abrams daran haben sollen?

Die ersten Geräte . . .

Schon Abrams hatte feststellen müssen, daß die Ärzte, die er in seiner Methode ausbildete, das Abklopfen nicht so beherrschten wie er. Durch einen „Zufall" fand er heraus, daß man statt dessen auch kreisförmige Bewegungen auf der Bauchdecke des Patienten vollführen kann, weil der elektromagnetische Effekt, der durch den veränderten Muskeltonus die tieferen Töne beim Abklopfen ergibt, dazu führt, daß die kreisende Hand an der entsprechenden Stelle durch einen höheren Widerstand praktisch „kleben" bleibt.

Später wurde die Bauchdecke des Patienten dann durch ein auf der Oberseite des Radionik - Gerätes befestigten „touch-pads" (einer Oberfläche, auf der dann nur noch ein Finger des Therapeuten kreist) ersetzt. Bei der radionischen Diagnose ermittelt der Therapeut nun die betroffenen Organe, indem er auf einer Liste Organ nach Organ austestet und immer dort mit dem Finger auf dem touch-pad „kleben" bleibt, das eine Belastung aufzuweisen hat. Mit der gleichen Methodik werden dann auch die Heilmittel ermittelt, die diese Belastungen dann auch wieder kurieren können.

Im Prinzip handelt es sich hier um einen kinesiologischen Effekt: der Finger des Therapeuten bekommt an den zutreffenden Stellen über einen erstarkten Muskel einen höheren Anpreßdruck und bleibt dann folgerichtig in der Kreiselbewegung stehen.

Technik, neuester Stand . . .

Die oben beschriebene Methode verlangt viel Konzentration vom Therapeuten und ist unter Umständen sehr zeitaufwendig. Mit Hilfe moderner Technik läßt sich dieser Prozeß aber auch anders gestalten.

An dieser Stelle möchte ich nicht weiter auf quantec - so der Name des Gerätes - eingehen. Bei Interesse fordern Sie bitte einfach Informationsunterlagen an, wir senden Ihnen dann ausführliches Material zu und informieren Sie über meine Radionik - Seminare, bei denen ich das hier dargestellte in Wort und Bild noch weiter vertiefen kann.[91]

[91] Info und Kontakt über www.m-tec.ag

Regulation versus Befund in der Diagnose

Diagnostik nach der westlichen, schulmedizinischen Denkens- und Vorgehensweise beschränkt sich mit ganz wenigen Ausnahmen, auf die ich hier weiter unten näher eingehen möchte, auf das Feststellen bereits abgelaufener Prozesse. Diagnostik heutzutage bedeutet den pathologischen Vorgängen, die sich in der Vergangenheit abgespielt haben, und die auch dort ihre Wurzeln haben, in der Gegenwart einen Namen zu geben[92]. Logischerweise ist der Schaden dann bereits entstanden, die Krankheit hat das ihr zugehörige Muster mit den entsprechenden Symptomen bereits entwickelt und die Aufgabe des Therapeuten ist es nun, wieder physiologische Verhältnisse zu schaffen. Wenn der Patient Glück hat, kommt er nicht in eine Therapie, die nur symptomatisch und lokal behandelt, sondern vom Denken her in der Lage ist, die psychischen und physischen Ursachen der Krankheit aufzudecken und entsprechend zu therapieren. Auch im letzteren Fall kann aber nicht immer der „Urzustand" wiederhergestellt werden, oft hat die Krankheit dann schon irreparable Spuren im Organismus hinterlassen.

Im Gegensatz zum Befund, der, wie der Name schon sagt, nur befindet, was bereits Geschichte ist, haben wir die Möglichkeit mit der Regulationsdiagnostik Vorgänge aufzudecken, die jetzt in der Gegenwart ihren Anfang nehmen und sich erst in der Zukunft auswirken werden. „Zukunft" kann hier einige Wochen, aber auch einige Jahre bedeuten.

Wie können wir uns das in der Praxis vorstellen?

Nun, nehmen wir einmal die Bauchspeicheldrüse, den Pankreas. Durch seine anatomische Lage, wie auch durch seine Aktivität im endo- und exokrinen Bereich, kommen hier Befunde meist wirklich erst dann,

[92] Dr. Winfried Weber hat das treffend als „Denkmalsbefunde" bezeichnet. (Weber Winfried, Standardisierte Punkt - Thermographie, Seite 12, Haug Verlag, Heidelberg, 1985)

wenn es zu spät ist. Die Diagnose heißt dann Diabetes, Pankreatitis oder eben auch Pankreas - Ca; letzterer vor allem ja auch deswegen so gefürchtet, weil er in der Regel erst im fortgeschrittenen Stadium diagnostiziert wird, weswegen die Prognose bei einem Ca hier besonders infaust ist.

Wie aber können wir Diabetes bzw. die Neigung dazu schon im Vorfeld erkennen? Röntgen, Ultraschall, Serologie, all das hilft uns hier nicht weiter. Darum hat die Schulmedizin für dieses Organ einen Test entwickelt, der auf Regulation beruht, der die Funktion, den aktuellen Zustand des Organs untersucht:

Der Test ist sehr einfach: einem nüchternen Patient wird morgens Blut entnommen. Sodann bekommt er ein Frühstück, das genau auf eine bestimmte Menge Broteinheiten (BE) genormt ist. Danach werden ihm in genau festgelegten Zeitabständen weitere Blutproben entnommen, deren Blutzuckergehalt gemessen wird. Da wir wissen, wie eine Normregulation (die Reaktion eines Patienten mit einer gesunden Bauchspeicheldrüse) aussehen sollte, können wir jetzt auch etwas über den Zustand dieses Organs bei unserem Patienten machen. Dieser wird in der Regel schon Jahre vor dem manifesten Diabetes (II) eine gestörte Regulation aufweisen. Er kann nun rechtzeitig auf diese Tatsache hingewiesen werden und durch ein entsprechend diätetisches Verhalten die Krankheit mildern, herauszögern oder sogar verhindern.

Regulationsdiagnostik heißt also Funktionsprüfung: es wird ein Reiz gesetzt, in diesem Fall die Einnahme einer Mahlzeit, und dann wird überprüft, wie der Organismus auf diesen spezifischen Reiz reagiert. Wie der Organismus daraufhin reguliert. Die Vorgehensweise für eine zukunftsorientierte Diagnostik ist uns also bekannt, sie wird nur leider zuwenig angewendet. In der Schulmedizin klassischerweise nur da, wo Daten über das betreffende Organ sonst nur sehr schwer, oder überhaupt nicht zu erhalten sind. Ein weiteres Beispiel für Regulationsdiagnostik, die täglich angewandt wird, können wir in der Kardiologie beobachten. Auch hier hat man festgestellt, daß mit Befunderhebung allein die Symptomatik des Patienten nicht zu erklären ist. Ultraschall, Röntgen und andere Parameter versagen auch hier ihren Dienst.

So wird der Patient also wieder einem Reiz ausgesetzt: es werden Puls und Blutdruck im Liegen, im Sitzen und im Stehen gemessen. Der Reiz ist hier die Lageveränderung des Körpers. Ein anderes Beispiel ist das Belastungs - EKG; hier wird die Belastbarkeit des Herzens bei und nach einer Anstrengung gemessen; hier ist der Reiz das Fahrradfahren oder die zehn Kniebeugen, wobei ersteres beliebter ist, weil es sich normen läßt und weil man verschiedene Schwierigkeitsgrade einstellen kann, die den verschiedenen Konstitutionen der Patienten Rechnung tragen können.

Wir bekommen also mehr Information, wenn wir durch Setzen eines Reizes die Reaktion, die Regulation des Organismus überprüfen, als wenn wir einfach nur Befunde erheben. Wenn Sie heute Ihren Wagen zum TÜV bringen, schauen sich die Prüfer ja auch die Bremsen nicht nur an, sondern bringen die Reifen auf den dafür vorgesehenen Walzen auf eine bestimmte Geschwindigkeit und messen dann die Reaktion beim Bremsvorgang. Das ist auch Regulation und nur so kann der TÜV Ihnen auf Ihre Bremsen eine TÜV - Plakette aushändigen, die zwei Jahre Gültigkeit haben wird. Weil man durch Regulationsdiagnostik eben Aussagen über die Zukunft machen kann.

In der klassischen Schulmedizin sind diese zukunftsorientierten Diagnoseverfahren aber wie gesagt sehr selten und wenn, dann wie in den oben aufgeführten Fällen so konzipiert, daß der Reiz immer nur die Funktion eines Organs überprüfen kann.

In der letzten Zeit nun macht eine Methode immer mehr auf sich aufmerksam, die durch Setzung nur eines Reizes die Überprüfung **vieler** Organe und Regelkreise bewerkstelligen kann. Dabei ist dieses Verfahren keineswegs neu: es wurde schon vor etwa 30 Jahren entwickelt. Damals waren die benötigten Meßapparate aber leider sehr ungenau und die Messungen selber auch sehr zeitaufwendig, weswegen sich nur wenige Therapeuten für dieses Verfahren entscheiden wollten. Die technischen Fortentwicklungen haben das inzwischen neutralisiert, die Messungen sind jetzt sehr präzise und lassen sich zeitsparend ermitteln. Dieses Diagnoseverfahren heißt:

Regulationsthermographie nach Prof.A.Rost

Wie der Name vermuten läßt, geht es hier um Temperaturen; diese werden einmal an bestimmten Punkten der Hautoberfläche gemessen, kurz nachdem sich der Patient entkleidet hat und dann ein zweites Mal, nachdem der Patient 10 Minuten nackt bei ca. 21°C zugebracht hat. Diese 10 Minuten sind bei diesem Verfahren der gesetzte Reiz, auf den der Organismus nun wieder regulativ reagieren soll. Beim gesunden und beim kranken Menschen[93] tut er das auf eine jeweils ganz typische Art und Weise. Wie und warum das funktioniert, soll nachstehend erläutert werden:

Historisches

Die Hauttemperatur war bereits in der Antike ein wichtiges Hilfsmittel zur Beurteilung von Krankheiten. Meßbar wurden Temperaturen durch die Erfindung des Quecksilberthermometers. Eingang in den medizinischen Bereich fand das Thermometer durch Karl August Wunderlich, der um 1850 in Leipzig begann, die Fieberkurven seiner Patienten zu messen. Rubner weitete um 1880 die Temperaturmessungen auf die Haut aus, 1953 begannen Schwamm und Reeh mit Messungen der von der Haut ausgehenden Infrarotwellen.

In der Folgezeit wurden verschiedene Methoden zur Hauttemperaturmessung entwickelt, von denen sich aber nur drei bis heute durchsetzen konnten:

- die Infrarotthermographie
- die Kontaktthermographie[94]
- die Plattenthermographie (inzwischen weitgehend aufgegeben)

[93] Besonders hingewiesen sei an dieser Stelle auf eine sehr spannende Studie über die Möglichkeiten der Regulationsthermographie (RTG) in der Krebsdiagnostik am Ende dieses Kapitels!

[94] Hersteller Fa. Bucher GmbH; siehe Herstellernachweis am Ende des Buches

Physiologische Grundlagen

Zunächst aber zu den physiologischen Vorgängen, die die Hauttemperaturmessungen zu einem interessanten Diagnostikum werden lassen: Pathologische Vorgänge werden im Organismus von einer Veränderung des Gefäßtonus der arteriellen Blutgefäße am betroffenen Organ begleitet. Eine Entzündung mit den klassischen Merkmalen „rubor, calor, tumor, dolor" (Rötung, Hitze, Schwellung, Schmerz) weist schon auf die vermehrte Durchblutung hin, die durch einen schlaffen Gefäßtonus mit erweiterten Blutgefäßen entsteht.

Im Gegensatz dazu werden chronische Prozesse meist von einer mangelhaften Durchblutung bei starrem Gefäßtonus und entsprechend verengten Blutgefäßen begleitet. Es wird diskutiert, ob diese Vorgänge Ursache oder Folge sind, ob Krankheit die Veränderung der Durchblutung herbeiführt oder umgekehrt.

Für die Diagnose durch die Regulationsthermographie ist dies eine sehr wichtige Frage: Wenn nämlich die Krankheit erst bei ihrem Ausbruch die Durchblutung verändert, so werden wir diese dann nur im nachhinein konstatieren. Wenn aber die Störungen der Durchblutung der Krankheit vorausgehen, wäre die Thermographie eine Methode, mit der sich Krankheiten schon vor deren klinischem Erscheinen diagnostizieren ließen. Und genau das ist der Fall.

Allerdings finden diese Prozesse ja an und in den Organen selbst statt, also fast stets im Körperinneren und so würde das für sich noch keinen diagnostischen Nutzen bringen. Head konnte aber nachweisen, daß diejenigen Hautpartien sich ähnlich wie die entprechenden inneren Organe verhalten, die durch Nerven aus denselben spinalen Segmenten der Wirbelsäule innerviert werden.

Man spricht hier vom viszerokutanen Reflex (lat. viscera = Eingeweide und cutis = Haut). Das können Parästhesien und/oder Hyperästhesien sein (Mißempfindungen und Überempfindlichkeiten), Hyperalgesien (Schmerzen), wie z.B. der in die Innenseite des Armes ausstrahlende Schmerz bei einem Angina pectoris - Anfall (C8, Th1), das heißt: generell Informationen, die über Nerven weitergeleitet werden.

Was aber haben die Nerven der betreffenden Head'schen Zonen mit der lokalen Durchblutung zu tun?

Nun, außer durch Hormone wie Adrenalin, Noradrenalin, Dopamin, Cortisol u.a. werden die Blutgefäße noch vom vegetativen Nervensystem gesteuert und in einen bestimmten Tonus versetzt. Dieser Tonus besteht dann an dem betreffenden Organ und an dem zugehörigen Dermatom, d.h.: an dem Hautstück, das aus demselben spinalen Segment innerviert wird. Nehmen wir zum Beispiel einen Patienten, der dabei ist, ein Magengeschwür durch eine veränderte Durchblutung der Magenschleimhaut zu produzieren: Das zugehörige Head'sche Dermatom wird aus den oben angeführten Gründen dieselbe veränderte Durchblutung aufweisen.

Diese findet aber nun an der Peripherie statt, an der Hautoberfläche, und wenn der Patient lange genug entkleidet ist, wird man feststellen, daß die Haut in der entsprechenden Head'schen Zone eine andere Temperatur aufweist: Bei diesem Patienten wird sie z.B. schneller und mehr abkühlen als die umliegenden Hautpartien. Weniger Durchblutung = weniger Wärme! So ist es möglich, durch Messung bestimmter Punkte oder durch Blick auf das Infrarotbild Prozesse zu „sehen", die im Körperinneren stattfinden. Und zwar bevor diese dann zu einer Krankheit geführt haben. Bei Kenntnis der Topographie der Head'schen Zonen kann auf diese Weise ein Patient im wahrsten Sinne des Wortes auf „Herz und Nieren" überprüft werden, ohne sich langwierigen Untersuchungen zu unterziehen. Diese Meßmethode ist reproduzierbar und von subjektiven Eindrücken des Therapeuten absolut unabhängig. Nicht alle Meßpunkte befinden sich in den Head'schen Zonen. Einige sind auch direkt am anatomischen Ort, wie zum Beispiel die Meßpunkte für Mammae und Zähne. Es ist aber nicht nur jeder Punkt für sich interessant: Vor allem die Interpretation aller gemessenen Punkte ergibt ein Bild von der Stoffwechsel-, Energie- und Immunsituation des Patienten und ermöglicht so auch Einblicke in systemische Erkrankungen wie Allergien. Hier kann also erkannt werden, wie der Körper reguliert und eben vor allem, wo Fehlregulationen entstanden sind.

Thermographische Grundlagen

Die Temperaturregelung unseres Körpers hat die Aufgabe, die Kerntemperatur bei etwa 37°C konstant zu halten. Diese Temperatur bietet den inneren Organen optimale Voraussetzungen zur Erfüllung ihrer lebenswichtigen Funktionen.

Das Steuerungszentrum ist der Hypothalamus; hier wird die Kerntemperatur durch hochempfindliche Thermorezeptoren registriert. Von ebensolchen Rezeptoren der Haut und des Rückenmarks erhält der Hypothalamus zusätzliche Informationen; sobald der Ist-Wert vom Soll-Wert abweicht, kann der Hypothalamus z.B. durch Steuerung der Hautdurchblutung, durch Schweißsekretion oder Muskelzittern (Schüttelfrost) gegenregulieren. Bei pathologischen Vorgängen kann der Organismus auch die Kerntemperatur erhöhen, Fieber entsteht.

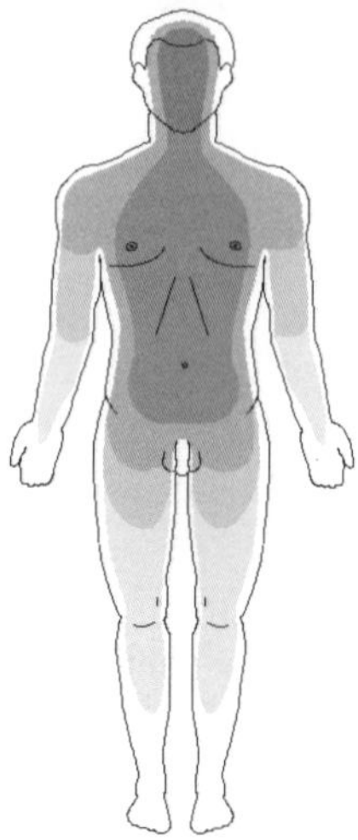

Wärmeverteilung nach Aschoff

Wie aus der obigen Grafik ersichtlich ist, herrscht die Kerntemperatur in Rumpf und Kopf, die beide kaum an der Thermoregulation teilnehmen, während die Temperaturen zu den Extremitäten hin deutlich abnehmen. Hände und Füße sind zudem im Gegensatz zu Rumpf und Kopf sehr stark abhängig von äußeren Temperaturen. Bei hohen Außentemperaturen kann sich die Wärmeverteilung in den Extremitäten an die in Rumpf und Kopf angleichen. Zudem unterliegt die Kerntemperatur noch leichten Schwankungen, die tageszeitlich bedingt sind: morgens Minimum, nachmittags Maximum, mit einer Schwankungsbreite von bis zu 1,5°C. Frauen haben bedingt durch den Menstruationszyklus auch noch hormonelle Schwankungen der Kerntemperatur.

Die Messung

Die Messung mit dem Thermographiegerät erfolgt in zwei Schritten: Der Patient wird einmal unmittelbar nach dem Entkleiden gemessen, dann erfolgt eine Pause von 10 Minuten und danach die zweite Messung. Dank moderner Technik ist es heute möglich, die einzelnen Meßpunkte rasch zu erfassen, so daß auch die Messung vieler Punkte nur wenig Zeit in Anspruch nimmt.

Zurück zum Funktionsprinzip: Die zweite Messung erfolgt also, nachdem der Körper einem Reiz ausgesetzt war, nämlich der Abkühlung durch die relativ kältere Raumtemperatur. (Für die Messungen müssen bestimmte, leicht einhaltbare Voraussetzungen hinsichtlich Temperaturen und anderer Parameter beachtet werden; siehe bitte "Lehrbuch der Regulationsthermographie", Seite 51ff)

Der Körper muß also die Haut durch Erwärmen gegen die äußerliche Abkühlung schützen, eine Gegenregulation muß einsetzen. Ist der Patient gesund, wird sich die Hauttemperatur entsprechend bestimmter Gesetzmäßigkeiten verhalten. Ist er krank wird das Head'sche Hautsegment, das dem erkrankten Organ entspricht bzw. der lokale Meßpunkt durch von der Norm abweichende Meßwerte auffallen. Diese Meßwerte können dann vier verschiedene Verhaltensmuster aufweisen:

Differenz in °C zwischen Messung 1+2		**Reaktionsmuster nach Prof. Dr. Rost**
0,0 - 0,2°C	=	fehlende Regulation (Starre)
0,3 - 0,4°C	=	eingeschränkte Regulation (Hypo)
0,5 - 1,0°C	=	normale Regulation (Normal)
über 1,0°C	=	überschießende Regulation (Hyper)

Schließlich gibt es noch die paradoxe Regulation, die immer dann vorliegt, wenn statt einer physiologischen Abkühlung zwischen erster und zweiter Messung eine Erwärmung oder statt einer physiologischen Erwärmung eine Abkühlung stattfindet.

Ein Beispiel zum Mamma-Ca

Bei einer Patientin wird eine Vorsorgeuntersuchung gemacht. Hierzu werden jetzt mit dem Fühler des Thermographiegerätes die jeweils neun Meßpunkte an beiden Mammae - sowie die anderen Körperpunkte - erfaßt und ausgewertet.

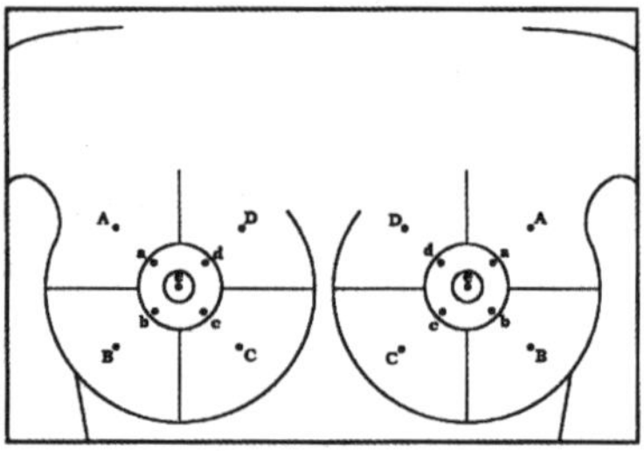

Tatsächlich erhärtet die durchgeführte Messung den Hinweis auf ein pathologisches Geschehen in der linken Brust. Erst die Mammographie wird dann zeigen, wo der Herd genau lokalisiert ist und dann wiederum erst die Gewebsuntersuchung, ob es sich hier um ein Mamma-Ca oder z.B. um eine Zyste handelt. Zur besseren Verständlichkeit und um den Kontrast deutlicher zu zeigen, wurden in der Grafik bei der rechten Mamma die idealen Normwerte (nach Prof. Dr. Rost) eingetragen.

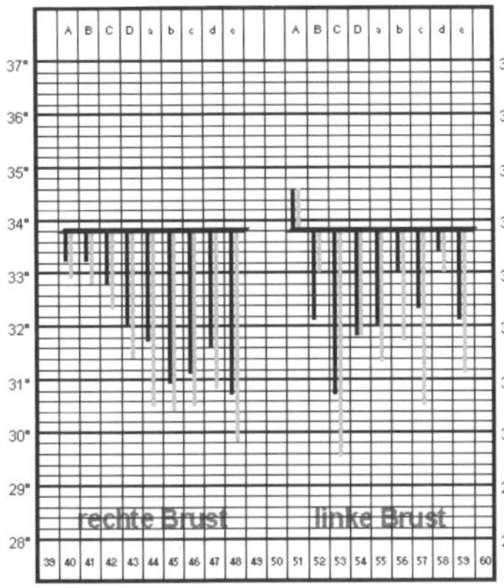

Das Balkendiagramm zeigt die Werte der hier als Beispiel angeführten Patientin, wobei die schwarzen Balken der ersten Messung, die grauen Balken der zweiten Messung entsprechen.

Wichtig: Auch wenn „nur" eine Vorsorgeuntersuchung der Mammae erfolgen soll, ist es notwendig, auch alle anderen Organpunkte zu erfassen. Krankheiten sind nur ganz selten rein lokale Geschehen: meist handelt es sich um systemische Dysregulationen, die sich wie ein roter Faden durch die Anamnese des Patienten ziehen. Bei diesem Beispiel wurde lediglich aus Platzgründen auf die Darstellung der anderen Meßpunkte verzichtet.

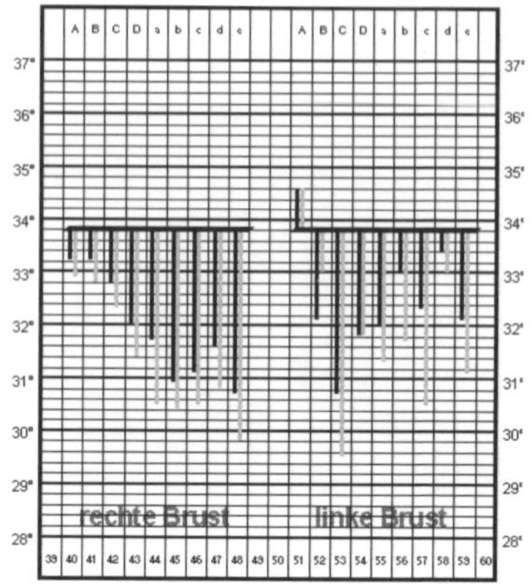

Die Grafik zeigt deutlich, daß bei dem Meßwert A der linken Mamma schon bei der ersten Messung (schwarzer Balken) eine erhöhte Temperatur vorlag und daß hier bei der zweiten Messung (grauer Balken) auch keine Abkühlung eingetreten ist (Starre). Meßwert B zeigt eine paradoxe Reaktion, nämlich Erwärmung statt Abkühlung, Meßwert C derselben Seite zeigt dagegen eine überschießende Regulation, die Brust kühlt an diesem Punkt über 1°C ab. Insgesamt weisen die Werte deutlich auf das pathologische Geschehen hin!

Auch bei Störungen der Regulation anderer Organe kann die Thermographie solcherart wertvolle Hinweise geben. Besonders im Hinblick auf die Diskussion um Schaden und Nutzen der Mammographie gibt es hier eine Möglichkeit, die weibliche Brust vor den Auswirkungen einer hohen Strahlenbelastung zu schützen, die durch regelmäßige Röntgenaufnahmen entstehen.[95] Es soll hier keineswegs behauptet werden, daß die Mammographie durch Thermographie ganz zu ersetzen sei; sicherlich könnte man so aber die Frequenz der Röntgenaufnahmen zurückfahren, indem die thermographischen Unter-

[95] Es existiert die Meinung, daß man Mammakarzinome durch regelmäßige mammographische Untersuchungen auch deshalb so oft entdecken kann, weil eben diese Untersuchungsmethode die Karzinome verursacht.

suchungen dazwischengeschaltet werden. Wenn sich bei letzteren dann auch nur der leiseste Zweifel in Richtung maligner Vorgänge erhebt, muß natürlich umgehend die Überweisung zwecks Mammographie veranlaßt werden. Es ist deshalb so wichtig, die Vorsorgeuntersuchung mit Hilfe der Regulationsthermographie durchzuführen, weil immer noch ein hoher Prozentsatz der weiblichen Bevölkerung nicht regelmäßig oder sogar überhaupt nicht zu den traditionellen mit Mammographie durchgeführten Vorsorgeuntersuchungen geht.

Zusammenfassend kann man sagen, daß wir mit der Regulationsthermographie nach Prof. Rost ein Diagnose-Instrument an der Hand haben, mit der sich auch komplexe pathologische Erscheinungen sauber einordnen lassen.

Es würde den Rahmen dieser Schrift sprengen, alle Möglichkeiten, die sich durch die Auswertung eines Thermogramms ergeben, hier darzustellen. Wenn Sie noch weiter über die Regulationsthermographie nachlesen möchten, empfehlen wir Ihnen das „Lehrbuch der Regulationsthermographie" von Prof. Arno Rost, erschienen im Hippokrates-Verlag. Auf Wunsch senden wir Ihnen das Buch gerne zu.

Was kann die Regulationsthermographie?

⇒ Sie erkennt die Schwachstellen des Organismus.
⇒ Sie erkennt die Belastbarkeit des Organismus.
⇒ Sie sieht bereits das Vorfeld der Erkrankung.
⇒ Sie zeigt den Schweregrad der Erkrankung.
⇒ Sie erkennt die Ursache des Geschehens.
⇒ Sie bestimmt die Therapieplanung.
⇒ Sie kontrolliert den Therapieverlauf.
⇒ Sie bewahrt vor einer verfehlten Therapie.
⇒ Sie dokumentiert den Therapieerfolg.
⇒ Sie bestimmt den Zeitpunkt der Kontrollmessung.

Prof. Arno Rost

Zitate

Abschließend zwei Zitate zur Regulationsthermographie aus berufenem Munde:

„Die dynamische Thermographie mit Messungen der Hauttemperaturen unter einem Abkühlungseffekt ist eine Funktionsprüfung. Sie ist eine wissenschaftliche Methode und in die Medizindiagnostik eingebunden.

Sie ist in ihrer technischen Ausreifung abgeschlossen und gibt im Hinblick auf ihre Eigenschaft als nicht invasives Verfahren eine Informationsfülle, die durch andere Techniken nicht zu ersetzen ist."

Prof. Dr. G. Stüttgen

Prof. Dr. Stüttgen war langjähriger Direktor der Hautklinik der Freien Universität Berlin. Nach der Auflösung des Gesundheitsamtes (Skandal Aids-Blutkonserven u.a.) durch Gesundheitsminister Seehofer war er zuständig für die Zulassung neuer dermatologischer Produkte für den deutschen Markt.

Dem füge ich noch ein weiteres Zitat von Professor Dr. David hinzu.

> *„Die Regulationsthermographie ist eine klinische Methode, die zur Anwendung kommt, um regulationsphysiologische und pathologische Prozesse zu dokumentieren. Die belegte Reproduzierbarkeit beweist die Zuverlässigkeit der Methode.*
> *Die Regulationsthermographie füllt im gesamten Spektrum der gängigen Diagnostik eine echte Lücke."*

Prof. Dr. David ist Leiter der Abteilung für theoretische und klinische Physiologie an der Universität Witten / Herdecke.

Diese Universität ist bei Aussagen über ganzheitliche Verfahren deswegen besonders interessant, weil sie im Auftrag der deutschen Regierung Forschung im Bereich der unkonventionellen Methoden betreibt.

Wie genau die Regulationsthermographie Krankheiten und hier wiederum besonders Tumorzellaktivität entdecken kann, sollte dann durch die folgende Studie, die vom Bundesministerium für Forschung und Technik in Auftrag gegeben wurde, festgestellt werden:

Vorstellung und Einordnung der Ergebnisse zu den BMFT[96] - Pilotstudien „Stellenwert der Regulationsthermographie (RTG) in der Onkologie"

Rethfeldt, E.[1]; van Leendert, R.[1]; Pfotenhauer, M.[2] Paul, J.[3]; von Buengner, P.[4]

- **1 Praxis und Tagesklinik Dr. med. E. Rethfeldt / Düsseldorf;**
- **2 Institut für experimentelle und klinische Physiologie der Universität Witten-Herdecke, Leiter Prof. E. David;**
- **3 Institut für Kybernetik und Systemtheorie, Aninstitut der Universität Dresden, Leiter Prof. E. von Goldammer;**
- **4 Campus Studienzentrum für angewandte Naturheilverfahren, München (nicht an der Erstellung, sondern ausschließlich an der Auswertung dieser Studie beteiligt)**

Im Rahmen dieser Studie sollten die Einsatzmöglichkeiten der RTG in der Onkologie auf zwei Gebieten verifiziert werden: zum einen bei der tatsächlichen Früherkennung maligner Prozesse und zum anderen bei der Früherkennung von Tumorzellaktivität im Sinne der Rezidivierung oder Metastasierung nach Resektion des Primärtumors.

In dieser Pilotstudie wurden 16 Mammakarzinom-Patientinnen und 16 Patientinnen und Patienten mit gastrointestinalen Tumoren in mindestens drei aufeinanderfolgenden RTG-Messungen untersucht.

Von den 16 Mammakarzinom-Patientinnen entwickelten fünf während des Beobachtungszeitraumes ein Rezidiv bzw. eine Metastasierung. In allen fünf Fällen konnte die RTG früher als alle anderen klinischen Screeningverfahren die Tumorzellaktivität sichern, was einer Trefferquote von 100% entspricht.

---

[96] BMFT = Bundesministerium für Forschung und Technik

Bemerkenswert war außerdem, daß die üblichen bildgebenden und serologischen Verfahren in drei Fällen erst nach drei Monaten (!) im Screening das Progressive Disease anzeigten.

Ähnliche Ergebnisse ergaben die Untersuchungen der 16 Patienten mit den gastrointestinalen Tumoren; alle neun Patienten mit Progressive Disease wurden auch hier bis zu drei Monate früher erfaßt.

Da 32 Patienten als Kollektiv wohl eher an der Untergrenze anzusiedeln sind, läuft derzeit eine weitere Studie mit 142 Mammakarzinom-Patientinnen und 67 Patienten und Patientinnen mit gastrointestinalen Tumoren.

In jedem Fall muß aber die Trefferquote von 100% auch in einem so kleinen Kollektiv mehr als hellhörig machen, und so darf man auf die Auswertung der zur Zeit laufenden Studie sehr gespannt sein.

In der erweiterten BMFT-Fragestellung ging es dann auch noch um individuelle Unterschiede zwischen Thermogrammen einzelner Patienten mit vier verschiedenen Merkmalen: Mammakarzinome, gastrointestinale Malignome, Allergiker und gesunde Probanden. In dieser Studie wurden nach dem Verfahren der Diskriminanz-Analyse 402 Einzelthermogramme klassifiziert.

Bei der sogenannten Diskriminanz-Analyse wird der Computer quasi aufgefordert, die ihm angebotenen Thermogramme in die oben genannten vier Merkmale (Mamma-Ca, Colon-Ca, Allergiker, Gesunde) zu unterscheiden.

Im Ergebnis zeigte die Bewertung durch den Computer eine Diagnosegenauigkeit von 94,78% der untersuchten Thermogramme. Es gibt bislang kein radiologisches, nuklearmedizinisches oder bildgebendes Verfahren in der Medizin mit dieser Diagnosegenauigkeit!

Kommentar:

Die relativ hohen Prozentzahlen der Diskriminanzanalyse überraschen. Nach internen Schätzungen wurden im Durchschnitt etwa 90%

Diagnosegenauigkeit erwartet. Dieser Zusammenhang kann nur bedeuten, daß die Rechner in der Lage sind, mehr Einzelmerkmale in der Übersicht zu vergleichen als der einzelne Diagnostiker in den bisher beobachteten Relevanzparametern. Natürlicherweise gibt die Diskriminanzanalyse keinen Aufschluß darüber, welche der zusätzlichen Merkmale der Rechner als weitergehend relevant identifiziert hat.

Unter dem Strich macht die Summe der Ergebnisse jedoch deutlich, daß wertvolle Zeit in der Tumortherapie verstreicht, wenn die RTG nicht in das onkologische Screening integriert wird. Da die RTG im Rahmen dieser Studie bewiesen hat, daß sie Tumorzellaktivität früher als jedes andere bisher bekannte Verfahren, erkennen helfen kann, sollte sie im onkologischen Screening mindestens zusätzlich zu den traditionellen Verfahren eingesetzt werden.

Zusammenfassung:

Folgende Ergebnisse der BMFT-Studie zur RTG konnten dargestellt werden:

1. Diagnose-zeitpunkt:	1-3 Monate frühere Diagnosestellung mit einer Treffsicherheit von 100% im Vergleich zu den üblichen bildgebenden Verfahren und zur Gruppe der patientenspezifischen Tumormarker.
2. Diagnose-genauigkeit:	94,78% im Durchschnitt
3. Reproduzier-barkeit:	Kontinuierliche individuelle Reproduzierbarkeit

Dr. Popp, der „Entdecker der Biophotonen", hat bereits in den frühen 80er Jahren dieses Potential erkannt, das in der Regulationsthermographie steckt und das in seinem Buch „Neue Horizonte in der Medizin" wie folgt formuliert:

„Wer nach der Krebszelle sucht, riskiert, daß er sie deshalb nicht findet, weil es sie nicht gibt. Tumorwachstum ist eine Kollektiveigenschaft, die auch nur im Verband sinnvoll definiert und meßbar gemacht werden kann - ebenso, wie man beispielsweise die Zuwachsrate einer Bevölkerung nicht am einzelnen Bürger sieht, oder die Temperatur eines Gases nicht am einzelnen Molekül erkennt.

Freilich wird die Einzelle um so stärker zum repräsentativen Vertreter malignen Geschehens, je weiter der Prozeß fortschreitet. Dies allein dürfte der Grund sein, weshalb klinische Empirie und lokalistische Biochemie am Dogma von der Krebszelle bis heute festhalten konnten.

Ein notwendiges und hinreichendes Kriterium für die eindeutige Erkennbarkeit und Klassifikation malignen Wachstums liefert eine solche Philosophie freilich nicht.

Die Schleusen für die zukünftige Diagnostik öffnete meines Erachtens der Landarzt Dr. E. Schwamm. Zusammen mit Dr. J. J. Reeh entwickelte er um 1952 die »Thermoregulations"-Diagnostik, eine Methode, die meines Wissens zum ersten Mal dem dynamischen Verhalten des Tumorwachstums Rechnung zu tragen beginnt.

Grundlage des Verfahrens bietet die Beobachtung, daß zwischen Herdgeschehen und Regulationsstörungen Korrelationen bestehen. Die "Wärmestrahlung" der Haut verrät solche Regulationsmechanismen. . . . Verständlich erscheint dies auch aus unserem Biophotonenkonzept: Sobald die Kohärenz der regulierenden Photonen im Gewebe nachläßt, verringert sich auch die Transparenz für Informationen.

In der Bundesrepublik haben vor allem Prof. A. Rost, E. Netz und die Heidelberger Gruppe um Frau Prof. M. Blohmke die Schwammschen Ansätze weiterentwickelt. Besonders Korrelationsanalysen, die der Physiker Prof. G. Heim am Institut für Sozialmedizin in Heidelberg vorantreibt, versprechen wesentliche Aufschlüsse über Zusammenhänge zwischen Regulation und Krankheitsgeschehen auch über die Krebsdiagnose hinaus."

Popp hat da viel Weitblick bewiesen, wie die vorhergehende Studie über die Mamma- und Colon - Ca's aufzeigt. Er selbst hat dann später in seinem Institut in Kaiserslautern, wo ich ihn 1995 mit einem selbst entwickeltem Video - Kirliangerät aufsuchte, Patienten in einer Dunkelkammer mit einem Gerät untersucht, mit dem er Photonenabstrahlung messen konnte. Leider brachte das nicht die erwünschten Resultate: viele gesunde Probanden hatten auch niedrige Photonen - Werte und einige Probanden mit gesicherter, stark pathologischer Diagnose wiesen recht hohe Werte auf. Einzig die nicht seitengleiche Strahlung konnte als signifikanter Faktor für Krankheitsgeschehen ansatzweise nachgewiesen werden. Popp hat diese Versuche in der Folge abgebrochen und dürfte wohl auch heute noch in der Regulationsthermographie eines der vielversprechendsten Verfahren sehen.

Auch Marco Bischof, der Autor des Buches „Biophotonen - Das Licht in unseren Zellen", schreibt zu diesem Thema:

> „Die Wärmewerte auf der Haut sollen Rückschlüsse auf den Zustand der den betreffenden Körpersegmenten zugeordneten inneren Organe zulassen. Darüber hinaus erhält man Informationen aus der Wärmeregulationsdynamik nach bestimmten Temperaturreizen. Die Thermographie wurde so zu einem Funktionstest zur Untersuchung des Regulationsvermögens ausgebaut. Funktionsstörungen des Vegetativums und der Grundregulation können damit aufgedeckt werden, lange bevor sie zu eigentlichen Organerkrankungen führen. Ein normales Wärmemuster der gemessenen Bereiche und eine gute Regulationsfähigkeit nach dem Reiz weisen darauf hin, daß Grundregulation und Immunsystem in Ordnung sind und der Organismus keinen bösartigen Tumor entwickeln wird. Bevor eine Krankheit durch Organ- und Gewebeveränderungen manifest wird, sogar schon bevor sich veränderte

Laborwerte feststellen lassen, treten thermische Veränderungen der Haut auf, die durch Thermoregulationsdiagnose nachzuweisen sind. Tumorpatienten beantworten bereits in einem Zustand früher Präkanzerose die Temperaturreize nicht wie Gesunde mit einer deutlichen Änderung der Temperatur an bestimmten Hautregionen; damit hat sich die »Regulationsstarre«, wie sie bereits von Burr definiert wurde, als Anzeichen für eine Krebserkrankung erwiesen.

Die Befunde der Schwammschen Thermoregulationsdiagnostik ordnen sich nahtlos in die Biophotonentheorie ein: Sobald die Kohärenz der regulierenden Photonen im Gewebe nachläßt, verringert sich auch die Transparenz für Informationen, und die Regulationsfähigkeit vermindert sich."[97]

Die Regulationsthermographie ist eines der wenigen Diagnose - Verfahren, die aus der Schulmedizin kommen, dort auch anerkannt sind und trotzdem ganzheitlichen Denkansätzen Rechnung tragen. Obwohl hier hauptsächlich von Krebserkrankungen die Rede war, lassen sich auch viele andere Krankheitsbilder zuverlässig mit der RTG diagnostizieren. Da die RTG, die ja eine „einfache" Temperaturmessung ist, keinerlei Nebenwirkungen (wie etwa Röntgenstrahlen oder mechanische Beanspruchungen bei Gastro- oder Coloskopie) aufweist, wird sich dieses Verfahren sicher auch weiterhin mehr und mehr durchsetzen können.

[97] Seite 374, „Biophotonen - Das Licht in unseren Zellen", Marco Bischof

Dunkelfeldmikroskopie nach Dr. Enderlein

Hier handelt es sich um eine Blutuntersuchung, die einige Unterschiede zur schulmedizinischen Labordiagnostik aufweist. Bevor ich aber auf die Dunkelfeldmikroskopie selber zu sprechen komme, möchte ich noch ein paar grundsätzliche Betrachtungen einfügen. Die klassische Schulmedizin geht von der Prämisse aus, daß Blut steril ist und daß jeder Erreger jeweils nur eine spezifische Krankheit auslösen kann. Diese Grundsätze wurden von Luis Pasteur (1822-1895) im letzten Jahrhundert aufgestellt und haben auch heute noch Geltung in der Schulmedizin:

„Alle Mikroben, egal welcher Gattung, sind unveränderlich und rufen nur eine spezifische Krankheit hervor."

„Blut und Gewebe sind im gesunden Zustand steril."

„Eine Krankheit ist nur dann eine Infektionskrankheit, wenn sie sich reproduzierbar durch den gleichen Keim am Tier erzeugen läßt."

☞ Da das Blut steril ist, folgt also: Krankheiten haben ihren Ursprung durch Erreger außerhalb des Körpers

Schon letztes Jahrhundert war das aber umstritten. **Antoine Béchamp (1816-1908)** hatte schon vor Luis Pasteur folgendes postuliert:

„Alle tierischen und pflanzlichen Zellen enthalten kleinste nach Absterben des Organismus nicht zugrunde gehen, die die Ursache für Gärung sind und aus denen auch andere Mikroorganismen entstehen können. Unter bestimmten Bedingungen können diese Microzymas fäulniserregende und gärende Eigenschaften entwickeln."

☞ Die Krankheiten haben ihren Ursprung innerhalb des Körpers!

Claude Bernard (1813-1878) hat das auch zu Zeiten eines Luis Pasteur immer wieder bestätigt:

„Nein, meine Herren, die Mikrobe ist nichts. Der Nährboden ist alles."

☞ Ursache für Krankheiten ist der Nährboden, das Milieu.

Bis heute haben sich die Annahmen von Luis Pasteur halten können. Wir wollen einmal untersuchen, ob das nicht inzwischen überholt sein könnte:

Gegenargumente zu Luis Pasteur[98]

Wenn Luis Pasteur Recht hätte, dürfte jeder Erreger nur eine ganz spezifische Krankheit auslösen und müßte sich in jedem Fall vorher außerhalb des Körpers befunden haben.

Erstes Gegenbeispiel:

☞ Tuberkelbazillen verursachen zwar Tuberkulose: wo diese dann aber im Körper ausbricht, regelt der betroffene Organismus

Hier haben wir bereits einen Fall, wo ein und derselbe Erreger ganz verschiedene Erkrankungen auslösen kann. Es gibt ja nicht nur die Lungen - Tbc, sondern auch die Tbc des Darmes, der Knochen, des Urogenitalbereichs usw.

☞ Selbst in Pestzeiten sind nicht alle exponierten Menschen erkrankt

Ein und derselbe Erreger löst also nicht bei jedem Menschen überhaupt eine Krankheit aus, weil manche sich trotz Exposition nicht infizieren. Ein weniger dramatisches Beispiel ist z.B. ein Großraumbüro, wo die Grippe „umgeht": auch hier werden sich nicht alle infizieren, obwohl aber alle genauso den Viren ausgesetzt waren.

☞ Dauerausscheider von Salmomellen erkranken selber nicht

Ein ganz krasses Beispiel, weil Ausscheider von Salmonellen die Erreger ständig in sich tragen, diese aber nur Ausscheiden und selber nicht daran erkranken. Wenn dann eine weitere Person auf bestimmte

[98] aus: "Quintessenz der Naturheilverfahren", Dr.med. Jutta Rost, Quintessenz Verlag

Weise in Kontakt mit den Ausscheidungen kommt, erkrankt sie aber. Wie läßt sich das mit den obigen Grundsätzen vereinbaren?

☞ Pettenkofers Selbstversuch: er trank Cholera-Vibrionen und erkrankte nicht!

Auch unter den Schulmedizinern haben sich immer schon Zweifel geregt, ob wirklich die Exposition zum Erreger, der Kontakt das entscheidende Kriterium ist. Pettenkofer bezweifelte das und trank während einer Vorlesung - zum Entsetzen der anwesenden Studenten - ein Glas mit Cholera - Vibrionen und erkrankte nicht! Er war davon ausgegangen, daß die Krankheit nur dann auftritt, wenn auch der Organismus geschwächt ist, wenn also die Krankheitsursache auch innerhalb des Körpers zu finden ist.

☞ Das Seehundsterben an der Ostsee: alle starben an Lungenentzündung, doch wurden von Küstenabschnitt zu Küstenabschnitt verschiedene Viren gefunden

Das frappierende - aus Sicht eines Anhängers der Annahmen von Luis Pasteur - müßte hier die Gleichzeitigkeit der Erkrankung sein. Es waren ja Seehunde entlang der ganzen Küste durch verschiedene Erreger an Lungenentzündung erkrankt. Hier wird ganz klar, daß die wahre Ursache für die Erkrankung in den Seehunden gewesen sein muß und daß es nur opportunistische Erreger waren (Erreger, die diese Schwachstelle genutzt haben), die dann die Krankheit ausgelöst haben.

Zum Schluß dann noch ein besonders eindeutiges Beispiel:

☞ das Epstein - Barr - Virus löst in Afrika die bösartigen Burkitt-Tumore aus, bei uns in Europa aber nur das Pfeiffer'sche Drüsenfieber

An dieser Stelle noch mal das Zitat von Luis Pasteur: „Alle Mikroben, egal welcher Gattung, sind unveränderlich und rufen nur eine spezifische Krankheit hervor."

Und apropos „unveränderlich": Aids beweist vielleicht auch hier, daß die Wahrheit ein wenig anders aussehen könnte. Ich sage „vielleicht", weil sich die Stimmen mehren, die die aktuelle Lehrmeinung, Aids werde durch einen Virus (HIV) ausgelöst, nicht mehr teilen wollen.

Soviel also zu der Annahme, daß Erreger nur eine spezifische Krankheit auslösen. Wie aber steht es nun mit der Sterilität des Blutes?

Galileo Galilei und die Dunkelfeldmikroskopie

Die Diskussion zu dieser Frage erinnert fatal an Galileo Galileis Streit um die Frage, ob denn nun die Erde um die Sonne kreist oder umgekehrt. Während einer hitzigen Diskussion mit den Gelehrten der katholischen Kirche soll Galilei angeboten haben, doch einen Blick in sein Fernrohr zu tun, dann könne er es beweisen. Die Antwort soll gewesen sein, man müsse nicht in dieses Fernrohr gucken, frei nach dem Motto „weil nicht sein kann, was nicht sein darf".

Um den aktuellen Bezug aus dieser Anekdote ersehen zu können, muß man wissen, daß in der Schulmedizin ausschließlich Hellfeld- und Phasenkontrastmikroskope eingesetzt werden und die Organismen und Phänomene, die wir als Beweis für die Nicht - Sterilität des Blutes anführen wollen, eigentlich nur in einem Dunkelfeldmikroskop gut zu erkennen sind.

Die Lehren Dr. Enderleins und vieler anderer Ärzte, die sich mit diesem Thema auseinandergesetzt haben, gelten als Randbereich in der Medizin und wurden mit dem Prädikat „nicht wissenschaftlich" versehen.[99]

[99] Beim Ansprechen der klassischen Schulmedizin ist immer die Institution als solche gemeint; längst haben auch einige Ärzte erkannt, daß in der serologischen Diagnostik eine echte Lücke geschlossen werden kann. Im Seminarbetrieb des *Campus Studienzentrums* in München steigt der Anteil der Ärzte unter den Teilnehmern stetig an.

Das schafft nun die kuriose Situation, daß ich Tag für Tag Blutproben sehe, die die gängige Meinung widerlegen, ich diese sogar mit einer Videokamera aufnehmen kann und mir dann trotzdem sagen lassen muß, daß es das, was ich da sehe, nicht gibt.

Doch zurück zum Thema und zu den schulmedizinisch orientierten Labors: diese führen die gängigen Blutuntersuchungen heutzutage mit Maschinen und Computern durch, die die Aufgabe haben, das Blutbild quantitativ, d.h. zahlenmäßig zu erfassen. So wird zum Beispiel ermittelt, wieviele rote und wieviele weiße Blutkörper Sie haben, wie das „weiße Blutbild" sich zusammensetzt und vieles mehr.

In dieser Art der Untersuchung kann aber nur festgestellt werden *wieviel* von etwas da ist, oder welchen Prozentsatz es ausmacht, aber nicht, in welchem Zustand es sich befindet, es sei denn es handelt sich um schwere Bluterkrankungen. Belastungen, die den Patienten in seinem Befinden ebenso beeinträchtigen können, wie eine solche schwere Bluterkrankung, werden aber nicht erfaßt.

Was nützt es Ihnen aber zu wissen, daß Sie genügend rote Blutkörperchen haben, wenn die in ihrer Funktion eingeschränkt sind?

Ebenso verhält es sich mit den anderen Parametern wie Zucker, Cholesterin, Kalium, Calcium, Eisen, Selen etc.; was für den einen zuwenig ist, kann für den anderen schon zuviel sein. Man hat versucht sogenannte „Normwerte" aufzustellen, die meines Ermessens aber die individuelle Konstitution des Patienten nicht ausreichend berücksichtigen.

Zudem hat der Labor - Blutwert erst dann Aussagekraft, wenn die krankheitserregenden Prozesse im Körper schon sehr weit fortgeschritten sind. Ein normaler Zuckerwert, ein normaler Harnsäure- oder Cholesterinwert kann nämlich auch bedeuten, daß der Überschuß an diesen Substanzen besonders effizient in das Gewebe ausgelagert wird. So können auch deutlich übergewichtige Patienten noch „normale" Cholesterinwerte haben, Patienten mit ersten Symptomen von Gicht noch einen „normalen" Harnsäurespiegel aufweisen und auch die Diabetes macht sich erst bemerkbar, wenn alle Insulin produzierenden Zellen der Bauchspeicheldrüse erschöpft sind.

Krankheiten allein auf Grund der so ermittelten Blutwerte zu diagnostizieren ist für mich ein bißchen wie der Versuch aus der Anzahl von Menschen, die sich vor einer Kirche befinden darauf zu schließen, wieviele denn nun gerade den Gottesdienst in dieser Kirche besuchen: keine Menschen auf dem Vorplatz kann bedeuten, daß alle in der Kirche sind, sie also voll ist, oder auch, daß niemand gekommen ist, die Kirche also leer ist. Viele Menschen auf dem Vorplatz kann wiederum bedeuten, daß die Kirche überfüllt ist und die Leute draußen Schlange stehen, wie auch, daß sie leer ist, weil die Messe zuende ist und alle bereits hinausgegangen sind.

Das Blut kann man mit diesem kirchlichen Vorhof vergleichen; es kommt nicht darauf an, wieviel Mineralien, Nährstoffe, Vitamine etc. im Blut, sondern wieviel dieser Nährstoffe insgesamt im ganzen Körper vorhanden sind und ob sie auch dorthin transportiert werden, wo sie gebraucht werden.

Aus meiner Sicht liegt hier die oft krasse Diskrepanz zwischen dem schlechten Befinden des Patienten und den „guten Laborwerten", die dem behandelnden Arzt hier auch gar keine Chance einer korrekten Diagnose lassen. „Ihnen fehlt nichts, Sie sind gesund", heißt es dann oft, vielleicht noch mit dem Zusatz versehen, ob man sich denn nicht vielleicht alles nur einbildet.

Um nicht mißverstanden zu werden: die Labor - Blutwerte haben eine gewisse Aussagekraft und sind nützlich, wenn es um schwere Erkrankungen geht. Wenn der Patient sich aber nun einmal schlecht fühlt, nützt ihm die Tatsache, daß die Blutwerte „normal" sind, herzlich wenig, dann muß man eben weitersuchen.

Im Gegensatz zu den gängigen Laboruntersuchungen wird das Blutpräparat im Dunkelfeldmikroskop durch eine bestimmte Technik so beleuchtet, daß zum einen die Blutkörperchen dreidimensional sichtbar werden und zum anderen auch Belastungen durch Erreger (z.B. Streptokokken) oder auch Pilzvorstufen erkannt werden können.

Die Problematik der Stuhlprobe

Besonders die Pilzvorstufen des *Mukor racemosus* lassen sich mit diesem Mikroskop einwandfrei feststellen; da meiner Erfahrung nach eine Belastung mit dieser Spezies auch mit einem vergleichbaren Befall mit *Candida albicans* im Darm einhergeht, hat man hier die Möglichkeit auch diesbezüglich genauere Diagnosen zu stellen.

Bei der klassischen Stuhlprobe besteht nämlich das Problem, daß der Grad der Verpilzung nur sehr ungenau festgestellt werden kann. Der Candida albicans wächst nämlich in „Pilznestern"; so kann ein Patient, der in Wahrheit Candidabefall hat, immer dann falsch negative Befunde erhalten, wenn in der Stuhlprobe kein solches Nest dabei war oder auch falsch hohen Candidabefall diagnostiziert bekommen, wenn überdurchschnittlich viele solcher Nester sich in einer Probe befunden haben.

Der *Pilz „Mukor racemosus Fresen",* der in seinen Jugendformen fester Bestandteil eines gesunden Blutbildes ist, kann durch Krankheiten, durch Immunschwäche, vor allem aber durch eine falsche, besonders zucker-, kohlehydrat- oder hefehaltige Ernährung aber auch entarten, und sich stark vermehren.

Da diese Spezies neben Sauerstoff auch Vitamine und Mineralien in hohen Mengen verbraucht, durch ihre Anwesenheit die Fließeigenschaften des Blutes drastisch verschlechtert und schließlich mit den verschiedenen Endo- und Ektotoxinen stark belastende Stoffwechselprodukte ausscheidet, ist die Heilung einer Krankheit - und zwar gleich welcher Krankheit - ohne die Berücksichtigung dieses Aspektes von vornherein mit einem dicken Fragezeichen zu versehen.

Übrigens: der Mucor racemosus ist ein Schimmelpilz und kommt im Blut vor. Trotzdem ist es richtig, daß *ausgewachsene* Pilze *nicht* oder nur dann im Blut vorkommen, wenn eine sehr ernste Immunschwäche besteht (z.B. Aids) oder der Tod unmittelbar bevorsteht.

Der Mucor racemosus ist pleomorph, d.h.: er nimmt im Laufe seiner Entwicklung verschiedene Formen an. Wir kennen das aus der Natur auch aus anderen Bereichen, z.B. der Frosch, der erst Ei, dann Kaulquappe und erst dann zum Frosch wird, oder der Schmetterling, der vorher auch erst das Ei - und Larvenstadium durchläuft. Der Mucor racemosus kommt, wenn man ihn einmal mit Schmetterlingen vergleicht, im Blut in der Regel nur als Ei und als Larve vor.

Insofern ist es streng gesehen richtig, wenn die Schulmedizin darauf besteht, daß es im Blut normalerweise keine Pilze gibt. Trotzdem *ist die Gattung* Mucor racemosus aber ein Schimmelpilz![100]

Bei dieser Auseinandersetzung sollte es auch nicht um Begriffe gehen, sondern um die Frage, wie sich die im Dunkelfeldmikroskop sichtbaren Phänomene erklären lassen und wie es, vorausgesetzt, daß wie jetzt behauptet wird, „nichts dran sei", es dennoch sein kann, daß man einen eindeutigen Zusammenhang zwischen dem im Dunkelfeld sichtbaren Blutbild und dem Befinden des Patienten ersehen kann.

Überhaupt ist auch das Bild, das heute in der Öffentlichkeit von Pilzen entstanden ist, stark verzerrt und zieht unter anderem auch eine nach meinem Ermessen falsche Behandlung nach sich. Das nächste Kapitel soll ein wenig Licht in diese Angelegenheit bringen.

[100] siehe auch Pschyrembel

Pilze - Freund oder Feind?

Allein die Frage scheint ketzerisch, denn natürlich gibt es für Pilze nur die eine Möglichkeit: Feind. Und Feinde müssen mit allen Mitteln in die Flucht geschlagen werden: Nystatin und andere Keulen werden ausgepackt, um den Widersachern zu Leibe zu rücken. Der Pilz wird bekämpft. Leider hängt an den Pilzen dann aber noch ein Mensch und in der Praxis kann man dann auch mehrfach beobachten, wie ein so toxisches Präparat wie Nystatin den Allgemeinzustand eines Patienten nachhaltig negativ beeinflussen kann.

Und apropos Nystatin: es gilt als erwiesen, daß auch diese Therapie den Darm nicht vollends von Candida befreien kann. (Eine Restbesiedelung von 10^2 ist ja schon gleichbedeutend mit Therapieerfolg.) Es ist vor allem der Candida parapsilosis, der diese Behandlung überlebt; diese Candida - Art ist robuster und auch sehr viel aggressiver als seine Namensvettern. Frei nach Darwin ist er dann nach einer „erfolgreichen" Candidatherapie auch der einzige, der sich dann wieder vermehren kann. Und so leidet der Patient kurze Zeit später mehr als je zuvor unter den Candida - Symptomen und muß sich jetzt mit einem sehr viel pathologischerem Pilz auseinandersetzen. Auch wenn also keine direkte Nystatin-Unverträglichkeit vorliegt, ist von einer Anwendung solcher Päparate abzuraten.

Gerade als Therapeuten der Schule Dr. Enderleins wissen wir heute, daß pathologische Endobionten und Pilze eine Frage des Milieus und somit nur Folge und eben nicht Ursache sind. Eine Bekämpfung der Pilze ist somit nur Behandlung von Symptomen und keine Heilung.

Wir müssen uns also Gedanken über das Milieu machen und die Welt der Pilze verstehen lernen. Zum Milieu ist in anderen Publikationen schon soviel geschrieben worden, daß ich als bekannt voraussetzten darf, daß es sich hier um eine Verschiebung des Basen-Säure-Haushaltes in Richtung Übersäuerung handelt und daß diese wiederum in starkem Maße von Ernährung, Umweltfaktoren, Stoffwechsel und bestimmten Erkrankungen abhängt. Pilze verstehen lernen - das bedeutet sie in ihrer Funktion zu begreifen und ihre Aufgaben kennenzulernen. Erst auf dieser Grundlage kann eine gezielte Diagnostik und damit eine effiziente Therapie einsetzen.

Die Welt der Pilze

Da wir in unseren Praxen nur mit den negativen Auswirkungen von Pilzbefall konfrontiert werden, fällt es uns naturgemäß nicht leicht, Pilze als Nützlinge zu sehen. Das ist aber genau, was sie sind. Sie haben drei Aufgaben:

Erstens sind Pilze im Boden dafür verantwortlich, daß die Mineralien und Nährstoffe, die sich im Erdreich befinden, in eine Form gebracht werden, in der sie von Bäumen und Pflanzen verwertet werden können. Alle Flora, alle Pflanzen sind nur durch die "Lebensgemeinschaft" im Sinne einer Symbiose mit Pilzen überhaupt lebensfähig; ohne sie wäre unser Planet absolut kahl.

Zweitens gibt es eine Reihe von Pilzen, die nicht zersetzen, sondern im Gegenteil sogar haltbarer machen. Schlägt man zum Beispiel im Pschyrembel unter "Penicillium" nach, um etwas über den Pilz "Penicillium notatum" zu erfahren, aus dem ja die Antibiotika und eben die Penizilline gewonnen werden, sieht man, daß es auch den "Penicillium camemberti" und den "Penicillium roqueforti" gibt, die bei der Käseherstellung zur Produktion von Camembert, bzw. Roquefort- und Gorgonzolakäse eingesetzt werden. Und unter dem Stichwort "Hefen" findet man Hinweise darauf, daß diese von Hefepilzen stammen und zur Produktion von Bier und Wein, und in Form der Backhefen auch zum Backen von Brot gebraucht werden.

In unserer Zeit gibt es durch verbesserte Transportmöglichkeiten, durch Kühlschränke und chemische Zusatzstoffe mehrere Möglichkeiten Lebensmittel frisch zu kaufen oder zu konservieren und so für eine ausreichende Ernährung zu sorgen. In den vergangenen Jahrhunderten waren Brot, Käse und Bier Hauptnahrungsmittel und die Pilze für den Menschen eine der wenigen Möglichkeiten Nahrungsmittel über einen längeren Zeitraum haltbar zu machen. Der richtige Umgang mit diesen Pilzen war lebensnotwendig!

Kulturell gesehen haben die Pilze dem Menschen, durch die Möglichkeit, Essen auch über einen längeren Zeitraum aufzubewahren, geholfen, den Schritt vom Jäger und Sammler zum seßhaften Bauern zu tun und durch die Produktion von Bier und Wein - analog den Drogen anderer Völker, wie etwa Opium bei den Chinesen - bei denjenigen Visionen Pate gestanden, die dann eine geistige Fortentwicklung überhaupt erst möglich gemacht haben. Der Geist des Weines ist so gesehen eigentlich der Geist der Pilze.

Drittens wachen die Pilze in der Natur über die sogenannte "biologische Wertigkeit"; diese ist immer dann gegeben, wenn ein Organismus, gleich welcher Art, gesund und lebensfähig ist. Sobald eine Pflanze, ein Tier oder ein Mensch krank wird oder sogar (ab)-stirbt, übernehmen die Pilze die Aufgabe den betreffenden Organismus wieder in seine Bestandteile zu zerlegen und so die Nährstoffe wieder in den natürlichen Kreislauf einzugliedern, sie wieder verfügbar zu machen.

Die Pilze, die diese Aufgabe erfüllen, sind ständig und überall präsent, werden aber von einem gesunden Organismus mit intakter biologischer Wertigkeit in Schach gehalten. Erst wenn das Ökosystem, bzw. das Immunsystem, nicht mehr in der Lage ist, dieses Gleichgewicht herzustellen - durch Krankheit oder gar Tod - können sich die Pilze schlagartig vermehren und den betreffenden Organismus zersetzen.

Im Wald zum Beispiel sieht man, daß die gesunden Bäume keinen oder nur einen sehr geringen Pilzbefall haben; sobald aber ein Baum krank wird oder gar abstirbt und umfällt, also biologisch unwertig wird, setzen die Pilze mit ihrer Arbeit ein und machen die im Stamm gebundenen Rohstoffe für die umstehenden Bäume und Pflanzen wieder zugänglich.

Wie man sieht, kann man die Pilze also als Indikatoren betrachten, die anzeigen, ob etwas gesund, krank oder tot ist. Der Mensch hat sich das auch immer zunutze gemacht und Nahrungsmittel, die von Pilzen befallen waren, nicht zu sich genommen.

Ein Lebensmittel, wie zum Beispiel Getreide, mußte in eigens dafür gebauten Getreidespeichern gelagert werden und es gehörte viel Geschick dazu das Getreide zum rechten Zeitpunkt, d.h.: mit geringer Feuchtigkeit zu ernten und dann so zu wenden und das Silo so zu lüften, daß sich keine Pilze einschleichen konnten. Kam es dennoch zur Pilzbesiedelung, mußte solange über die bauliche Beschaffenheit des Speichers, die Wendevorgänge und die Lüftung nachgedacht werden, bis das Problem wieder im Griff war, bis keine Pilze mehr da waren.

Chemie in der Pilzbekämpfung

Durch die chemische Industrie sind wir nun aber in der Lage durch Pestizide, Insektizide, Bakterizide, Herbizide und in diesem Fall vor allem **Fungizide** diese natürlichen Prozesse außer Kraft zu setzen. Wir können so die Entstehung von Pilzen in der Landwirtschaft und in der folgenden Nahrungsmittelkette kontrollieren; jedenfalls ist das die gängige Meinung, die von der chemischen Industrie natürlich auch propagiert wird.

Was aber in Wahrheit passiert ist, daß durch die Bekämpfung der sichtbaren Pilzwelt uns die Indikatoren dafür verlorengegangen sind, ob das betreffende Nahrungsmittel noch wertig ist, oder ob seine biologische Uhr, sein biologisches Verfallsdatum, schon abgelaufen ist.

Wir können durch unsere Konservierungsmittel heute Mehltüten kaufen, deren Inhalt aus Getreide gemahlen wurde, das vor mehreren Jahren geerntet wurde oder Dosen, auf denen Verfallsdaten stehen, die weit in der Zukunft liegen. All das ist nur möglich, weil hier durch chemische Mittel ein Vorgang gestoppt wird, der diese Haltbarkeitszeiten unmöglich machen würde: die Verrottung durch Pilzbefall.

Früher war das anders: das Mehl, das aus dem biologisch hochwertigen (weil auf natürliche Art und Weise nicht von Pilz befallenem) Getreide gemahlen wurde, war dann nur solange für den menschlichen Verzehr geeignet, wie es pilzfrei blieb; Indikatoren für Befall waren neben sichtbaren Veränderungen auch Gerüche, die anzeigten, daß dieses Mehl nun nicht mehr zum Verzehr geeignet war.

Ein tragischer Trugschluß, dessen Tragweite heute eben durch die Pilzerkrankungen beim Menschen immer mehr zu Tage tritt, ist aber der, daß wir die Pilze nun wirklich unter Kontrolle hätten.

Weiter oben wurde erwähnt, daß uns die Indikatoren für die biologische Wertigkeit durch die Bekämpfung der sichtbaren Pilzwelt verlorengegangen sind. "Sichtbar" wurde gesagt, weil es auch eine unsichtbare Pilzwelt gibt, die jetzt beginnt die Aufgaben der durch Fungizide abgetöteten Pilze zu übernehmen.

Im internationalen Getreidehandel zum Beispiel kämpfen die Grossisten jetzt mit Pilzen (verschiedene Aspergillus - Arten wie aspergillus flavus, aspergillus niger etc.), die nur mit sehr aufwendigen und teuren Verfahren aufgespürt werden können und die ein Gift produzieren, das hochtoxisch ist und Aflatoxin heißt. Schon hat man beim Gesundheitsministerium Höchstgrenzen bestimmt, ab der Getreide nicht mehr für den menschlichen Verzehr verkauft werden darf. Schon ist auch die chemische Industrie wieder dabei ein Gift herzustellen, mit dem nun wiederum diese Pilze bekämpft werden können.

Was bedeutet das für den menschlichen Organismus?

Das bedeutet, daß wir ständig Nahrung zu uns nehmen, deren innere biologische Uhr abgelaufen ist; da wir nun in unserem Darm auch Pilze haben und deren Aufgabe, ebenso wie draußen in der freien Natur, darin besteht, biologisch unwertige Materie zu zersetzen, bekommen diese Pilze viel Nahrung und tun genau das, was jedes Lebewesen tut, wenn es gut gefüttert wird: sie wachsen und vermehren sich. *Die Pilze im Darm des Patienten übernehmen also nur die Aufgabe der Pilze, die wir in unserer Umwelt chemisch eliminiert haben!* Das ist der Auftrag der Pilze und dieser Aufgabe kommen sie nach! Und hier liegt auch ein Teil der Antwort auf die Frage, warum denn gerade in den letzten Jahren die Pilzerkrankungen so in den Vordergrund gerückt sind. Weitere Faktoren, die hier eine bedeutende Rolle spielen, sind neben falschem Eßverhalten und der daraus resultierenden Übersäuerung vor allem der verschwenderische Einsatz von Antibiotika und die Verwendung von Amalgam:

Penizilline werden aus einem Pilz (penicillinum notatum) gewonnen. Similia similibus! Antibiotika bekämpfen nicht nur die pathologischen Bakterien - wobei hier Resistenzen auf dem Vormarsch sind - , sondern auch die gesamte physiologische Bakterienflora und so verwundert es nicht, daß Patienten nach einer Antibiotikatherapie besonders auffällige Pilzbefunde aufweisen.

Amalgam schließlich enthält Quecksilber und das wirkt bakterizid, d.h.: es tötet Bakterien ab. Ähnlich also wie bei den Antibiotika werden hier in großem Umfang physiologische Bakterien, die die Mund-, Magen- und Darmschleimhäute besiedeln, abgetötet; der Platz, den die absterbenden physiologischen Bakterien freimachen, kann dann von Erregern und Pilzen besetzt werden.

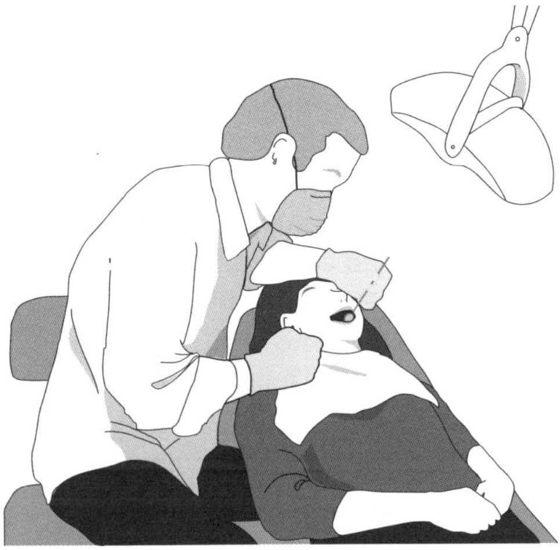

Sowohl Antibiotika, wie auch und vor allem das Amalgam schwächen das Immunsystem, was Erregern die Türen zusätzlich öffnet. Die Pilze können also gar nichts dafür: **wir** haben sie zum Problem gemacht, indem wir sie durch unser unverantwortliches Handeln der Natur gegenüber, durch den Einsatz von chemischen Mitteln (Fungizide) und durch falsche Eßgewohnheiten auf den Plan gerufen haben.

Um nur ein Beispiel zu nennen: noch 1950 hat jeder Deutsche statistisch 1kg Zucker pro Jahr verbraucht; heute sind es 53 kg! Ähnlich dramatisch ist der Verlauf beim Fleischkonsum.[101] Vor diesem Hintergrund wird jede Therapie, die sich nur auf die Pilze bezieht und die wahren Ursachen außer acht läßt, nicht mehr vertretbar und sogar unsinnig.

---

[101] Siehe auch Prof. Dr. med. Lothar Wendt „Gesund werden durch den Abbau von Eiweißüberschüssen."

Der Faktor Wohnraum

Wer Dunkelfeldmikroskopie zur Diagnose heranzieht, kann anhand der Befunde feststellen, daß nicht nur Eßgewohnheiten, sondern häufig auch die Wohnung des Patienten eine große Rolle spielen. Die wenigsten Gebäude sind von der Bauart und von den verwendeten Materialien her heute noch lebensfreundlich. Pilze treten hier nicht etwa deswegen nicht auf, weil das Ambiente und das Mileu das nicht zulassen würden, sondern weil schon beim Bau der Betonstrukturen und der einzelnen Elemente mit Teer und präparierten Flächen gearbeitet wurde, die einen Befall mit Pilzen verhindern sollen. Auch hier sind somit die Pilze als mögliche und nützliche Indikatoren für die biologische Wertigkeit des Wohnraums für das Ökosystem "Mensch" verlorengegangen. Pilzfreie Wohnungen gaukeln baubiologisch intakte Umgebung vor, von der sich der menschliche Organismus allerdings nicht täuschen läßt.

Und auch so findet der Pilz, meist in Form des Aspergillus niger, noch hinein und nistet sich an Zimmerpflanzen, Fenstern, Tapeten, Badezimmern und anderen feuchten Stellen ein. Tritt er dann auf und wird er in Form der typischen schwarzen Flecken sichtbar, macht man sich aber keine Gedanken über die Beschaffenheit der Bausubstanz, sondern bekämpft ihn chemisch. Früher mußte ein Haus aufgegeben werden, wenn einmal der Schwamm drin war. Heute wird das mit bestimmten Teeren zugestrichen und versiegelt. Damit ist aber das eigentliche Problem nicht beseitigt und so können unphysiologische Wohnungen bei Patienten genauso Pilzbefall herbeiführen, wie falsch konzipierte Silos bei Getreide. So kann eine Wohnung, auch ohne geopathische oder sonstige belastende Faktoren, einen Patienten schwer erkranken lassen.

Die Therapie

Fungizide auf den Ackerflächen, Teer und Chemikalien in unseren Wohnungen und Nystatin bei unseren Patienten sind der falsche Ansatz im Umgang mit Pilzen. Sie verschärfen das Problem sogar und belasten den Menschen und die Umwelt gleichermaßen und kennen nur einen Gewinner: die Chemieindustrie!

Nystatin ist zudem stark lebertoxisch; von Seiten der Hersteller wird zwar immer wieder betont, daß Nystatin im Darm verbleibt, weil es von den Rezeptoren der Darmschleimhäute nicht resorbiert werden kann, aber so ganz überzeugend ist das nicht. Woher kommen sonst die Unverträglichkeitssymptome bei den Patienten, wenn alles angeblich im Darm verbleibt?

Und selbst wenn es so wäre: gemäß dem Prinzip, daß jedes Arzneimittel nicht nur Materie, sondern auch informierte Schwingung ist, kann es der Leber natürlich nicht entgehen, daß sich "nebenan" im Darm toxische Substanzen befinden. Völlig unsinnig wird die Nystatin - Therapie in Dragee-Form: diese lösen sich nämlich erst im Darm auf! Da bei Candidabefall aber immer auch die Mundhöhle und die Speiseröhre mitbetroffen sind, und die Dragees hier nur vorbeigleiten, kann der Candida sofort nach Absetzen der Einnahme von dort aus wieder den gesamten Darm besiedeln!

Im Gegensatz dazu steht die Philosophie, bei Auftreten von Pilzen die Ursache der Störung des Milieus zu untersuchen und dann zu behandeln. Gleichzeitig greifen Sie durch Symbioselenkung und Ernährungsumstellung, die vor allem Zucker, Eiweiß und auch künstlich („E") haltbar gemachte Lebensmittel - sei es „Frischepack" oder Konserve - meidet, und frische, basenreiche Kost fördert, sowie durch Gabe von Basenpulvern und homöopathischen Komplex- und Einzelmitteln in den Säure - Basen - Haushalt ein und verändern das Milieu somit derart, daß Pilze und pathologisch aufwärtsentwickelte Endobionten keinen Nährboden mehr finden.

Das Milieu wird entsäuert, die niedrigen Valenzen können nicht mehr entarten, weil sie keinen geeigneten Nährboden mehr vorfinden und tun das, was jeder Symbiont (oder auch Schmarotzer) in dieser Situation tut: er verläßt den unwirtlichen Wirtsorganismus.

Zusammenfassung

Oft genug werden die Pilze als „Modekrankheit" abgetan und die Vermutung geäußert, daß sich da ein paar findige Therapeuten die Taschen füllen, indem sie bei Patienten Ängste in dieser Richtung schüren.

Tatsächlich gibt es gute Gründe für das vermehrte Auftreten der Pilze in den letzten Jahren und die Tendenz ist weiter steigend. Ich habe vier Quellen für die steigenden Pilzerkrankungen genannt:

- die biologische Unwertigkeit unserer Nahrungsmittel und Wohnungen
- Antibiotika (Cortison)
- falsche Ernährung (Zucker, weiße Kohlehydrate, Hefe)
- Amalgam

Von diesen vier Ursachen hat es in dieser Form lediglich Antibiotika und Amalgam bereits im letzten Jahrhundert gegeben; der Umfang, in dem diese Mittel eingesetzt werden, hat allerdings erst in den letzten Jahrzehnten die heutigen Ausmaße erreicht.

Die chemischen Waffen gegen Pilze werden dagegen massiv erst seit Ende der 50er Jahre eingesetzt und erst ab dann hat sich mit dem wachsenden Wohlstand auch unsere Ernährung radikal verändert. Das sind die wahren Ursachen der in den letzten Jahren so gehäuft auftretenden Mykosen!

Weiter oben habe ich das Beispiel des Baumes gebracht; sieht man sich die Entwicklung an, wird man feststellen, daß auch hier das Waldsterben - ähnlich wie der Pilzbefall beim Menschen - erst in den letzten Jahren vermehrt und in einem Umfang eingesetzt hat, der nun nicht mehr zu übersehen ist. Die zunehmende Übersäuerung des Bodens und die Belastung durch Umweltgifte hat ihre Entsprechung auch bei uns Menschen. Addiert man jetzt noch die Streßfaktoren, denen jeder von uns ausgesetzt ist, und die ja alleine schon ausreichen, um unser Immunsystem entscheidend zu schwächen, dann wird klar, daß es nur noch wenig "gesunde Menschen" geben kann und daß, wie im Wald auch, das kranke Ökosystem Mensch zunehmend von Pilzen und anderen Krankheitserregern befallen wird, gemäß der Logik der Arbeitsweise der Pilze ja sogar befallen werden muß.

Ein aktuelles und besonders dramatisches Beispiel sind Aids-Patienten, bei denen der Begriff „biologische Wertigkeit", weil es Menschen betrifft, einen besonders brutalen Bedeutungsinhalt bekommt. Tatsächlich stirbt ein hoher Prozentsatz der Aids - Kranken an Organmykosen.

Alle diese Faktoren zusammengenommen sind in meinen Augen als Ursache für die steigende Anzahl von Pilzerkrankungen anzusehen. Jeder Versuch das als Modekrankheit abzutun, zeugt von fachlichem Unverstand, mangelnder Auseinandersetzung mit diesem Thema und fehlender Einsicht in die oben ausgeführten Prozesse.

Schließen möchte ich diesen Artikel mit der Anmerkung, daß es ein Irrtum ist zu glauben, daß das, was wir der Natur tagtäglich antun, ohne Folgen für uns Menschen bleiben wird. Was immer wir im Makrosystem Natur an Veränderungen beobachten, hat seine Entsprechungen beim Mikrosystem Mensch. Es ist an der Zeit mit der Natur zusammenzuarbeiten statt sie zu vernichten; bei der Therapie der Pilzbefunde in unseren Praxen bedeutet das, die Ursachen für den Pilzbefall abzustellen, anstatt chemische Mittel zu verwenden.

Die Philosophie, die hinter den Enderlein - Präparaten steht, weist den Weg in die richtige Richtung; bleibt zu hoffen, daß sich diese Therapie möglichst rasch verbreitet, damit das Interesse wächst, die ursächlichen Mißstände in unserer Umwelt abzustellen.

Die Hauptursache für das Erscheinen von Pilzen

Die Hauptursache ist eine Verschiebung des pH - Wertes. Wie diese Verschiebung zustandekommen kann und was man gegen die Übersäuerung[102] des Gewebes tun kann, davon soll nachstehend die Rede sein:

[102] Fast alle Krankheiten ziehen eine Gewebsazidose, d.h.: eine Übersäuerung nach sich. Übrigens: das sauerste Gewebe im menschlichen Organismus ist das Krebsgewebe.

Der Magen ist nicht nur Verdauungsorgan

Über die wahre Aufgabe der Belegzellen des Magens

Der Magen wird in erster Linie als Verdauungsorgan betrachtet; er hat aber noch eine weitere, vielleicht sogar wichtigere Funktion. Um diesen Aspekt beleuchten zu können, zunächst ein paar Fakten aus dem Themenbereich Säure - Basen - Haushalt:

Der Blut - pH Wert liegt im Mittel bei 7,41 und hat nur sehr geringe Schwankungsgrenzwerte, jenseits derer der menschliche Organismus nicht mehr lebensfähig ist. So beginnt eine

- Azidose unter einem pH Wert von 7,36 und eine
- Alkalose über einem pH Wert von 7,44.

Um dieses Gleichgewicht halten zu können, atmet die Lunge flüchtige Säuren ab: (das Kohlendioxid CO_2), Nieren, Schweißdrüsen, Galle, Pankreas, Brunnersche Drüsen und die Lieberkühnschen Drüsen neutralisieren feste Säuren.

Es besteht der Eindruck, daß es sich hier um ein sehr stabiles Gleichgewicht handelt und der Körper durch obenstehende Organe und durch die Alkalireserve über potente Pufferungsmöglichkeiten verfügt. Daß dies keineswegs der Fall ist, beweist das nachstehende Rechenbeispiel anhand der Situation, vor die der menschliche Organismus durch Einnahme einer Mahlzeit gestellt wird:

Die Alkalireserve des Blutes beträgt bei einem Menschen von 60kg Gewicht und 6 Liter Blut 11,3g $NaHCO_3$, besser bekannt als Bikarbonat.

Nur diese 11,3g Bikarbonat sind es, die das unmittelbare Gleich-gewicht im Säure - Basen - Haushalt aufrechterhalten. Schon kleine Mengen Säure würden also genügen, um den Organismus in die Azidose zu kippen, wenn der Körper nicht außerhalb des Blutes über weitere Ausgleichsmöglichkeiten verfügen würde, um Säuren zu puffern.

Bei Aufnahme einer normalen Mahlzeit werden beim Menschen von den Belegzellen des Magens etwa 1,1 Liter Magensaft gebildet. Der Magensaft enthält etwa 0,5% Salzsäure (HCl). Diese 0,5% von 1,1 Liter Magensaft ergeben 5,5 g Salzsäure (HCl). Nun bilden die Belegzellen des Magens ja die Salzsäure aus Anteilen des Blutes, das, wie wir oben gesehen haben, einen pH - Wert von 7,41, also fast einen neutralen pH - Wert hat. Wenn diesem neutralen pH - Wert nun also alle Säure entzogen wurde, müssen folgerichtig auch freie Basen zurückgeblieben sein und so ist es auch. Die Bildung von 5,5g Salzsäure auf der einen Seite, bewirkt die Bildung von 9,0 g NaCl und die wiederum von 13,1g NaH CO3 (Bikarbonat) auf der anderen Seite.

Eine einzige Mahlzeit setzt also mehr Basen frei (13,1g), wie die gesamte Alkalireserve des Blutes beträgt (11,3g)!

Wo aber bleiben die Basen?

Die Basen gehen

- zur Leber für die Gallebildung
- zum Pankreas für die Bildung von Trypsin, Chymotrypsin
- zu den alkalophilen Drüsen
  + Brunner'sche Drüsen
  + Lieberkühn'sche Drüsen

Die in Form von Bikarbonat ins Blut entlassenen Basen reichen dann im Darm auch zwangsläufig wieder zur Neutralisierung der Magensäure aus: in den Belegzellen war ja bei Bildung eben dieser Magensäure auch die entsprechende Menge an Basen gebildet worden. Während die Säure den direkten Weg über Magen und Zwölffingerdarm genommen hat, sind die Basen „außen herum" in den Pankreas und über die Leber in die Galle gelangt. Sobald jetzt der Speisebrei in den Zwölffingerdarm gelangt, werden die Gallensekrete ausgestoßen, was dann reflektorisch die Sekretion von Pankreasenzymen zur Folge hat. Da diese beide stark basisch sind, wird der saure Speisebrei nun nach und nach in einen weniger sauren Zustand übergeführt.

Bisherige Betrachtungsweise: die Aufgabe der Belegzellen ist es Salzsäure zu produzieren, um den Speisebrei im Magen anzudauen; die dabei gebildeten Basen suchen sich ihren Weg über die Blutgefäße zum Pankreas und zur Leber, um den pH - Wert für die weitere Verdauung im Darm zu neutralisieren. Der Magen ist also hauptsächlich ein Verdauungsorgan. Stimmt das?

Der Magen bildet auch und vor allem Basen

Die Aufgabe des Magens besteht nicht nur darin, in seinen Belegzellen Säuren zu bilden. Vielleicht viel wichtiger sind die hierbei entstehenden Basen für den Organismus. Man könnte das auch so sehen, daß es dem Körper um die Bildung von Basen geht, und daß in Wahrheit die Säuren das „Abfallprodukt" sind. Die Magensäure ist nur sichtbarer und bewältigt chemisch und biologisch leichter nachzuvollziehende Aufgaben und steht so immer im Vordergrund. Zudem kommen viele Menschen irgendwann einmal mit ihr in Kontakt, sei es durch Erbrechen oder z.B. durch Sodbrennen. Da der Magen auch Teil des Verdauungskanals ist, den die Nahrung auf dem Weg durch den Organismus passiert, drängt sich die Einstufung des Magens als reines Verdauungsorgan ja auch auf.

Tatsächlich wird im Magen durch die Salzsäure kaum etwas verdaut; die Salzsäure hilft, unterstützt von der Motilität des Magens, lediglich den Speisebrei zu zersetzen und so seine Oberfläche zu vergrößern, damit später, im Dünn- und im Dickdarm, die eigentliche Verdauung besser stattfinden kann: eine größere Oberfläche bedeutet hier nämlich, daß die Gallen- und Pankreassekrete eine größere Angriffsfläche haben, um den Fett- und Eiweißstoffwechsel in Gang zu bringen.

Die einzige Verdauung, die diesen Namen verdient und die im Magen stattfindet, ist auf das von den Magenzellen produzierte Pepsin und auf die Amylasen zurückzuführen, die von den Speicheldrüsen im Mund in den Speichel sekretiert werden. Die Pepsine leiten die Eiweißverdauung ein und die Amylasen können Stärke und Glykogen abbauen und helfen so die Zeit nutzen, die der Speisebrei im Magen verbringt. Beide Vorgänge sind für den menschlichen Organismus verzichtbar. Und so können Patienten, denen der Magen herausoperiert wurde, trotzdem weiterleben - und auch verdauen. Nutzlos ist der Magen natürlich trotzdem nicht, wie auch sonst nichts in der Natur. Die Schöpfung hat es eben so eingerichtet, daß die Säuren, die bei der Bildung von Basen entstehen, auch eine Verwendung finden. Und den haben sie durch die Zersetzung und durch die Verweildauer des Speisebreis im Magen.

Der Pylorus schließt ja im Moment der Nahrungsaufnahme für eine gewisse Zeit den Magenausgang. Allgemein geht man davon aus, daß das geschieht, damit der Speisebrei genügend aufbereitet werden kann. Das stimmt zwar auch, hauptsächlich haben die Basen aber jetzt Zeit zum Pankreas und zur Leber zu gelangen und können einer weiteren, äußerst wichtigen Aufgabe nachkommen:

Die Entsäuerung des Gewebes

Oben haben wir gesehen, daß bereits eine Mahlzeit den Organismus hinsichtlich der Aufrechterhaltung der Homöostase im Säure - Basen - Bereich vor große Aufgaben stellt. Der pH Soll - Wert ist in einem sehr engen Bereich zu halten, zwischen 7,36 und 7,44 nämlich, was nur geht, wenn es außer der Alkalireserve des Blutes einen weiteren Puffer gibt.

Und dieser Puffer ist das Bindegewebe, das deswegen zu Recht (übrigens auch in der Schulmedizin) als Vor - Niere bezeichnet wird: die kolloidalen Strukturen des Bindegewebes nehmen die überschüssigen Säuren auf und stabilisieren so maßgeblich den pH-Wert des Blutes.

Der Mechanismus, mit dem dies physiologisch vor sich geht, ist die Diffusion: steigt der Saüre - Wert im Blut, diffundieren die überzähligen Säuren ins Gewebe. Geht der pH - Wert des Blutes in Richtung basisch, fließen die Säuren aus dem Bindegewebe wieder ins Blut zurück. Die „Basenflut" nach den Mahlzeiten hat also auch und vor allem die Funktion das Bindegewebe zu entsäuern!

Für die Ausscheidung der Säuren ist dann, neben anderen Organen, hauptsächlich die Niere verantwortlich. Verfügt der Organismus über ausreichend Basen, werden die Säuren von der Niere an diese gebunden und ausgeschieden. Kann der Körper sich einen Basenverlust nicht leisten, werden die Säuren erst an Ammoniak gebunden und dann ausgeschieden.

So kommt übrigens der besonders saure Morgenurin zustande: während des Schlafes filtert die Niere (Harn)Säure aus dem Blut, wodurch dieses basischer wird. Wie oben ausgeführt, können nun wieder Säuren aus dem Bindegewebe ins Blut diffundieren, um dann von der Niere wieder ausgeschieden zu werden, usw. . . . Während der mehrstündigen Schlafphase kann dieser Vorgang nun ständig ablaufen, viel öfter als tagsüber und so ist der Säuregehalt des Urins morgens besonders hoch.

Die Bindung der Säuren an Ammoniak in der Niere kann einen ausgeglichenen Säure - Basenhaushalt im Bindegewebe allerdings alleine nicht herstellen. Ein ausgeglichener pH - Wert kann hier sich nur einstellen, wenn ausreichend Basen zur Verfügung stehen; andernfalls bleibt das Gewebe chronisch übersäuert und öffnet so Tür und Tor für Mykosen, Allergien, Zysten, Warzen, Tumore und andere Krankheiten - bis hin zum Krebs. (Krebsgewebe sind mit großem Abstand die sauersten Gewebe.)

Basen können nur exogen zugeführt werden!

Säuren können exogen zugeführt oder endogen produziert werden. Ein Beispiel für eine endogene Säure ist die Milchsäure, die sich bei Muskeltätigkeit bildet. Der Ernährung kommt somit eine zentrale Rolle beim Säure- Basenhaushalt zu!

Während Alkalosen nur durch pathologische Geschehen, nämlich durch Hyperventilation und unstillbares Erbrechen hervorgerufen werden können (im letzteren Falle gehen ja dem Organismus Säuren in großen Mengen verloren), haben latente Azidosen mehrere Entstehungsmöglichkeiten:

1.) endogene Entstehung:

- Bildung großer Säuremengen durch chronische Darmgärung (Hyperbakterie und Mykosen!)

- Bildung großer Säuremengen durch Fehlleistungen endokriner Drüsen (Diabetes, Hepatopathie)

- Unterfunktion der Nieren (Urämie)

- Unterfunktion der Belegzellen des Magens und damit Ausfall der Basenflut

2.) exogene Entstehung

- Basenmangel durch verkehrte Ernährung

- Eiweißüberernährung, die durch Bildung von Phosphaten und Sulphaten dem Organismus beständig fixes Alkali entzieht (Chinesische Todesart: der Gefangene bekam nur noch Wein und Fleisch zur Ernährung und starb so an der Übersäuerung!)

- falsch betriebener Sport, Hochleistungssport

- Streß

Besonderheiten der sauren und der basischen Stoffwechsellage

> „Linksverschiebungen im Säure- Basenhaushalt des Organismus haben ich und andere nicht nur bei Diabetes, sondern erstaunlicherweise bei allen untersuchten schwereren Krankheiten feststellen können."
>
> *Dr. Friedrich F. Sander*

Diese Beobachtung deckt sich mit den Aussagen Dr.Enderleins, der auch die Säuren als zentrale Ursache für pathologische Aufwärtsentwicklung, für die Zyklogenie, beschrieben hat. Dr.Enderlein meint hierzu:

> „Sobald das Gleichgewicht des Blutserums, zwischen Mineralsalzen (Basen, Alkalien) und Säuren, längere Zeit durch falsche, antibiologische Ernährung nach der sauren Seite hin gestört wird, setzt eine uferlose Vermehrung dieses Endobionten ein, und zugleich ein Aufstieg dieser, zu Schmarotzern verwandelten Urklümpchen, in die große Entwicklungsreihe der Parasiten. Je höher dieser Endobiont in seiner Entwicklungsreihe steigt, desto mehr nimmt seine Schädlichkeit zu, und umso höher steigt die Übersäuerung des Blutes, die also in einem sich gegenseitig steigernden Wechselverhältnis stehen."

. . . und weiter:

> „Im Grunde handelt es sich nicht um eine Vielfalt von Krankheiten, sondern nur um eine einzige konstitutionelle Krankheit, nämlich um die Übersäuerung des Blutes, welche die zentrale Regulation im menschlichen Körper stört, in Unordnung bringt, was hauptsächlich die Folge einer verkehrten Lebensführung und Ernährung ist" ..."Es ist hauptsächlich die heutige zivilisierte Kost, mit ihrem Reichtum an animalischem Eiweiß, besonders an Fleisch, Fisch und Eiern, die einerseits die Übersäuerung verursacht und andererseits diese Schmarotzer mästet."

Soweit Dr. Enderlein. Eine saure Stoffwechsellage löst aber nicht nur die pathologische Aufwärtsentwicklung der Endobionten, und damit Krankheiten jeder Art aus, sondern verstellt durch ihr Vorhandensein per se wichtige Weichen im Organismus. Daraus ergibt sich dann folgendes Bild:

Tabelle nach Dr. F. Sander	**Saure Stoffwechsellage**	**Basische Stoffwechsellage**
Vegetative Nerven	Sympathikus erregt	Parasympathikus erregt
Hormone	Adrenalin, Thyroxin, Follikelhormon vermehrt	Insulin, Corpus -luteum-Hormon, Thymussekret, Cholin vermehrt
Lecithin	Anstieg	Abfall
Cholesterin	Abfall	Anstieg
Temperatur	Fieberanstieg	Fieberabfall
Blutdruck	erhöht	herabgesetzt
Atmung	Ein-	Aus-
Blutbild	Linksverschiebung, myeloisch, Leukozytose erhöht	Rechtsverschiebung, lymphatisch, Leukopenie erniedrigt
Blutzucker	erhöht	erniedrigt
Stoffwechsel	Anstieg	Abfall
Schlaf	Wachsein	Schlafbedürfnis
Entzündungs -bereitschaft	erhöht	herabgesetzt
Lymphgewebe	vermehrt	vermindert
UV -Empfindlichkeit	erhöht	herabgesetzt
Leistungsfähigkeit	rasche Ermüdung	größere Ausdauer
Stimmung	oft gedrückt	oft gehoben

Das Bild, das hier vom „sauren" Patienten entsteht, entspricht der Praxis tatsächlich sehr genau und auch die Veränderung des Patienten hin zum basischen Bild kann man im Laufe der Therapie gut beobachten.

Der hyperacide und der anacide Magen

Der Logik dessen folgend, was wir über die wahre Funktion der Belegzellen des Magens erfahren haben, müssen wir beim hyperaciden Magen nicht so sehr auf die Säuren schauen, obwohl das natürlich sehr verlockend ist, weil das ja auch die Symptomatik begründet, wegen derer der Patient zu uns in die Praxis gekommen ist, sondern auf die Basen.

Der hyperacide Magen ist Ausdruck eines Organismus, der unter chronischer Übersäuerung leidet, sogar sehr leidet, wie wir oben gesehen haben, und der nun versucht die Basen, die exogen nicht ausreichend zugeführt werden, selber zu produzieren. Hyperventilation als Basenlieferant kommt nicht in Frage und so muß eben Magensäure produziert werden, auch ohne die Einnahme von Mahlzeiten, nur um an die dringend gebrauchten Basen heranzukommen! (Übrigens: richtiger wäre es, von den hyperalkalischen Belegzellen zu sprechen, statt vom hyperaciden Magen!)

Streß und Fehlernährung säuern: die Gastritis, oder die Duodenitis erklärt sich nun fast von selbst: sie entstehen durch die zu hohe Säureproduktion, die als Abfallprodukt bei der Basenbildung anfällt.

Wenn aber die Belegzellen jetzt unphysiologisch hohe Mengen an Säuren - und Basen - synthetisieren müssen, ereignet sich eines Tages das, was unausweichlich bei jedem Körpergewebe erfolgt, wenn es überbeansprucht wird: der Kompensation folgt die Dekompensation, die Belegzellen ermüden, dem hyperaciden folgt der anacide Magen. Der Organismus hat nun keine Möglichkeit mehr sich selber endogen - und koste es die Magen- oder Darmschleimhaut - Basen zuzuführen.

Die Therapie

Nach obiger Lektüre drängt sich die Therapie natürlich geradezu auf: es müssen exogen Basen zugeführt werden. Ist der Patient noch gesund, reicht in der Regel eine Ernährungsumstellung aus.

Ist der Patient erkrankt und präsentiert Symptome, wie sie in der obigen Tabelle bei der sauren Stoffwechsellage aufgeführt sind, oder läßt die Diagnose aus dem Dunkelfeldmikroskop den Rückschluß auf Übersäuerung zu, müssen die Basen in Form von Basenpulver zugeführt werden.

Für die richtige Dosierung sind in den Packung der Basenpulver in der Regel Lackmus - Streifen beigefügt; man hält diesen Streifen beim Harnlassen eine Sekunde lang in den Mittelstrahl. Die anschließende Verfärbung gibt Aufschluß über den pH-Wert des Urins, der dann auf der ebenfalls beigefügten Farbskala abgelesen werden kann. Je nachdem, wie niedrig der gemessene pH - Wert nun ist, fällt dann die empfohlene Dosierung aus. Weitere Unterstützung bei der Ausleitung von Säuren leisten dann noch homöopathische und spezielle ausleitende Mittel. Da pathologisch aufwärtsentwickelte Endobionten auch zur Übersäuerung beitragen (siehe auch nachstehendes Kapitel über Geldrollen und Filite), sollten die Befunde aus dem Dunkelfeldmikroskop dann immer gleichzeitig mitbehandelt werden.

Filite und Geldrollen

Diagnostische Implikationen

Bei der Diagnostik mit der Dunkelfeldmikroskopie nach Dr.Enderlein sind Filite und Geldrollen in der Praxis einer der häufigsten Befunde. Die möglichen Auswirkungen dieses Befundes werden jedoch oft unterschätzt; die vorliegende Arbeit will helfen sich ein besseres Bild von den Zusammenhängen zu machen.

Aufwärtsentwicklungen des Mucor racemosus zeigen, daß hier eine Verschiebung des Säure - Basen - Haushaltes in Richtung „sauer" vorliegen muß, daß das meist durch falsche Eßgewohnheiten und Streß hervorgerufen wird, daß dadurch die Viskosität (Fließeigenschaft) des Blutes verringert wird, was Durchblutungsstörungen fördert. Wir wissen, daß wir dieses Problem durch Basenpulver, sowie patientenspezifischen und symptomorientierten Arzneien, gepaart natürlich mit der obligaten Ernährungsumstellung, in den Griff bekommen können.

Das ist aber nur das, was auf den ersten Blick sichtbar ist. Kratzt man ein bißchen an dieser Oberfläche, eröffnet sich einem eine Welt von Zusammenhängen und viele Patientenbefunde bekommen einen ganz neuen Inhalt . . .

Ein Fall aus der Praxis

Nachfolgend soll am Beispiel der Filit- und Geldrollenbildung aufgezeigt werden, wie weitläufig die Konsequenzen eines scheinbar so einfachen Dunkelfeld - Befundes sein können. Wir werden eine Patientin betrachten, die alle Symptome aufweist, die sich aus diesem Befund ergeben können. Natürlich gibt es diese Patientin nicht wirklich, aber Patienten mit Filiten und Geldrollen werden immer zumindest einige dieser Symptome - in immer neuen Kombinationsvarianten - aufweisen.

Die Patientin fühlt sich müde und abgeschlagen; auffällig ist, daß sie auch früh morgens schon müde aufwacht.

Während Protite, die Urform des Mucor racemosus, aufgrund ihrer geringen Größe mit ihrem Stoffwechsel den Körper nicht belasten und sogar diskutiert wird, ob es sich dabei nicht sogar um die Kolloide handelt, die z.B. Sauerstoff aktiv durch die Zellmembran transportieren, belasten die pathologisch aufwärts entwickelten Formen des Mucor racemosus den Körper gleich auf zweierlei Weise: zum einen verbrauchen sie - wie jedes Lebewesen - Sauerstoff und zudem Glucose, Eiweiß, Vitamine und Spurenelemente (vor allem Selen, Zink und Eisen), zum anderen schädigen sie den Organismus durch ihre Endo- und Ektotoxine. Da sich die Endobionten im Blut aufhalten und es sich hier ja um die Versorgungswege des Körpers handelt, können die Endobionten, ohne Rücksicht auf die Versorgungssituation der Körperzellen, ihren Bedarf zu jeder Zeit voll befriedigen. So wird der Sauerstoff schon verbraucht, kurz nachdem das arterielle Blut die Alveolen verlassen hat und so ist es nicht verwunderlich, daß der solcherart mangelversorgte Organismus Müdigkeitserscheinungen zeigt. Ganz nebenbei sorgt der Endobiont mit dem Verbrauch von (basischem) Sauerstoff und dem Ansteigen des (sauren) Kohlendioxidpegels für eine Verschiebung des pH-Wertes in Richtung „sauer", was ja auch die Voraussetzung für eine weitere pathologische Aufwärtsentwicklung in der Cyklogenie des Mucor racemosus darstellt. Ein weiteres Werkzeug für die Verschiebung des pH-Wertes in Richtung „sauer" ist natürlich auch der durch den Glukoseverbrauch entstehende Unterzucker, der dann beim Patienten seinerseits Heißhunger auf Zucker und/-oder Eiweiß in jeder Form auslöst. Dies wiederum sorgt via Ernährung für eine weiter ansteigende Übersäuerung.

Beeinträchtigte Fließeigenschaften des Blutes

Neben der Belastung, die der Endobiont durch den ständigen Mundraub, sowie durch die Ekto- und Endotoxine bewirkt, verursachen die Filite aber auch eine Verschlechterung der Fließeigenschaften (Viskosität) des Blutes, was dann via Durchblutungsstörungen eine weitere Verschlimmerung der Ver- und Entsorgung der Körperzellen nach sich zieht. Im Dunkelfeldmikroskop sehen die Filite ein bißchen wie Spinnweben aus und wie diese haben sie die Eigenschaft, alles womit sie in Berührung kommen, zu binden. Auch das hat eine Minderversorgung mit Sauerstoff und eine Mehrbelastung durch nicht entsorgtes Kohlendioxid zur Folge; die Zellen sind so gezwungen, auf anaeroben Stoffwechsel umzuschalten, was eine weitere Übersäuerung herbeiführt. Die Filite beeinflussen die Stoffwechselfunktionen im Körper also zum einen organisch durch das, was sie verzehren und ausscheiden und zum anderen mechanisch, indem sie die Erythrozyten binden und so die Fließeigenschaften des Blutes negativ beeinflussen.

Die Ursachen für den Sauerstoffmangel und die Durchblutungsstörungen

Das ist die serologische Wirkung der Filite. Doch nun zu den Geldrollen:

Erythrozyten haben eine biconcave Form. Das bedeutet, sie haben die Form eines Suppentellers (und nicht die einer Münze, wie der Begriff „Geldrollen" suggeriert). Die Natur hat bei den Erys diese Form erzeugt, weil sie bei gleicher Größe eine größere Oberfläche und damit mehr Transportkapazität bietet. Wenn die Natur sich schon die Mühe macht, durch diese Form die Oberfläche der Erys zu vergrößern, um so z.B. mehr Sauerstoff transportieren zu können, kann man ermessen, welchen Verlust es für den Organismus bedeutet, wenn die Erys in der Form der sog. „Geldrollen" aneinanderkleben. Sie können Sauerstoff jetzt nur noch am Rand transportieren, da Ober- und Unterseite in der Geldrolle ja verdeckt werden, was natürlich eine drastische Verminderung der Transportkapazität nach sich zieht.

Die biconcave Form dient aber nicht nur der Oberflächenvergrößerung, sondern auch der Fähigkeit der Erys, sich an den engsten Stellen der Arteriolen falten zu können, um leichter hindurchzuschlüpfen. Die „Geldrollen" müssen an diesen Stellen natürlich Schwierigkeiten haben, verklebt wie sie sind und quasi mit einem „Ziehharmonika-Effekt" die Engstellen passieren. Stellt man sich hier noch die Filite vor, die auch hier spinnwebenartig vorhanden sind, beantwortet sich die Frage nach dem Wie und Warum der Durchblutungsstörungen von selbst.

Ein Erklärungsansatz für die Geldrollenbildung

Ein Erklärungsansatz für die Geldrollenbildung ist, daß sie durch eine veränderte Ladung der Oberfläche der Erythrozyten entsteht; eine Verschiebung des pH-Wertes in Richtung „sauer" wird von den H+-Ionen bewirkt (daher der Name pH-Wert) . Eine erhöhte Konzentration von H+-Ionen (saures Milieu) verändert die Ladungen an der Oberfläche der Erys dergestalt, daß sie nun beginnen, sich anzuziehen anstatt sich abzustoßen. Hierbei sind die Geldrollen die erste Stufe; in diesem Stadium verändern sich die Ladungen an den Membranen der Erys so, daß jeder Ery mit seinem Boden die biconcave Seite des nächsten Erys anzieht. Bildlich gesprochen handelt es sich hier nicht um Geldrollen sondern um Suppentellerstapel, wobei hier jeder Suppenteller ordnungsgemäß im nächsten Suppenteller steht (also nicht Boden auf Boden oder Öffnung auf Öffnung). So ist es auch zu erklären, warum die Erys die Geldrollen in so vollendeter Form bilden können.

Sinkt der pH-Wert im Blut weiter ab, verändern sich die Ladungen der Erythrozytenmembran nochmals. Das bewirkt, daß die Erys sich nunmehr an verschiedenen Stellen anziehen können, wodurch dann Verklumpungen und das sog. „Dachziegelphänomen" entstehen können. Letzteres verursacht dann eine weitere Verschlimmerung der Durchblutungsstörungen.

Periphere Symptome der Patientin

Die Patientin gibt in der Anamnese rezidivierenden Fußpilz, Vaginalmykosen, kalte Extremitäten, Ohrgeräusche, Schwindel und Zahnfleischbluten an.

Fuß - und Vaginalpilz

Alle diese Symptome haben mindestens eine Ursache gemein: Durchblutungsstörungen. Bei den Mykosen (Fußpilz, Vaginalpilz) ist die Ursache, daß neben einem auch auf der Haut, bzw. Schleimhaut sauren pH-Wert, die körpereigene Immunabwehr durch die schlechte Durchblutung nicht mehr ausreichend Abwehrzellen an den Ort des Geschehens bringen kann. Dadurch können sich dort Erreger und Pilze ungehindert ausbreiten. Fußpilz ist ein Frühwarnsymptom für generalisierten Pilzbefall bzw. für die pathologische Aufwärtsentwicklung des Mucor racemosus. Auch die Gicht äußert sich häufig - in Form einer Podagra (Gichtanfall am großen Zeh) - zuerst am Fuß. Das kommt daher, daß der orthostatische Druck (das ist der Druck, der durch das Gewicht einer Flüssigkeit am unteren Teil der Wassersäule entsteht) hier am höchsten und der venöse Rückfluß an dieser Stelle so schwach ist, daß sich hier Harnkristalle und Harnsäure vermehrt ablagern können. Und das löst dann den Gichtanfall aus.

Die vermehrte Ablagerung gilt natürlich auch für alle andern Schweb- und Schadstoffe, weswegen am Fuß die Durchblutungsstörungen zuerst verstärkt auftreten und sich - begünstigt durch die mangelnde Anwesenheit der Immunabwehr - in Form von Fußpilz manifestieren können.

Schwindel und Tinnitus

Ohrgeräusche (Tinnitus) und Schwindel zeigen die Durchblutungsstörungen im Bereich des dafür sehr sensiblen Ohres an. Der Schwindel ist auf die Mangelversorgung des Gleichgewichtorgans (Vestibularapparat) zurückzuführen; zusätzlich erschwerend wirkt hier noch eine Hypotonie, weil dann auch nicht genügend Druck da ist, um die Geldrollen hindurchzuschieben.

Der Tinnitus wiederum beruht auf einer Mangelversorgung der Hörnerven. Der Hörsturz ist eine Steigerung dieser Durchblutungsstörungen bis hin zur Embolie, bis hin zum „Ohrinfarkt" .

Sauerstoffmangelversorgung wird im restlichen Körper durch die Schmerznerven gemeldet. Das geht vom Ameisenlaufen bei eingeschlafenen Extremitäten bis hin zu sehr starken Schmerzen, z.B. bei Morbus Raynaud, bei der Arteiritis obliterans oder bei der Embolie. Da Gehörnerven Geräuschimpulse melden und nicht Schmerzen, treten in diesem Bereich bei Sauerstoffmangel Ohrgeräusche und nicht Schmerzen auf. Die Schulmedizin behandelt - in ihren Augen folgerichtig - diese Patienten mit Sauerstoff-Überdrucktherapie, was aber nur eine symptomatische Therapie darstellt.

Zahnfleischbluten und Paradontose

Zahnfleischbluten und Paradontose werden gleich auf zweierlei Weise durch Durchblutungsstörungen begünstigt, nämlich einerseits durch Atrophie des mangelversorgten Gewebes und zum andern durch die auch hier fehlende Immunabwehr, wodurch dann in den Zahntaschen optimale Brutherde für Bakterien und Pilze entstehen; diese wiederum entzünden das Zahnfleisch, Paradontose entsteht.

Die Lebersymptomatik

Die Patientin klagt über Fett- und Alkoholunverträglichkeit, Stechen an der rechten Seite und Verdauungsstörungen mit Verstopfung und Blähungen. Schlafstörungen mit Erwachen zwischen 2.00 und 3.00 Uhr morgens. Sie leidet unter Hämorrhoiden und Dysmenorrhoe. Anamnestisch fallen bei der Irisdiagnose leicht gelb gefärbte Skleren auf.

Die Leber ist das Entgiftungsorgan des Körpers. Die pathologisch aufwärtsentwickelten Endobionten haben einen Stoffwechsel, der die Leber stark belastet. Der Mukor racemosus bildet zwar keine mit Aflatoxin in der Schädlichkeit vergleichbaren Toxine, belastet die Leber aber stetig mit Substanzen, die von ihr entsorgt werden müssen.

Zusätzlich zu diesen Faktoren gesellen sich dann noch Umweltgifte, diätetische Verhaltensfehler und auch Abusus von Alkohol und Nikotin, wobei Abusus für die Leber lange vor der gesellschaftlich geächteten Überschreitung der Höchstmenge beginnt.

Bei Filiten und Geldrollen kann man zudem eine Zucker- und Eiweißmast voraussetzen, so daß hier oft auch noch eine Entwicklung in Richtung Fettleber besteht.

Das Vollbild ergibt somit eine Leber, die ständig unter Druck steht, Fetteinlagerungen im Parenchym hat und - wie auch der restliche Organismus - mit Durchblutungsstörungen zu kämpfen hat. Und das nicht nur mit den Gefäßen, die das eigene Parenchym versorgen, sondern auch bei dem zur Pfortader gehörenden Venensystem. Es sind ja nicht nur die Arterien, von der Durchblutungsstörung betroffen, sondern auch die Venen. Die sogar besonders: hier sitzt ja kein pumpendes Herz dahinter, das das Blut durch die Gefäße drückt. Die Venen sind auf mehrere andere Faktoren angewiesen, um den Rückfluss zum Herzen zu bewerkstelligen.

Der Pfortaderstau wiederum zwingt venöses Blut, das mit im Darm resorbierten Nahrungsmitteln eigentlich auf dem Weg zu deren Verarbeitung in die Leber war, in die drei Umgehungskreisläufe und hier vor allem in die Hämorrhoidalvenen. (Die anderen beiden

Umgehungskreisläufe sind die caput medusae und Ösophagus - Venen) Die Hämorrhoidalvenen sind aber für diese Blutmengen nicht vorgesehen und vergrößern sich - besonders bei schwachem Bindegewebe - so weit, daß sie ins Darmlumen hineinragen und dort dann die bekannten, schmerzhaften Symptome erzeugen. Hämorrhoiden sind also meist Folge eines Pfortaderstaus!

Neben der Aussackung der Hämorrhoidalvenen gelangen so aber jetzt z.B. Eiweiße, die eigentlich erst von der Leber in ihre Aminosäuren hätten zersetzt und für den Organismus aufbereitet werden sollen, direkt in den Blutkreislauf und von dort aus ins Gewebe, wo sie allerlei Schaden anrichten können. So z.B. in die Gelenke, wo sie als Fremdeiweiße von der Immunabwehr, mit negativen Auswirkungen für eben die Gelenke, bekämpft werden. Aber gerade auch bei Allergikern können diese Eiweiße die jeweilige Symptomatik verschlimmern.

Doch zurück zur Leber: sie ist durch die Fetteinlagerungen und den Pfortaderstau vergrößert, die Leberkapsel ist gespannt und drückt die Leber ein wenig zusammen. Dadurch wird das Lumen der Gallengänge verengt, durch die Durchblutungsstörungen wird zudem geringere und dickflüssigere Galle gebildet. Die Galle fließt langsamer, bildet Gries, später unter Umständen auch Steine, ist insgesamt gestaut. Hier liegt die Ursache für das Stechen rechts unserer Patientin. Die gelben Skleren erklären sich aus ebenfalls aus dem Gallestau, da jetzt das Bilirubin in den Blutkreislauf hinein „überläuft" und so in das Bindegewebe gelangt. Schauen Sie Ihren Patienten einfach mit einer Handlupe in die Augen, wenn Sie kein Irismikroskop zur Verfügung haben, und Sie werden sich wundern, wieviele Patienten eine leichte bis starke Gelbfärbung der Skleren aufweisen.

Die Verdauungsproblematik

Weniger Galleproduktion heißt nun natürlich weniger Gallesekretion. Da die Sekretion von Trypsin und Chymotrypsin der Bauchspeicheldrüse aber reflektorisch durch den Gallefluß angeregt wird, gelangt nicht nur zuwenig Galle, sondern auch zuwenig Pankreasenzym in den Darm.

Das wiederum bedeutet, daß die Verdauung nicht ordnungsgemäß einsetzen kann, Gärung setzt ein und Fuselalkohol und Ammoniak bilden sich, Gase werden frei und verursachen Blähungen[103], die physiologische Bakterienflora wird zunehmend von pathologischer verdrängt, Candida siedelt sich an. Durch den verringerten Gallefluß wird aber nicht nur die Fettverdauung torpediert, auch rein mechanisch rutscht jetzt die Stuhlsäule nicht mehr so gut, weil sie nicht mehr so schlüpfrig ist, Verstopfung ist die Folge. Und dadurch nun wiederum mehr Gärung und mehr Blähungen.

Übrigens: der Ammoniak greift nicht in das hier beschriebene Geschehen ein; er kann aber die Blut - Hirn - Schranke passieren und starke Migräne - Kopfschmerzen auslösen. Besonders bei nahrungsmittelabhängiger Migräne liegt hier eine der Ursachen für die Anfälle. Die starke Müdigkeit morgens dieser Patientin ist sicher eine der Folgen der nächtlichen Gär-Verdauung mit der Bildung von Ammoniak und Fuselalkohol.

Die Alkoholunverträglichkeit

Durch den Fuselalkohol wird zudem die Leber jetzt noch stärker belastet. Zusätzlich muß sie ja parallel die anderen Toxine (s.o.) entsorgen, leidet unter der schlechten Blutzirkulation und kann nun zunehmend auch ihren ureigensten Aufgaben nicht mehr nachkommen. Der Purin- und Eisenstoffwechsel kommt ins Schleudern, Hormone werden nicht

[103] diese Blähungen können dann auch im Sinne eines Roemheld - Syndroms Herzbeschwerden bis hin zum Angina pectoris - Anfall verursachen!

mehr programmgemäß abgebaut und Alkohol wird nicht mehr vertragen. Einfach, weil die Leber nicht mehr in der Lage ist auch nur noch eine zusätzliche Belastung, und sei es nur eine halbe Bier oder einen Schoppen Wein, zu verkraften. Die Patientin, die früher auch große Mengen Alkohol klaglos „wegstecken" konnte, verträgt jetzt nichts mehr.

Die Entgleisung des Hormonhaushaltes

Die Hormonproblematik ist von anderer Seite her schon bekannt: dasselbe Symptom haben wir beim Alkoholiker in ausgeprägterer Form. Beim Mann macht sich hier z.B. der mangelnde Abbau von Östrogenen durch die Gynäkomastie und die Bauchglatze bemerkbar. Bei der Frau kann es zur Dysmenorrhoe kommen.

Zurück zu unserer Patientin: sie gab Schlafstörungen mit Erwachen zwischen 2.00 und 3.00Uhr morgens an. Nach der chinesischen Organuhr hat die Leber zwischen 1.00 und 3.00 Uhr morgens ihre stärkste Aktivität. Auch rein organisch gibt es hier einen validen Erklärungsansatz. (Siehe hierzu auch „Über die Rythmik der Leberfunktion, des Stoffwechsels und des Schlafes" von E. Forsgren und „Der Säure-Basen-Haushalt des Menschen" von Dr. Friedrich F. Sander, Hippokrates - Verlag 1985.)

Durch die anaerobe Gärungs - Verdauung werden jetzt neben den Fettsäuren und den Eiweißen zunehmend auch weniger Vitamine und Spurenelemente resorbiert: den Eisenmangel kann man im Dunkelfeldmikroskop sogar, an der dünneren Erythrozytenmembran, erkennen. In diesem Stadium bekommt die Leber nun auch Schwierigkeiten mit der Protein - Synthese und so häufen sich dann auch die „Zitronenenerys", die aus diesem Grunde immer auch auf eine Leberschwäche hinweisen! Die Immunabwehr erlahmt, die pathologische Aufwärtsentwicklung des Mucor racemosus kann jetzt ungehindert fortschreiten. Der Organismus gerät immer tiefer in einen Teufelskreis, aus dem er sich schlußendlich ohne fremde Hilfe kaum noch befreien kann.

Außer den hier beschriebenen Symptomen kann sich auf diesem Nährboden nun jede erdenkliche Krankheit, bis hin zum Krebs entwickeln.

Osteoporose

Eine verkannte Krankheit

Osteoporose ist unbezweifelbar auf dem Vormarsch und gehört zum wachsenden Kreis illustrer Krankheiten, für deren Entstehung - außer bei Entgleisungen der spezifischen Hormone oder schweren Stoffwechselerkrankungen - wir heute noch keine schlüssige Erklärung haben. Im Pschyrembel heißt es da ehrlicherweise "Ätiologie: weitgehend ungeklärt". Die klassischen Therapieansätze sind durch Analysen und Meta - Analysen inzwischen mehr oder weniger widerlegt und so steht die Tür weit offen für neue (alte) Denkmodelle. Das ist eine Chance im Sinne der ganzheitlich orientierten Naturheilverfahren, die dieser Artikel gerne nutzen möchte. Bevor darauf eingegangen wird, hier aber erst noch eine kurze Bestandsaufnahme:

Der Begriff der Osteoporose setzt sich aus dem Wort "os", was aus dem Lateinischen kommt und Knochen bedeutet, sowie aus dem griechischen Wort für Öffnung und Loch, poros, zusammen. Beim histologischen Schnitt durch einen osteoporotisch veränderten Knochen erklärt sich diese Namensgebung durch die grobmaschigen Strukturen und zahlreichen Löcher. Diese Veränderung hat ihre Ursache in stark verminderten Calciumeinlagerungen, was auf eine verstärkte Aktivität der Osteoklasten (Knochenzellen, die Knochen abbauen) oder eine verminderte Aktivität der Osteoblasten (bauen Knochen wieder auf) zurückgeführt werden kann. Diese Osteozyten (Osteoblasten und - klasten) wiederum werden, neben den Reizen aus mechanischer Beanspruchung (Belastung durch Bewegung, Sport), in ihrer Aktivität durch folgenden Regelkreislauf gesteuert:

Der Calciumhaushalt

Der Ca^2-Spiegel im Serum wird durch die in der Nebenschilddrüse gebildeten Hormone Parathormon und Kalzitonin, sowie durch Vitamin D reguliert. Parathormon und Vitamin D steigern den Calciumgehalt im Blut, Kalzitonin senkt ihn. Die Steigerung des Ca^2 im Blut erfolgt durch die Wirkung von Parathormon und Vitamin D an folgenden Stellen: größere Ca^2-Aufnahme aus dem Darm, höhere Rückgewinnung in der Niere und verstärktem Abbau aus den Knochen. In letzterem Fall wird nicht nur Calcium, sondern auch alkalische Phosphatase freigesetzt, was uns später noch beschäftigen wird.

Die Ca^2 senkende Wirkung von Kalzitonin ergibt sich im logischen Umkehrschluss durch verminderte Aufnahme im Darm, höhere Ausscheidung durch die Niere und vermehrtem Einbau in die Knochen.

Pathologische Veränderungen dieses Regelkreislaufes können durch ihre Einwirkung auf den Knochenstoffwechsel natürlich eine Osteoporose hervorrufen; da das jedoch nur auf sehr wenige Fälle zutrifft, werden wir uns hier nicht weiter mit Entgleisungen dieser Art befassen.

Ein weiteres Hormon, das am Knochen, namentlich bei den Osteozyten, Wirkung entfaltet, ist das Östrogen: es hemmt die Tätigkeit der Osteoklasten und verhindert so - zusammen mit Kalzitonin - einen übermäßigen Abbau von Knochensubstanz. Da nach der Menopause sehr viel weniger Östrogen gebildet wird, liegt hier eine der Hauptursachen für Osteoporose bei Frauen. Die Gabe von Östrogenen wäre also eine einfache Lösung; aus ganzheitlicher Sicht ist dem aber - wie wir später noch sehen werden - nicht zuzustimmen und auch in der klassischen Schulmedizin ist diese Therapie inzwischen ins Gerede gekommen, weil feststeht, daß Östrogene das Krebsrisiko stark erhöhen. Bei dann bereits aufgetretenen Mamma - Ca's besteht heute die Behandlung unter anderem darin, Östrogenrezeptoren zu blockieren und die Überlebenschancen werden in einem gesonderten Index auch damit gewichtet, ob diese Blockierung bei der einzelnen Patientin gelingt oder nicht.

Auch die Gabe von Calcium in Form von Tabletten oder Milchprodukten bietet hier keine Lösung. Und nicht nur das, es zeichnet sich sogar ein gegenteiliger Effekt ab: immer mehr Studien (R.G.Cumming, R.A.Kerr, D.M.Hegsted) berichten sogar von einer Zunahme z.B. der Schenkelhalsbrüche unter Einnahme von Calcium und das auch und vor allem dann, wenn diese als Milchprodukte zugeführt werden. Schließlich ist auch die Therapie mit Fluoriden umstritten und aus naturheilkundlicher Sicht höchstens Flickwerk auf symptomatischer Ebene und keine kausale Behandlung.

Bleibt als Fazit, daß bei Betrachtung der Osteoporose als ideopathischer (d.h. Ursache unbekannt) Erkrankung, lediglich mit dem Hinweis der vermindert synthetisierten Östrogene nach der Menopause, in der Therapie heute kein Blumentopf zu gewinnen ist.

Die Hinweise auf die wahren Ursachen der Osteoporose

Betrachtet man bei der Osteoporose das Patientengut, fallen folgende Faktoren deutlich ins Auge:

- Frauen leiden 10 - 20 mal so oft wie Männer unter dieser Krankheit

- magere Frauen haben gegenüber beleibten ein vielfach erhöhtes Osteoporoserisiko

- Frauen, die seit mindestens 20 Jahren vegetarisch leben, erkranken nur halb so oft wie solche, die sich nichtvegetarisch ernähren (A.G.Marsh et al., M.B.Zemel)

- Konsum von Alkohol, Kaffee, Eiweißmast und Nikotin konnten als Risikofaktoren für Osteoporose nachgewiesen werden (D.D.Bikle et al, D.P.Kiel et al, S.S.Harris et al, J.L.Hopper et al, L.H.Allen et al)

- Hochleistungssportler erleiden nach langen Phasen sportlicher Aktivität ohne entsprechende Ruhepausen sogenannte Spontanfrakturen, d.h. sie brechen sich ohne erkennbaren äußeren Einfluß einen Knochen. Hier liegt meist keine systemische Osteoporose vor, sondern nur eine lokale Dekalzifizierung

Wenn man nun davon ausgeht, daß wir nicht wissen, was Osteoporose letztlich verursacht und wie man sie behandeln kann, muß das Geheimnis in diesen fünf statistisch erwiesenen Tatsachen versteckt sein. Eine neue Betrachtungsweise müßte alle diese Phänomene gleichermaßen erklären können.

Frauen erkranken häufiger an Osteoporose als Männer

Da dieser Punkt nicht ausschließlich mit dem systemisch - ganzheitlichen Ansatz zu tun hat, um den es hier in der Hauptsache gehen soll, sei dieser Punkt zuerst erwähnt.

Wie wir gesehen haben ist der Knochenstoffwechsel, anders als beim Mann, bei der Frau auch stark auf Östrogen angewiesen. Die Tatsache, daß das Kalzitonin bis zur Menopause bei der Frau zusammen mit dem Östrogen für den Aufbau der Knochen gesorgt hat, macht verständlich, warum dieser Regelkreis nach starkem Abfall des Östrogenspiegels dann relativ häufiger Störungen aufweist, als bei Männern. Bei letzteren war es zeitlebens einzig das Kalzitonin, das als Antagonist zum Parathormon und Vitamin D für die Tätigkeit der den Knochen aufbauenden Osteoblasten (Eselsbrücke: Blasten bauen) verantwortlich war und sich so auch keiner plötzlichen Veränderung nach einer Hormonumstellung gegenübersieht. Bleibt hier die Frage, warum Mutter Natur hier eine Schwächung des Bewegungsapparates bei Frauen also ganz bewußt und physiologisch in Kauf nimmt.

Sie tut das, um den weiblichen Organismus zu einer Zeit schützen zu können, zu der er einen stark erhöhten Bedarf an Calcium hat: während der Schwangerschaft. Bestünde hier nicht die Möglichkeit die Knochen vor starkem Calciumabbau massiv zu schützen, wäre die werdende Mutter stärker gefährdet als sie das selbst bei den hohen Östrogenspiegeln während der Schwangerschaft ist. Und selbst so haben viele werdende Mütter unter der Dekalzifizierung ihrer Zähne und Knochen zu leiden.

Daß Frauen jenseits der Menopause anfälliger für Osteoporose sind, als Männer, hat also physio - logische Gründe. Trotzdem heißt das normalerweise nur, daß eine erhöhte Disposition zur Osteoporose besteht, diese sich aber keineswegs zwingend manifestieren muß. Der dann tatsächlich stattfindende Ausbruch der Erkrankung hat viel mehr mit dem zu tun, wovon nachfolgend die Rede sein soll:

Die azidotische Osteoporose

Um die vier fehlenden statistischen Tatsachen - die häufigere Erkrankung magerer Frauen, die nichtvegetarische Ernährung, die genannten Risikofaktoren und die Spontanfrakturen bei Hochleistungssportlern - als Ursache besser verstehen zu können, wollen wir uns die Osteoporose jetzt einmal aus einer anderen Sicht betrachten. Würde man den Begriff der Osteoporose in die Fälle unterteilen, die diesen eigenständigen Begriff verdienen und in solche, die lediglich Folge einer Azidose sind, würde die "azidotische Osteoporose" wohl über 90% der Fälle ausmachen.

Um dieser Behauptung nachzugehen, müssen wir uns kurz mit dem Säure-Basen-Haushalt befassen:

Es ist bekannt, daß in unserer Wohlstandsgesellschaft hauptsächlich solche Nahrungsmittel vertilgt werden, die eine Übersäuerung fördern. Lag der pro Kopf Verbrauch an Zucker in Deutschland nach dem Krieg noch bei einem Kilogramm jährlich, sind wir heute bereits bei 52 kg angelangt (Ich selber esse gar keinen Zucker; irgend jemand muß also 104 kg essen, um das auszugleichen!). Auch die indirekten Zuckerlieferanten wie z.B. das Weißmehl, aber auch die Säurebildner Fleisch und Wurst werden heute viel mehr gegessen als noch vor ca. 35 Jahren (siehe hierzu das Buch "Gesund werden durch den Abbau von Eiweißüberschüssen", von Prof.Dr.med. Lothar Wendt). Auch das tierische Eiweiß säuert stark.

Für die Pufferung der entstandenen Säuren steht dem Organismus dann nur die Alkalireserve im Blut - die aber nicht ausreicht - und die Möglichkeit die Säuren in die "Vorniere" - nämlich das Bindegewebe - auszulagern, zur Verfügung. In einem gesunden Organismus werden diese Säuren dann nach und nach von der Niere ausgeschieden. Bei alkalischem Milieu erfolgt diese Bindung an Basen, bei saurem Milieu an Ammoniak. Mit Lackmuspapier (zur Feststellung des pH-Wertes) läßt sich nach der Urinprobe ablesen, welche dieser beiden Ausscheidungsmechanismen benutzt wurde: bei Bindung an Ammoniak zeigt sich ein saurer, bei Basen ein alkalischer pH-Wert.

Auch der gesamte Bewegungsapparat gehört zum Bindegewebe und vor allem Knorpel, Sehnen und Knochen absorbieren Säuren mit ihren kollagenen Fasern effektiver als jedes andere Körpergewebe.

Die Säuren müssen deswegen "zwischengelagert" werden, weil der Blut - pHWert zwischen 7,35 und 7,45 konstant gehalten werden muß. Werden diese Grenzen unter- oder überschritten, tritt der Exitus ein. Schon eine Mahlzeit kann aber Säuren in einer Menge produzieren, die in der Pufferung die gesamte Alkalireserve aufbrauchen würde und so wird im Organismus eine Zwischenlagerung dringend gebraucht. Die Niere ist zwar in der Lage Säuren auszuscheiden; sie kann das aber nicht so schnell, wie die Säuren bei der "Säureflut" auftreten.

Der neutrale pHWert beträgt 7,0; in einem gesunden Organismus liegt der pHWert im Gewebe etwa bei 6,6 und der des Blutes bei 7,4. Es liegt also ein Gefälle für Säuren in Richtung Blut vor, was einen stetigen Abtransport zur Niere hin gewährleistet. Scheidet die Niere im Serum befindliche Säuren aus, steigt der pHWert im Blut geringfügig an, das Gefälle wird größer und so können wieder vermehrt Säuren aus dem Gewebe ins Blut diffundieren. Die Tatsache, daß die Niere das in der Nacht viele Stunden lang wiederholen kann, ist die Begründung dafür, warum der Urin morgens den niedrigsten pHWert hat.

Beim gesunden Patienten ist der Körper durch diese Mechanismen in der Lage, die exogen zugeführten Säuren und die endogenen Säuren aus dem Zellstoffwechsel auszuscheiden. Wenn jedoch mit der Ernährung zuwenig Basen zugeführt werden und gleichzeitig zuckerhaltige, kohlehydratreiche und eiweißmästende Kost bevorzugt wird, ist der Körper nicht mehr imstande, alle Säuren auszuscheiden, bevor die nächste Säurenflut einsetzt. Das Bindegewebe wird nicht mehr ausreichend entsorgt, die Säuren sammeln sich an. Bei neuen Säurefluten steht nun also das Bindegewebe als Puffer nur noch eingeschränkt zur Verfügung. Für den menschlichen Organismus ist es aber - wie wir gesehen haben - eine Frage von Leben oder Tod, ob es ihm gelingt diese Säuren zu puffern. Wird er in die Ecke gedrängt, ist dem Körper jedes Mittel recht. Und wenn es aus den Knochen ausgelagert werden muß. Lieber einen Knochenbruch in ein paar Jahren, als den Säuretod heute!

Die Notbremse

Neben kollagenen Bindegewebszellen, die die Struktur der Knochen bilden und das feine Netz ausmachen, in das dann die Füllstoffe eingelagert werden können, ist Calcium der Hauptbestandteil der Knochen. Calcium für sich kann sich aber nicht alleine einlagern, es wird durch die Osteoblasten in die Knochen eingebaut. Auch die Osteoblasten schaffen das aber nicht alleine, sie müssen außer durch das Kalzitonin noch von einem Enzym zu dieser Tätigkeit angeregt werden: der alkalischen Phosphatase. Das funktioniert so, daß diese alkalische Phosphatase die lokale Phosphatkonzentration stark erhöht, und zwar so stark, daß die Löslichkeitsgrenze überschritten wird.

(Um sich das besser vorstellen zu können, vergleichen wir die alkalische Phosphatase mit einer Hausfrau, die Salz in einen Topf mit Wasser schüttet: anfangs ist das Salz im Wasser noch löslich. Irgendwann wird aber der Punkt erreicht, wo die Löslichkeitsgrenze überschritten wird und das Wasser so gesättigt ist, daß das Salz sich nicht mehr auflöst und ausfällt. Die alkalische Phosphatase macht dasselbe mit Phosphaten.)

Das Ausfallen des Phosphats führt dann in einer Reaktion auch zum Niederschlag des Ca^2, wodurch es dann in die Knochenmatrix eingelagert wird. Ohne alkalische Phosphatase geht das nicht.

Und genau das ist der springende Punkt: diese Phosphatase ist alkalisch! Ihr pH - Optimum liegt bei 7 - 8; der ist in einem übersäuerten Organismus schwierig zu erhalten und außerdem werden hier alle alkalischen Substanzen zur Pufferung gebraucht. Und zwar nicht nur im Serum, mit dem dieses Enzym zum Einsatzort gelangt, sondern notfalls auch durch Ausbau aus den Knochen. Wodurch dann auch noch Calcium frei wird, das als weiterer Puffer für die Azidose dient.

Interessante Fragen

Es wäre jetzt sehr aufschlußreich, was das nun frei gewordene Calcium im Blut an weiteren Reaktionen verursacht. Ein hoher Serumspiegel an Ca^2 hat nämlich reflektorisch die Ausschüttung von Kalzitonin zur Folge. Dieses kann aber ohne die alkalische Phosphatase jetzt nicht aktiv werden. Wenn jetzt also ein Hormonstatus bei dieser Patientin gemacht wird, könnte der Kalzitoninspiegel im Normbereich an physiologische Osteoblastentätigkeit denken lassen, die aber in Wirklichkeit nicht gegeben ist, weil die alkalische Phosphatase fehlt. Und das Calcium wird dann ganz woanders eingebaut; nicht mehr in die Knochen, sondern zum Beispiel arteriosklerotisch in die Epithelwände der Blutgefäße. Oder auch durch kalkhaltige Einlagerungen in das Bindegewebe, die Muskeln (!) und Gelenke (!!).

Eine weitere interessante Frage ist die, warum bei Osteoporose immer auch die heparinhaltigen, basophilen Mastzellen vermehrt im Knochenmark auftreten (siehe Pschyrembel Stichwort ÆOsteoporose). Was hat die Immunabwehr bei Osteoporose, bei einer Fehlsteuerung des Calciumstoffwechsels auf einmal im Knochenmark zu suchen? Warum heparinhaltige Immunzellen?

Heparin sorgt für besseren Blutfluss, verhindert allergische Reaktionen und bekämpft durch Lipoproteinlipase arteriosklerotische Prozesse. Was hat das mit Osteoporose zu tun? Könnte es sein, daß durch die Übersäuerung auch hochvalente Mukorformen ins Knochenmark gelangt sind und deswegen die Mastzellen auf den Plan gerufen haben? In Gelenkspunktaten sind solche Befunde schon in der Paracelsusklinik (Schweiz) aufgetaucht. Gibt es hier Analogien? Alles Fragen, die wir im Moment nicht beantworten können, die aber im Zusammenhang mit dem oben geschilderten neue Wege aufzeigen, mit dem Thema Osteoporose umzugehen.

Und noch eins: alle diese Hormon - Regelkreise, Spurenelemente, Mineralien und Enzyme sind so komplex und vielschichtig, daß es eine Illusion ist zu glauben, man könne dem nur durch Laborparameter zu Leibe rücken. Oder einfach Calcium geben, wenn es in den Knochen fehlt. Oder Östrogen. Oder Fluoride . . . "Ätiologie: weitgehend unbekannt" heißt es im Pschyrembel. Die Wissenschaft kommt hier einfach nicht weiter und so ist jetzt die Empirie gefragt:

Des Rätsels Lösung?

Von den fünf oben genannten Tatsachen, die die Statistik aus empirischen Untersuchungen ermittelt hat, haben wir bisher nur die Ursache für die häufigere Erkrankung von Frauen nach der Menopause im Gegensatz zu Männern untersucht. Bleiben noch die vier weiteren, nämlich die häufigere Erkrankung magerer Frauen, die nichtvegetarische Ernährung, die aufgeführten Risikofaktoren und die Spontanfrakturen bei Hochleistungssportlern. Wenn die These mit der Übersäuerung - der azidotischen Osteoporose - Bestand haben soll, muß sie alle diese vier Umstände gleichermaßen erklären können.

Warum also erkranken magere Frauen eher als Frauen mit mehr Gewicht?

Eine mögliche Erklärung wäre, daß - da eine lange bestehende Hyperthyreose als zusätzlicher Risikofaktor bei Osteoporose gilt - die Überfunktion der Schilddrüse durch den stark gesteigerten Grundumsatz meist mit Gewichtsverlust einhergeht. Da aber auch eu- und hypothyreote magere Frauen erkranken, und es umgekehrt auch übergewichtige Patientinnen mit Hyperthyreose gibt, muß dieser Erklärungsansatz verworfen werden.

Wenn man die Übersäuerung als Hauptursache für Osteoporose annimmt, ist das Auftauchen der Hyperthyreose (→ siehe Pschyrembel) in diesem Zusammenhang natürlich von großem Interesse: der gesteigerte Grundumsatz beschert dem Patienten neben vielen anderen Symptomen nämlich auch eine höhere endogene Übersäuerung durch die Steigerung des Zellumsatzes.

Doch zurück zu unserer Frage: Hormone, Mineralien, Spurenelemente, Enzyme, Stoffwechsel, all das liefert auch keinen Anhaltspunkt für ein Geschehen, das einseitig die mageren Frauen benachteiligen könnte. Im Gegenteil. Man muß doch wohl davon ausgehen, daß ja die beleibteren Frauen mehr Zucker, Kohlehydrate und tierische

Eiweiße essen, als die Mageren. Und eigentlich dadurch mehr Säuren produzieren! Und ergo auch gefährdeter sind?

Nein, denn der wahre Grund liegt - wie wir oben gesehen haben - darin, daß die Knochen erst dann angegriffen werden, wenn die Alkalireserve und die Speicherkapazitäten des Bindegewebes aufgebraucht sind. Die Sache ist eigentlich recht einfach: magere Frauen haben einfach sehr viel weniger Bindegewebe, die "Vorniere" ist hier also sehr klein, schneller mit der Pufferung überfordert und so werden hier die Reserven aus den Knochen wesentlich früher aufgebraucht!

Und warum erkranken vegetarisch lebende Frauen weniger an Osteoporose?

Weil, wie wir gesehen haben, tierische Eiweiße Säurebildner sind und weil bei Veranlagung zu dieser Ernährung meist auch ein Mangel an exogen zugeführten Basen einhergeht. Rohkost in Form von Gemüsen und Früchten steht hier sicher seltener (wenn überhaupt) auf dem Speisezettel, als bei Vegetariern. Tierische Eiweiße mästen zudem den Mukor racemosus, der mit hochvalenten Formen seinerseits zusätzlich noch Säuren, namentlich Milchsäuren, produziert und so diesen Teufelskreis noch beschleunigt. Zusätzlich begünstigend für die vegetarische Diät summiert sich dann noch die Tatsache, daß Pflanzeneiweiße wesentlich weniger schwefelhaltige Aminosäuren enthalten als tierische, und dadurch besser verwertbar sind. Bei Vegetariern wird also, durch die Zufuhr von Basen, ein Angreifen der Reserven in den Knochen unnötig gemacht und das in der Nahrung zugeführte Calcium besser genutzt.

Die Risikofaktoren Kaffee, Alkohol, Nikotin und tierische Eiweiße kann man jetzt schon schnell abhandeln; warum sie Osteoporose begünstigen, beantwortet sich jetzt von ganz allein. Auch hier sticht das Thema Übersäuerung ganz klar hervor und diese Liste ließe sich sicher noch durch ein paar weitere Punkte ergänzen.

Die Spontanfrakturen bei Hochleistungssportlern haben dieselbe Ursache wie die oft auftretenden Muskelkrämpfe z.B. von Tennisspielern bei einem Match, das über fünf Sätze geht oder bei Marathonläufern: Übersäuerung! Milchsäure der Muskeln in diesem Fall, die besonders bei anaeroben Verhältnissen, also bei Überlastung, gebildet wird. Diese Umstände sind jedem Sportmediziner hinreichend bekannt und werden als Ursache der Spontanfrakturen auch nicht ernstlich bezweifelt.

Daß die Übersäuerung des ansonsten ja gesunden, und wahrscheinlich auch noch sehr jungen Sportlers, hier Knochenbrüche durch Entkalkung verursacht, scheint aber noch nicht dazu geführt zu haben, daß dieser Umstand auch außerhalb dieses Bereichs berücksichtigt wird. Und das obwohl Osteoporosepatienten die Übersäuerung lediglich auf anderem Wege produziert haben.

Die Diagnose in der Naturheilpraxis

Neben den klassischen Diagnoseformen wie Röntgenaufnahmen und Knochendichtemessungen, wobei die Genauigkeit der letzteren bei Verlaufsmessungen inzwischen diskutiert wird, gibt es auch ein paar anamnestische Befunde, die vor Ort in der Praxis erhoben werden können und die auf eine mögliche Osteoporose aufmerksam machen sollten:

- ideopathische Knochenschmerzen
- Spontanfrakturen
- Skoliose und andere Wirbelsäulenerkrankungen
- schlechte Zähne
- Anzeichen für Gewebsazidosen
- Bewegungsmangel
- Hochleistungssport
- Hyperthyreose, Streß
- anamnestisch erhobene Fehlernährung, Noxen +/oder Nikotinabusus
- und schließlich Befunde im Dunkelfeldmikroskop, die durch das Vorhandensein hochvalenter Mukor - Formen zusätzlich auf eine Azidose hinweisen.

Als zusätzlicher Anhalt über die Situation im Säure - Basen - Haushalt des Patienten kann dann noch mit Lackmuspapier morgens und abends der pHWert des Urins ermittelt werden. Ab Werten unter 6,0 besteht Basenmangel, der dann durch Ernährungsumstellung und/- oder Basenpulver beseitigt werden muß.

Die Therapie

An erster Stelle stehen hier eine Symbioselenkung, gepaart mit einer Ernährungsumstellung und der obligaten Entsäuerung. Bei bereits erfolgten Knochenbrüchen auch lokale Behandlung durch Spritzen zur Ausleitung und zur Regeneration und schließlich auch eine parenchymaktivierende Behandlung der Leber und der Niere. Wichtig ist an dieser Stelle die Feststellung, daß bereits aufgetretene Entkalkungen der Knochen durch nachträgliche Einnahme von Calcium - Tabletten (oder anderen Präparaten) nicht wieder behoben werden können. Wie eingangs erwähnt zeigt sich im Gegenteil bei Gabe von Calcium eine Tendenz zur Verschlimmerung, was vielleicht durch den gestiegenen Ca^2 - Spiegel im Blut und die dann reflektorisch einsetzende Ausschüttung von Parathormon und Vitamin D erklärt werden kann.

Auf eine Östrogentherapie sollte wegen des Krebsrisikos und der Thrombosegefahr verzichtet werden; die Thrombosegefahr zeigt sich im Dunkelfeldmikroskop durch das Vorhandensein von Geldrollen und größeren Verklumpungen, die durch eine solcherart verminderte Transportkapazität des (basischen) Sauerstoffs durch die Erythrozyten, den pHWert im Blut in Richtung sauer verschieben. Der pHWert wird dann aber natürlich nicht nur im Blut erniedrigt, sondern auch im Gewebe und auf den Schleimhäuten. Das erklärt die oft sehr hartnäckigen Mykosen bei den Patientinnen, die Östrogen in Form der Pille oder der Hormontherapie in und nach der Menopause einnehmen. Östrogene schaffen auf Schleimhäuten ein saures Milieu und so ideale Wachstumsbedingungen für Pilze.

Wenn man dann noch weiß, daß Östrogen-Präparate wie z.B. Presumen aus dem Harn von Pferdestuten gewonnen werden, die nie auf die Koppel dürfen, damit nur ja der Harn nicht verloren geht und daß die Fohlen oft gleich nach der Geburt getötet werden, damit die Stute wieder trächtig werden und so wieder mehr Östrogen produzieren kann . . .

Auf die Einnahme von Kortison - das unter naturheilkundlicher Sicht sowieso nur in akuten Notfällen gegeben werden sollte - muß bei Osteoporose in noch stärkerem Maße verzichtet werden. Kortison hemmt die Tätigkeit der Osteoblasten, was sich bei Anwendung über längere Zeiträume schädlich auswirkt: das kann man deutlich auch beim Krankheitsbild des Morbus Cushing (ACTH↑ und dadurch Kortisol↑) sehen, der zu einer seiner Nebenwirkungen auch die Osteoporose zählt.

Warum Kortison diese Wirkung hat, ist übrigens nicht bekannt und zeigt, daß es trotz aller Wissenschaft beim menschlichen Körper (und überhaupt in der Natur) hauptsächlich auf die Empirie ankommt. Bei der empirischen Betrachtungsweise ist es dann auch nicht mehr so wichtig, warum etwas so oder so ist, sondern nur, daß es eben so und nicht anders ist und das ungeachtet der Tatsache, ob wir uns das nun erklären können oder nicht.

Unterstützende Maßnahmen

• Sportliche Betätigung

Wir wissen heute, daß neben den Hormonen Kalzitonin und Östrogen die Tätigkeit der Osteoblasten vor allem durch einen Umstand besonders stark gesteigert werden kann: Belastung durch Bewegung!

Der ständige Auf- und Abbau der Knochensubstanz durch die Osteozyten hat hier - abgesehen davon, daß der Organismus außer einigen wenigen Ausnahmen, ständig alle Zellen im Körper regeneriert - noch zusätzlich die Aufgabe, Form und Dicke der Knochen den aktuellen Erfordernissen anzupassen. So ist gewährleistet, daß jemand, der durch seine spezifischen Bewegungsabläufe und Belastungen einzelne Knochen besonders belastet, durch stärkere Knochen an diesen Stellen vor Überbelastungen oder sogar Brüchen geschützt wird.

Besteht also bei einem Patienten eine Disposition zu einer Osteoporose, ist sportliche Betätigung zur Aktivierung der Osteoblasten oberstes Gebot. Dies um so mehr als diese Patienten bei fortgeschrittener Erkrankung aus Angst vor Brüchen schließlich nur noch zu Hause bleiben und so den Verlauf ihrer Krankheit weiter beschleunigen.

Besteht durch massive Dekalzifizierung tatsächlich ein hohes Risiko, sollte diese Bewegungstherapie in ein Schwimmbecken verlegt werden oder durch eine geschulte Krankengymnastin erfolgen.

• Laser (Softlaser - Scanner)

Auf die Tatsache, daß Laser (Helium - Neon - Laser in Kombination mit Infrarotlicht - Lasern) auf den Knochenstoffwechsel einen günstigen Einfluß haben, ist man eher durch Zufall gestoßen. Laser wird in der Schulmedizin, wie auch in vielen Naturheilpraxen, zur Behandlung von Wunden und Narben eingesetzt. Der Schulmedizin geht es hier um die Verhinderung wuchernder Prozesse bei der Wundheilung, den Naturheilverfahren zusätzlich um die "Entstörung" der Narben

(Durchlässigkeit des Narbengewebes für den enrgetischen Fluß der Meridiane).

Beim Einsatz dieser Laser bei Diabetikern, denen wegen der durch die Mikroangiopathien entstandenen Gangräne schließlich Extremitäten amputiert werden mußten, wurden die Stümpfe bestrahlt, um hier eine gute Wundheilung zu erreichen. Bei Beinamputationen von Diabetikern ist das besonders wichtig, weil hier zum einen die erwähnten Mikroangiopathien die Wundheilung verzögern können und zum anderen das Tragen von Protesen bei wucherndem Fleisch wegen der immer wechselnden Form des Stumpfes qualvolle Schmerzen hervorrufen kann. So mußte man sich also etwas einfallen lassen und schließlich zeigte sich, daß der Softlaser die Wundheilung am besten beschleunigt und dabei wucherndes Fleisch erfolgreich verhindert.

Beim Betrachten der Röntgenbilder, die den Heilungsverlauf dokumentieren sollten, fiel dann auf, daß, im Gegensatz zu Patienten ohne Laserbestrahlung, die Stümpfe (also die abgesägten Knochen) wieder zu wachsen anfingen: nur wenige Zentimeter natürlich, aber immerhin! So konnte der anregende Einfluß der Softlaser auf die Osteoblasten empirisch gesichert werden.

Nun ist es bei einer generalisierten Osteoporose nicht möglich alle Knochen mit dem Softlaser zu bestrahlen. Bei lokalen Problemen, wie auch bei bereits erfolgten Brüchen, kann der Laser hier aber wertvolle Hilfe leisten: Osteoporose ist ja die mangelnde Fähigkeit Knochensubstanz zu erhalten und da diese bei Brüchen ja noch vermehrt eingelagert werden muß, wird deutlich, daß das für diesen Patienten dann normalerweise einen langwierigen Heilungsprozess bedeutet.

Softlaser in Kombination mit lokal gespritzten Homöopathika potenzieren diese Wirkung und helfen so auch rasch die Schmerzsymptomatik zu lindern. Ein verkürzter Heilungsverlauf ist für diese Patienten besonders wichtig, da ja, wie wir gesehen haben, Bewegung und Belastung eine der wenigen bekannten Möglichkeiten ist, die Tätigkeit der Osteoblasten zu steigern.

• Apfelessig

Dieses altbewährte Hausmittel zur Entsäuerung sei hier noch erwähnt. Essig enthält zwar Säuren, die aber flüchtig sind und über die Lunge abgeatmet werden können. Im Körper verbleibt dann der sogenannte Basenrest, der dann wiederum zur Pufferung und Abtransport der Säuren zur Verfügung steht.

Der Patient sollte drei Mal täglich zwei Teelöffel in einem Glas Wasser trinken. Apfelessig kann dann auch an Problemstellen - und hier wieder vor allem bei Knochenbrüchen - lokal als Umschlag angewendet werden. Hierzu einfach ein Tuch um die betroffene Stelle wickeln und dann 20 - 30 Minuten einwirken lassen.

Die Wirkung ist tatsächlich viel größer, als man es diesem Hausmittel aus Großmutters Zeiten zutrauen würde! Um hier wiederum ein gutes Resultat zu erreichen, sollte Apfelessig aus ökologischem Anbau verwendet werden.

Zusammenfassend kann gesagt werden, daß die Tatsache, daß die Entstehungsgeschichte der Osteoporose schulmedizinisch heute noch weitgehend unbekannt ist, einer Therapie mit empirisch bewährten Mitteln nicht im Wege stehen muß.

Dem Therapeuten, der die wahren Ursachen dieser Erkrankung in der Übersäuerung sieht, stehen viele Behandlungswege offen. Diagnostisch eine große Hilfe leistet hier die Dunkelfeldmikroskopie nach Dr. Enderlein.
Sicher wird es aber noch eine Weile dauern, bis diese Sichtweise sich durchsetzen wird und dann im Pschyrembel unter dem Stichwort Osteoporose steht:

"Ätiologie: Azidose*."

Der rheumatische Formenkreis

Ein Überblick aus ganzheitlicher Sicht

Mit dem Begriff „Rheuma" werden, ähnlich wie mit dem der „Neurodermitis" bei Hauterkrankungen, zwei- bis dreihundert verschiedene und in ihrer Entstehung und Ursache oft gegensätzliche Gelenkserkrankungen zusammengefaßt. Die Übergänge von einer rheumatischen Erkrankung zu einer anderen sind dabei oft so fließend, daß sie auch nicht eindeutig klassifiziert werden können. Zudem können sich Krankheiten, die auf den ersten Blick nicht direkt etwas mit Rheuma zu tun haben, sehr wohl belastend auf das Geschehen einwirken: Allergien, Durchblutungsstörungen, Ernährungsfehler, Übersäuerung, aber auch Immunerkrankungen und natürlich jegliche Fehlregulierung im Harnsäurezyklus, sei es durch Leber oder Niere. Hierdurch wird deutlich, daß die Diagnose „Rheuma" kein singuläres pathologisches Geschehen erfaßt, wie der Name suggerieren könnte, sondern daß es sich hier um ein multikausales Krankheitsbild handelt. Diese Arbeit möchte helfen die verschiedenen Aspekte in Diagnose und Therapie zu beleuchten und einen Überblick zu verschaffen.

Durchblutungsstörungen

Schon mit einem Blick in das Dunkelfeldmikroskop läßt sich die rheologische Situation beurteilen; liegen Geldrollen- oder sogar Dachziegelformationen und Symplaste vor, und diese möglicherweise noch gepaart mit starker Filitbildung, kann man von Durchblutungsstörungen ausgehen. Da nun auch die Versorgungssituation der Knorpel-, Sehnen- und Knochenzellen von der Zufuhr der Nährstoffe und Spurenelemente aus dem Blut abhängt, muß hier bereits von einer Mangelversorgung ausgegangen werden; diese stellt auf dem Weg zu degenerativen Erkrankungen einen ersten wichtigen Schritt dar. Weiterhin haben Stauungsphänomene im arteriellen und vor allem im venösen

Schenkel zusätzliche Auswirkungen auf die Lymphe: diese kann dann nicht mehr frei fließen und sammelt sich folglich im Gewebe, wodurch dann auch die das Milieu belastenden und in der Regel sauren Stoffwechselprodukte der Zellen nicht mehr ordnungsgemäß abtransportiert werden können. Da auch das Immunsystem Blut- und Lymphwege zur Fortbewegung nutzt, besteht hier überdies schon ein erster Hinweis auf verminderte Möglichkeiten einer physiologischen Aktivität der körperlichen Abwehrkräfte.

Diagnostisch lassen sich die Durchblutungsstörungen neben der bereits erwähnten Dunkelfeldmikroskopie auch anamnestisch durch kalte Akren mit Erscheinungen bis hin zum Morbus Raynaud, Parästhesien oder Ameisenlaufen, aber auch durch einen kurzen Blick auf die Skleren des Patienten sichern: Bindegewebszellen haben nämlich bei Unterversorgung die Möglichkeit ein Hormon zu sezernieren, das die arterielle Gefäßmuskulatur in einen schlaffen Tonus versetzt. Diese weitet sich dann und läßt nun mehr Blut (= bessere Versorgung) passieren. In den üblicherweise ja weißen Skleren läßt sich diese Weitstellung der Gefäße durch das Vorhandensein roter Äderchen gut erkennen. Während sich die geröteten Augen z.B. nach durchzechter Nacht wieder zurückbilden, kann man bei einem chronischen Geschehen diese Weitung zu jedem Zeitpunkt beobachten.

Kollagene Fasern sind die besten Säurebinder!

Eine Hauptsäule der Erkrankungen des rheumatischen Formenkreises sind Entgleisungen des pH-Wertes in Richtung sauer. Da einer der wesentlichen anatomischen Unterschiede zwischen dem Bindegewebe des Bewegungsapparates und dem restlichen Bindegewebe in dem Vorhandensein von sogenannten kollagenen Fasern besteht und diese Säure besser binden, als jeder andere Zelltyp im menschlichen Organismus, wird deutlich, daß niedrige pH-Werte im Gewebe hier besonders starke Wirkung zeitigen können. Der Anteil dieser kollagenen Fasern, die bildlich als ein Gerüst gesehen werden können, ist beim

Knorpel am geringsten entwickelt, bei den Sehnen schon stärker ausgeprägt und beim Knochen die Stütze schlechthin.

Bei Vorliegen einer Gewebsazidose sind kollagene Fasern also am meisten betroffen und so lohnt es sich schon einmal nachzufragen, was denn mit diesen Fasern passiert, wenn sie Säure in hohen Mengen speichern müssen

Im Falle des Knorpels bedeutet das, daß er sein Volumen verliert, hart und brüchig wird und so seiner „Schmierfunktion" an den Gelenken nicht mehr nachkommen kann. Die Oberflächen der Gelenke reiben nun unphysiologisch stark aneinander und nützen sich so mechanisch ab. Die Sehnen verlieren bei Säurebindung ihre Elastizität und können nun auch die Gelenke nicht mehr in der physiologischen Position halten: der Gelenkkopf des einen Knochens liegt nun oft nicht mehr exakt in der Gelenkpfanne des anderen, wodurch dann noch zusätzliche mechanische Kräfte auftreten, die die Gelenke überbeanspruchen. Besonders stark wirkt sich das natürlich auf die Gelenke aus, die auch viel Gewicht tragen müssen und so ist dieser Vorgang sicher einer der Hauptursachen für Gon- und Coxarthrose (Knie- und Hüftgelenkserkrankungen). Addiert man hierzu noch die Wirkung, die eine Übersäuerung auf das Muskelgewebe zur Folge hat - nämlich Verhärtungen und Verspannungen - ergeben sich weitere Faktoren, die den Bewegungsapparat nachhaltig ungünstig beeinflussen.

Was hat das mit dem FC Bayern zu tun?

Die Übersäuerung des Gewebes kommt natürlich nicht nur exogen, durch Fehlernährung, zustande, sondern auch endogen durch pathologische Geschehen an Niere oder Leber, Streß ... oder Sport, namentlich Hochleistungssport. Ein Marathonläufer hat im Ziel eine Gewebsazidose, die sonst nur bei Krebserkrankungen erreicht wird. Der Unterschied liegt hier natürlich in der Alkalireserve, über die der Läufer dann im Gegensatz zum Krebskranken noch verfügt. Wenn nun also exogene Übersäuerung sich mit endogener paart, wird die Belastung besonders hoch und so wundert es zumindest mich nicht, warum die

Hochleistungssportler und hier wiederum die mechanisch extrem belasteten Fußballer so oft Sehnen- und auch Muskelfaserrisse erleiden. Bei immer kürzeren Ruhephasen können sich die kollagenen Fasern nicht wieder von den Säuren befreien, sicherlich verstärkt noch durch die kohlehydratreiche Kost, die für Sportler ja so gut sein soll! Auch die Knochenbrüche ohne äußere Einwirkung, wie sie immer wieder nach dauernder sportlicher Hochleistung auftreten, haben ihren Ursprung in der Übersäuerung: hier sind es aber nicht die kollagenen Fasern, sondern die Tatsache, daß der Organismus so starken Bedarf hat, die Übersäuerung zu puffern, daß er das von den Osteoklasten ja ständig abgebaute Calcium, wie auch die anderen kationischen Spurenelemente (Magnesium, Mangan, Zink) nicht wieder in die Knochen einbaut, sondern dazu benutzt, den pH-Wert wieder in Richtung basisch zu verschieben. Der erwähnte Magnesiummangel ist natürlich dann auch die Ursache für die Muskelkrämpfe (auch für die nächtlichen Wadenkrämpfe) nach hoher Beanspruchung. Und apropos FC Bayern: vor besonders wichtigen Spielen gibt es dort ein „Standardgericht": Spaghetti & Coca Cola oder Spezi! Noch Fragen?

Auch beim „Normalverbraucher" in Sachen Sport spielen diese Prozesse aber eine Rolle, eine Rolle, die meist weit unterschätzt wird. In der Praxis wird das immer wieder dadurch deutlich, daß bei Erkrankungen des rheumatischen Formenkreises, egal welcher Genese, eine Ernährungsumstellung mit Augenmerk auf den Säure- Basenhaushalt und die Gabe von Basenpulvern immer zumindest mit einer Besserung der Symptomatik einhergeht.

Rheuma keine Krankheit?

Sicher eine provokante Frage, aber bis hierhin haben wir lediglich über Durchblutungsstörungen allgemeiner Art, sowie über eine Verschiebung des pH-Wertes in Richtung sauer gesprochen. Bis zu diesem Zeitpunkt ist der Patient nicht an Rheuma „erkrankt", sondern er hat, bedingt durch Fehlverhalten in Form von falscher Ernährung, Noxenabusus, Streß und/oder endogener Übersäuerung, seine Gelenkserkrankung selber provoziert. Zusätzliche Verschlimmerung tritt dann ein, wenn noch pathologische Organbefunde hinzukommen.

Der Harnsäurezyklus

Neben der bereits besprochenen Übersäuerung ist die Belastung durch Harn-, aber auch Gallensäuren, auf die später noch eingegangen werden wird, ein weiterer Hauptfaktor bei der Genese von Gelenkserkrankungen. Hierbei ist besonders wichtig, daß die serologischen Laborparameter kein zuverlässiges Diagnostikum sind, weil sie das Vorhandensein dieser Säuren lediglich im Blut, nicht aber im Gewebe erfassen. Da selbst in der Schulmedizin das Bindegewebe als „Vorniere" bezeichnet wird, und wir heute wissen, daß eben dieses Gewebe die Aufgabe hat, den Blut - pHWert in sehr engen Grenzen konstant zu halten, wird deutlich, daß das Bindegewebe über hohe Aufnahmekapazitäten für Harnsäuren verfügen muß. Was also bei der Diagnostik von Gelenkserkrankungen entscheidend ist, ist der Harnsäurespiegel im Gewebe und nicht so der im Blut! Ein niedriger Harnsäurespiegel im Blut kann nämlich bedeuten, daß der betreffende Patient das Ungleichgewicht noch durch Auslagerung in das Bindegewebe kompensieren kann. Wenn der Harnsäurespiegel schon im Serum meßbar erhöht ist, haben wir bereits kostbare Zeit in der Therapie verloren; die Schäden am Bewegungsapparat sind dann in der Regel bereits entstanden.

Es gibt zwei Verfahren, um die Verschiebung des Säure - Basen - Haushaltes beim Patienten zu bestimmen: erstens das Lackmus - Papier, mit dem man den pH-Wert des Urins messen und so Rückschlüsse auf den Organismus ziehen kann und zweitens den Blick in das Auge des Patienten. Es handelt sich hierbei nicht um eine sogenannte „Irisdiagnose", sondern lediglich um das Feststellen biochemischer Prozesse im einzigen Bindegewebe des Körpers, in das man ohne Messer hineinschauen kann. Bei Patienten mit einer Harnsäurebelastung sieht man (auch schon ohne Irismikroskop, einfach nur mit einer Lupe) eine deutlich gelbliche Verfärbung der zugrundeliegenden

Augenfarbe in der Iris. Liegt nicht nur eine Störung im Bereich der Harnsäure, sondern auch im Bereich der Harnkristalle vor, kann man im Auge sogenannte Gicht - Tophi, in Form von weißen Flocken, die kreisförmig am Außenrand der Iris lokalisiert sind, feststellen. Diese Harnkristalle können die serösen Häute der Gelenke frei passieren und lagern sich dann in die Knorpelschichten ein, wo sie dann wie eine Art Schmirgelpapier die Gelenke bearbeiten und schließlich entzünden. Sind die Einlagerungen in das Knorpelgewebe schon weit fortgeschritten, kann man sie übrigens an der Ohrmuschel, dessen Strukturen ja hauptsächlich aus Knorpel bestehen, in Form kleiner (Gicht-)Knoten ertasten.

Finden sich diese Anzeichen im Auge, ist immer auch die Niere in die Therapie miteinzubeziehen. Neben Präparaten wie Nephro-loges, Berberis Homaccord oder dem der Konstitution des Patienten entsprechenden homöopathischen Einzelmittels, muß dann auch die Ernährung entsprechend umgestellt werden.

Eine weitere anatomische Besonderheit

Im Gegensatz zu den Gefäßen im restlichen Organismus besitzen die Kapillaren in den Innenschichten der Gelenke keine Basalmembran. Diese ist ansonsten als Filter dafür zuständig, nur bestimmte Stoffe in das Bindegewebe passieren zu lassen.

Aufgrund dieser anatomischen Besonderheit können Säuren, Harnkristalle, aber auch Erreger und Antigene leichter in Gelenke eindringen, als in jedes andere Körpergewebe. Während physiologisches Eiweiß, also Albumin und Aminosäuren, die diese Membran überwunden haben, im Gewebe lediglich als Kollagene gespeichert werden und sich nur durch ihre Masse störend auswirken, sieht die Sache bei Fremdeiweißen schon ganz anders aus: Fremdeiweiße werden nämlich von den Gefäßwandzellen abgebaut. Können diese die Fremdeiweiße nicht alleine völlig abbauen, scheiden sie die Reste normalerweise auf der Kapillar - Basalmembran ab. Da sich gegen Fremdeiweiße (Antigene) sofort Antikörper bilden, entstehen hier dann Antigen-Antikörperkomplexe, die in der Folge von Immunzellen phagozytiert werden, was eine lokale Entzündung hervorrufen kann.

Bei Gelenken sieht das jetzt aber insofern anders aus, als ja hier keine Basalmembran vorhanden ist, auf die diese nicht abgebauten Fremdeiweiße deponiert werden könnten. Und so lagern sich die Antigen-Antikörperkomplexe an den Häuten der Gelenke ab und werden dort vom Immunsystem bekämpft.

So entsteht eine Entzündung, die rheumatische Schmerzen hervorruft und bei stärkerem Ausmaß sogar rheumatisches Fieber erzeugen kann.

Ein gutes Beispiel für diesen Vorgang ist der Scharlach, wo die Streptokokken (= Fremdeiweiß oder Antigen), wenn sie vom Immunsystem nicht mehr abgebaut werden können, rheumatisches Fieber an Gelenken und Niere verursachen können (Auch die Niere hat bezüglich der Wandung ihrer Blutgefäße in den Glomeruli einige Besonderheiten, die sie bei solchen Prozessen anfälliger machen).

Während aber nun Bakterieneiweiße entzündlich - akute Reaktionen hervorrufen, verlaufen Virusinfektionen aufgrund der geringeren Antigenität ihres Eiweißes oft auch in chronischer Form und können so langsam progredientes Rheuma, Polyarthritis und jede andere Erkrankung des rheumatischen Formenkreises hervorrufen.

Warum die Kenntnis dieser anatomischen Ursachen von Rheuma so oft ohne Einfluß auf Diagnose und Therapie bleibt, ist unverständlich. Wir wissen, daß kollagene Fasern die Fähigkeit besitzen besonders hohe Mengen an Säure zu binden, und daß sie dadurch degenerieren. Wir wissen auch, daß die Abwesenheit der Basalmembran in den Gelenken bedeutet, daß hier ein wichtiger Schutz fehlt, der an allen anderen Stellen im menschlichen Organismus schädliche Stoffe filtert.

Anhand der Symptome bei Auftreten z.B. des HLA - B27 oder der oben angeführten Streptokokken ist der Zusammenhang zwischen Erkrankung an Viren oder Bakterien und Gelenkserkrankungen hinreichend bekannt. Und doch werden diese Zusammenhänge nur dann erkannt, wenn sie akut auftreten; bei chronischen Verläufen geraten diese Kenntnisse dann plötzlich in Vergessenheit.

Während zumindest die Belastung der Gelenke durch Streptokokkenlysate auch in der Schulmedizin überprüft wird (ASL), sieht es da mit den Azidosen sehr viel schlechter aus. Professor Dr. med. Lothar Wendt hat das wie folgt ausgedrückt:

"Die Azidose als selbständige Krankheitseinheit wird von den Ärzten zu gering bewertet. Die lokale kompensierte und dekompensierte Acidose ist die häufigste Krankheit in allen Arztpraxen außer den Kinderpraxen. Daß die lokale Acidose (neben der Diagnose Rheuma . . .) auch als Azidose diagnostiziert und spezifisch behandelt werden muß, hat man vergessen, ausgenommen die Ärzte auf den Intensivstationen und die Nephrologen."

(Aus: "Gesund werden durch den Abbau von Eiweißüberschüssen", Seite 168)

Die Spenglersane

Der schulmedizinische Rheuma - Faktor ist der sogenannte Antistreptolysin (ASL) - Titer. Streptokokkeninfektionen bergen, wie wir eben gesehen haben, neben möglichen Komplikationen an Herz und Niere auch Gefahren für die Gelenke. Der ASL-Titer läßt den Therapeuten bei der Diagnose aber oft im Stich und so ist das SPENGLERSAN Kolloid „R" neben der Augendiagnose ein nützliches Hilfsmittel. Dieses SPENGLERSAN hat als Inhalt eine kolloidale Lösung nach Dr. Carl Spengler mit Antigenen von Mycobacterium tuberculosis typus bovinus, Mycobacterium tuberculosis typus brevis, Streptococcus pyogenes, sowie den jeweiligen Antitoxinen aus dem Blut hochimmunisierter Kaninchen und ist durch diese Zusammensetzung in der Lage, tuberkuloide Belastungen der Gelenke anzuzeigen. Diagnosemöglichkeiten sind hier **Rheuma,** Gicht, Neuralgie, Harnsäureausscheidung und Rheumatismus auf tuberkulotoxischer Basis.

Auch hier sieht man bei den Diagnosemöglichkeiten, daß Rheuma, Gicht und Harnsäureausscheidung zusammen zu nennen sind. In der Praxis kann übrigens eine höhere Übereinstimmung der Reaktion (Agglutination) dieses Titers mit rheumatischen Erkrankungen beobachtet werden, als die des ASL-Titers. Der SPENGLERSAN - Test kann zudem sehr einfach in jeder Praxis vor Ort und vor den Augen des Patienten vorgenommen werden: es wird lediglich ein Tropfen Blut mit einem Tropfen des Reagens zusammengebracht und anschließend kontrolliert, ob eine Agglutination (Verklumpung) stattgefunden hat, und wenn ja, wie stark sie ausgefallen ist. Gerade auch im Sinne Hahnemanns, der die Tuberkulose als ein Miasma bezeichnet hat, bei deren Vorhandensein die Wirkung homöopathischer Mittel blockiert wird, kann die diagnostische Unterstützung durch das SPENGLERSAN "R" nicht hoch genug eingeschätzt werden!

Auch und gerade im Kontext mit den oben aufgeführten Zusammenhängen zwischen Antigenen und Gelenkserkrankungen wäre es schade die Möglichkeit, die Gelenke zusätzlich zu entlasten, außer Acht zu lassen.

Welche Rolle spielt die Leber bei Rheuma?

Die Leber steht beim Purinstoffwechsel (Purine fallen beim Eiweißstoffwechsel an), und damit auch beim Harnsäurezyklus, noch vor der Niere an erster Stelle. In einem gesunden Organismus bereitet die Leber die "Abfallprodukte" aus dem Eiweißstoffwechsel auf, befestigt sie an Transportglobuline mit Ziel Niere und der Anweisung, diese bitte auszuscheiden. Wenn die Leber aber vordringlichere Aufgaben hat, weil der Organismus mit Toxinen belastet ist, wird der Eiweißstoffwechsel (wie auch der von Eisen und Vitamin B) erst einmal hinten angestellt. Toxine kann heißen Alkohol, Tabak, Drogen, Amalgam, und/oder Umweltgifte, aber auch endogene Toxikosen z.B. durch Aflatoxine des Aspergillus niger. Die Leber ist in erster Linie Entgiftungsorgan; das ist für den menschlichen Organismus wichtiger, als die ordnungsgemäße Beseitigung von Harnsäuren, die, wie wir gesehen haben, ja auch erst einmal vom Bindegewebe (und hier besonders von den kollagenen Fasern) aufgenommen werden können. Jetzt werden die Harnsäuren z.B. etwas nachlässiger verpackt zur Niere geschickt, die dann deswegen, und nicht aufgrund eigener Defekte, diese Stoffe nicht mehr in physiologischen Mengen ausscheiden kann. Diese und andere Eiweiße können dann die Nierenfilter verstopfen und so das Problem noch weiter verschärfen.

Ist die Leber dann noch degenerativ in Richtung Fettleber verändert, verengen sich die Gallenwege, die Galle staut sich zurück und tritt in den Blutkreislauf ein. Auch das ist schön im Auge des Patienten zu sehen: wie bei der Hepatitis, der Leberentzündung, bei der sich die Galle vollends staut und Skleren und Haut stark gelb färbt, hat der Patient ansatzweise gelbliche Skleren. Auch das läßt sich mit einer einfachen Handlupe sehen und kann bei jedem zweiten Patienten über dreißig (!) beobachtet werden. Gallensäure-Einlagerungen, d.h. Bilirubin zeichnen in der Iris, wie auch auf der Haut, braun (siehe Leberfleck) und nur in den Skleren gelb; gelb in der Iris wird durch Harnsäure verursacht. Diese ins Bindegewebe eingelagerten Gallensäuren addieren sich in ihrer Wirkung zu der endogenen und exogenen Übersäuerung, sowie den Harnsäuren. Gallensäuren sind allerdings besonders scharf, und so kommt es hier bei vermehrter Einlagerung zu lokalem oder generalisiertem Pruritus. Hier ist die Säure so konzentriert, daß die Nerven gereizt werden.

Doch nicht nur die Abfallprodukte aus dem "Ernährungs" - Eiweißstoffwechsel sind ein Problem. Auch Hormone bestehen aus Eiweiß und werden beim gesunden Organismus meist schnell wieder abgebaut. Im belasteten oder kranken Körper werden diese "Verfallsdaten" aber nicht eingehalten und verursachen so Entgleisungen im Hormonhaushalt Beim Alkoholiker läßt sich das besonders gut beobachten: die Leber entgiftet erst den Alkohol und verstoffwechselt dann erst die Eiweiße. Da nun auch Männer Östrogene produzieren (10% der Menge eines weiblichen Organismus), heißt das, daß auch diese Hormone nicht so abgebaut werden, wie das sein sollte. Das zeigt sich dann auch anhand der östrogenbedingten Bauchglatze und Gynäkomastie! Diese Auswirkungen gelten auch für die ebenfalls aus Eiweißen bestehenden Antigen-Antikörperkomplexe (AAR), die dann ebenfalls nicht abgebaut werden. Sie lagern sich dann vorwiegend an Gelenken ab. Dort befinden sich bei unserem Patienten mit der Fettleber und dem zugehörigen Pfortaderstau inzwischen auch Fremdeiweiße, die sich nach der Resorption aus dem Darm durch notgedrungene Benutzung der Hämorrhoidal-Venen (Umgehungskreislauf w/ Pfortaderstau) der Zerlegung in Aminosäuren durch die Leber entziehen konnten. Die AAR und die Fremdeiweiße in den Gelenken setzen aber nun eine immunologische Reaktion in Gang, die die rheumatischen Prozesse weiter fördert:

Das Immunsystem und Rheuma

Diese Eiweiße gehören nicht in die Gelenke und das weiß auch das Immunsystem; in der Hauptsache "bekämpfen" nun Mastzellen die Eindringlinge. Sie tun das, indem sie die in ihren Granula enthaltenen Lysine über den Fremdkörpern oder Erregern ausschütten und dann phagozytieren. Leider ist es nun aber so, daß die Lysine auch mit Körperzellen in Kontakt kommen und diese dann ebenfalls schädigen. Laufen viele dieser Reaktionen in einem Gelenk ab, entzündet sich dieses und produziert so das Vollbild der entzündlichen Arthritis. Nach außen entsteht dadurch oft fälschlicherweise der Eindruck einer Auto-Immunerkrankung. In Wirklichkeit liegen die Ursachen aber ganz woanders, der Organismus hat sich gar nicht gegen körpereigenes Eiweiß gerichtet, sondern gegen Fremdeiweiße und Antigen-Antikörperkomplexe.

Und ein weiteres Geschehen kommt noch hinzu: bei der Untersuchung von Gelenkspunktaten im Dunkelfeld wurden schon alle pathologischen Endobionten vorgefunden Dies liefert zusätzliche Erklärungsmöglichkeiten für die lokale Übersäuerung (durch die hochvalenten Endobionten) und das Entgleisen des Immunsystems.

Der Darm und Rheuma

Der menschliche Organismus beherbergt mehr Zellen im Darm, als Körperzellen vorhanden sind. Der Darm hat die Oberfläche eines Fußballfeldes (300m^2) und hier befindet sich 80% des Immunsystems in Form der Peyer'schen Plaques. Deutlicher kann die Stellung des Darmes wohl kaum dokumentiert werden und mehr soll angesichts der wiederholten Besprechungen zu diesem Thema hier nicht ausgeführt werden. Klar ist, daß eine Symbioselenkung mit Pilzkur und -diät absolutes Muß für jeden Rheumatiker ist und eine Therapie, die das außer Acht läßt, von vornherein mit einem dicken Fragezeichen versehen werden muß.

Auf eine Besonderheit sei aber noch hingewiesen: der HLA - B27 sollte wegen seiner Kreuzantigenität mit Chlamydien (d.h.: das Immunsystem kann diese beiden nicht auseinanderhalten) immer mit in die serologische Diagnostik eingebunden werden. Dieses besonders dann, wenn die Rheumaschübe erkennbar mit dem Darm zusammenhängen, Hautausschläge vorliegen oder eine Skoliose oder Morbus Bechterew diagnostiziert wurden. Der HLA - B27 (auch bekannt als Reiter'sche Krankheit) zeigt die Zusammenhänge von Darm- und Gelenkserkrankungen in besonders drastischer Form auf.

Zusammenfassung

Obwohl sich nicht bei jedem Rheuma - Patienten alle oben besprochenen Belastungen finden lassen, liegt bei den meisten Gelenkserkrankungen eine Kombination vieler dieser Faktoren vor. Da findet man Durchblutungsstörungen, anamnestisch gesichert durch besonders ausgeprägte Geldrollen, Verklumpungen und Filite im Dunkelfeld, gepaart mit gestörtem Lymphfluss; beide zusammen verantwortlich für die mangelnde Ver- und Entsorgung der Gelenks- Knorpel und Knochenzellen. Exogene und endogene Übersäuerung jeder Art und Genese verändern die kollagenen Fasern degenerativ, was Fehlstellungen, überhöhte mechanische Abnutzung der Gelenke und Zerstörung der Knorpel mit sich bringt. Zusätzliche Übersäuerung durch Harn- und Gallensäuren. Ablagerungen durch nicht verstoffwechselte Eiweiße, Produkt einer Überlastung der Leber und eines Pfortaderstaus, werden vom Immunsystem vor Ort in den Gelenken bekämpft und rufen Entzündungen hervor. Eine Dysbiose im Darm belastet zudem das Milieu und das hier stark vertretene Immunsystem.

Insgesamt entsteht so das Bild eines stark belasteten Organismus, der sich von allein nicht mehr aus diesem Teufelskreis befreien kann.

Wichtig ist noch der Hinweis, daß gerade rheumatische Erkrankungen eine stark psychische Komponente haben. Oft haben wir es hier mit Patienten zu tun, die sich aufopfern, die zuviel für andere und/oder zuwenig für sich selber tun. Die rheumatische Erkrankung hindert sie dann daran diesen Raubbau weiter zu betreiben. Zu einer ganzheitlichen Therapie gehört sicher auch zu erkennen, was der Patient vorher gemacht hat - z.B. mit den Händen - was er jetzt nicht mehr tun kann und was das mit der Erkrankung zu tun haben könnte. Rheuma ist nicht zuletzt die Weigerung des inneren Kindes etwas zu tun, ohne dafür auch etwas zu bekommen, was für eben dieses innere Kind von Wert ist.

Bei psycho-somatischen Erkrankungen können wir die Symptome nur behandeln; wirkliche Heilung wird dauerhaft nur bei Bewältigung auch der psychischen Botschaft dieser Krankheit möglich sein.

Die Therapie

Die Therapie ergibt sich aus dem, was bisher gesagt wurde und beginnt mit einer Ernährungsumstellung mit Blick auf den pHWert, einer Symbioselenkung und einer Rückführung der pathologisch entarteten Endobionten durch Entsäuerung des Milieus.

Sehr gute Erfahrungen bestehen auch mit dem Einsatz von sogenannten Soft-Laser-Scannern. Wiederholte Bestrahlungen bringen durch starke Anregung des lokalen Stoffwechsels und Sprengung der angelagerten Plaques bereits kurzfristig wesentliche Symptomverbesserung und vor allem eine deutliche Linderung der Schmerzen. Als bewährtes altes Hausmittel seien auch noch die Essigumschläge und das Trinken von in Wasser verdünntem Essig (Apfelessig aus dem Reformhaus) genannt: sie treiben diejenigen Säuren aus dem Organismus und den lokalen Gewebsregionen, die, wie wir gesehen haben, hauptsächlich für die meisten rheumatisch - degenerativen Prozesse mitverantwortlich zeichnen.

Asthma

Erkrankungen der Atemwege aus neuer Sicht

Nach wie vor besteht in der Medizin die Tendenz, den menschlichen Organismus in mehrere Funktionskreise zu untergliedern. Da ist für das Herz dann der Kardiologe, für die Nieren der Urologe oder für die Haut der Dermatologe zuständig. Bei den Atemwegen gibt es sogar gleich zwei Unterteilungen: Den Hals-Nasen-Ohren-Arzt für die oberen und den Lungenfacharzt für die unteren Atemwege.

Die Einsicht wächst, daß Krankheiten immer den ganzen Menschen und nicht nur ein bestimmtes Organ befallen und so will dieser Artikel sich mit den ganzheitlichen Aspekten von Atemwegserkrankungen auseinandersetzen.

Embrio - logisches

Um die Zusammenhänge besser verstehen zu lernen, begeben wir uns in die vierte Schwangerschaftswoche (SSW). Das ist der Zeitpunkt, an dem sich auf Höhe des später entstehenden Kehlkopfes eine doppelte Ausstülpung aus dem Darmrohr bildet, die als "Lungenknospe" bezeichnet wird.

In der Folge entstehen aus dieser Lungenknospe die Luftröhre (Trachea), die Bronchien und die beiden Lungenflügel. Das für die Bildung des Darmrohres zuständige, embrionale Keimblatt ist das Entoderm. Darm und Lunge gehen also aus dem selben Keimblatt hervor. Tatsächlich haben Darm und Lunge sogar dieselbe Aufgabe im menschlichen Organismus: Das, was der Körper braucht, aufzunehmen, und das, was er nicht braucht, auszuscheiden.

Die Arbeitsteilung sieht allerdings vor, daß der Darm für die festen und flüssigen Stoffe, und die Lunge im Wesentlichen für die gasförmigen zuständig ist. Neben der Aufnahme von Sauerstoff und der Abgabe von Kohlendioxid spielt die Lunge auch im Wasserhaushalt eine Rolle: Sie scheidet am Tag knapp einen Liter Flüssigkeit aus. Das kann man leicht nachvollziehen, wenn man beim Ausatmen einmal einen Spiegel vor den Mund hält und der dann durch die ausgeatmete Feuchtigkeit beschlägt. Flüssige Stoffwechselprodukte und toxische Substanzen sollten allerdings über den Weg Leber - Niere - Blase den Körper verlassen, da die Lunge für Ausscheidungen dieser Art nicht geeignet ist. Wird sie doch dafür mißbraucht, bleiben die Symptome nicht lange aus; so kann ein bereits vorhandenes Asthma in der Symptomatik verstärkt oder sogar ausgelöst werden.

Physio - logisches

Bleibt also festzuhalten, daß die Lunge aus dem Darm entsteht, oder anders ausgedrückt: Der Darm ist die Mutter der Lunge. Dasselbe gilt natürlich auch für die Nase und die Nasenenebenhöhlen, die auch aus dem Darmrohr, in Höhe der Mundschleimhäute, entstanden sind.

Für das Verständnis des Entstehens von Atemwegserkrankungen sind diese Kenntnisse von großer Bedeutung. Außer diesen embriologischen Gegebenheiten, können wir auch physiologisch feststellen, daß die Schleimhäute des Verdauungstraktes[104] direkt in die der Atemwege übergehen und vom Rachen bis zum Kehlkopf sogar einen gemeinsamen Gang teilen.

So kann ein Patient mit einer Lungeninfektion Bakterien und/oder Pilzsporen dadurch, daß er nach dem Husten schluckt, den Darm infizieren, oder andersherum, bei einem Infekt des Gastro-Intestinaltraktes, durch Aufstoßen und anschließendes Einatmen diese dann auf die Lunge übertragen.

Ein drastisches Beipiel ist hier die Lungentuberkulose: Ein hoher Prozentsatz der Patienten mit diesem Befund entwickelt sekundär eine Tuberkulose des Magen-Darm-Traktes, eben aufgrund dessen, daß die hervorgehusteten Erreger anschließend heruntergeschluckt werden.

[104] Nur das Epithel des Darms wird aus dem Entoderm gebildet, die weiteren Schichten aus dem viszeralen Mesoderm.

Patho - logisches

Eine Therapie von Atemwegserkrankungen muß also zwingend eine solche des Darmes mit einschließen, wenn sie erfolgversprechend sein soll. Besonders deutlich wird dieser Zusammenhang übrigens bei obstipierten Patienten, deren Symptome sofort abklingen, sobald eine normale Verdauung einsetzt. Später wird noch die Rede davon sein, daß Obstipation und Asthma auch psychosomatisch ähnliche Hintergründe haben.

Oft kann man aber auch beobachten, daß Asthma als Volgeerkrankung auftritt. Heuschnupfen ist hier neben Keuchhusten und Sinusitis sicher an erster Stelle zu nennen. Ein nicht oder falsch behandelter Heuschnupfen steigt nicht selten als Asthma in die Lunge ab. Hier wird auch besonders deutlich, wie sehr die Atemwegsorgane eigentlich zusammenhängen, wie wenig die oberen von den unteren Atemwegen zu trennen sind.

Kurioserweise sind mit Antibiotika und/oder Cortison behandelte Erkrankungen - und hier wiederum die Hauterkrankungen - ein weiterer Grund für die Entstehung von Asthma.

Die Ursache hierfür ist leicht nachzuvollziehen, wenn man weiß, daß ein Organismus, der nicht mehr in der Lage ist, sich adäquat über Lymphe, Leber, Niere und Darm zu entgiften, das dann eben über die Haut bewerkstelligt. Behandelt man die dann entstehenden Ausschläge nur symptomatisch mit Antibiotika, oder schlimmer noch, mit Kortison, dann wird dem Körper diese Not - Ausscheidungsmöglichkeit genommen, quasi ein Deckel aufgesetzt und die Stoffwechselprodukte und Toxine werden wieder in den Körper zurückgetrieben.

Hier treffen sie nun auf das schwächste Glied und wenn das eben die Lunge ist, werden sich hier dann die entsprechenden Symptome manifestieren.

Nicht wenige Kollegen diskutieren die Möglichkeit, daß Antibiotika und Kortison auf diese Weise auch Krankheiten bis hin zum Krebs verursachen können. Neuesten Statistiken kann man entnehmen, daß eine Allergie wie z.B. ein allergisches Asthma hier ein Frühwarnsystem bilden. Durch die auftretenden Symptome wird die Therapie frühzeitig eingeleitet und so Schlimmeres verhütet. Tatsächlich erkranken Allergiker seltener an Krebs als andere Patienten und haben auch eine im Durchschnitt höhere Lebenserwartung. So kann eine Neigung zu Hautausschlägen tatsächlich ein Geschenk sein, weil sie dem Patienten hilft zu erkennen, wann er den Pfad der Gesundheit verläßt.

Asthma mindert die Lebensqualität allerdings drastisch und kann zu irreversiblen Schäden an der Lunge führen, so daß hier rasch eingegriffen werden sollte. Wie das im Einzelnen aussehen kann, darum soll es jetzt im Kapitel Therapie gehen:

Kausale Therapie bei Asthma

Wer, wie der Autor dieses Artikels, bei jedem Patienten den Spenglersan Agglutinationstest durchführt, wird schnell sehen, daß es keinen Heuschnupfen- und/oder Asthmapatienten gibt, der nicht beim Präparat Kolloid A, R und vor allem T, eine positive Reaktion hätte. Alle drei Präparate haben in Tuberkulose einen gemeinsamen Nenner und weisen darauf hin, daß von dieser Seite eine Schwächung der Atemwege schon im Vorfeld erfolgt sein muß. Erfaßt werden hierbei nicht nur die Mykobakterien typus humanus, sondern auch die des typus brevis sowie bovinus. Während erstere Erreger der menschlichen TBC sind, treten letztere bei Rindern auf.

Egal, ob diese Agglutinationsreaktion durch die Tuberkuloseimpfung, durch Exposition und Ansteckung, oder durch Verzehr von Rindfleisch oder Milchprodukten entstanden ist, scheint sie bei den betroffenen Patienten immer Mitverursacher zu sein. Wenn auch der Rückschluß sicher falsch wäre, daß jeder, der eine positive Tuberkulose-Reaktion im Spenglersan-Test hat, auch eine Atemwegserkrankung entwickeln wird, muß doch zu denken geben, daß jeder Patient, der mit Heuschnupfen und/oder Asthma in die Praxis des Autors dieses Artikels kam, eine positive Tuberkulose-Reaktion hatte.

Cave: In schulmedizinischen Labors durchgeführte Tuberkulose-Titer-Tests verlaufen auch bei positiver Agglutinationsreaktion des Patienten bei den Spenglersanen, oft negativ. Eine Erklärung findet diese Tatsache in dem Umstand, daß das venös entnommene Blut mit Gerinnungshemmern (Citraten) versetzt wird, sodann einen mehr oder weniger langen Weg in das Labor hat und so nur noch ab bestimmten Titerhöhen überhaupt anspricht. Im Gegensatz dazu zeigt das frisch entnommene Kapillarblut von der Fingerbeere schon bei sehr niedrigen Titern eine Reaktion und hilft so derartige Belastungen besser aufzuspüren.

Da Tuberkulose nicht nur die Atemwege, sondern praktisch auch jedes andere Organ befallen kann, und heute sehr viel verbreiteter ist, als das wahrgenommen wird, besteht hier eine wirklich gute Möglichkeit auch bei anderen Erkrankungen wirksam einzugreifen. Haben Sie zum Beispiel einen Rheuma-Patienten, dessen Blut keine Rheumafaktoren aufweist (was in der Praxis sehr oft vorkommt), dann testen Sie einmal das Spenglersan Kolloid R (R wie Rheuma) und lassen Sie sich von der Reaktion überraschen!

Da Asthma sehr gut auf homöopathische Therapie anspricht und die Tuberkulose als Miasma, d.h. als Therapieblockade im Hahnemann'schen Sinne betrachtet werden muß, ist die Verschreibung des entsprechenden Spenglersans, mit Schwerpunkt auf das Kolloid T, der erste Schritt.

Was die Wahl des homöopathischen Mittels betrifft, muß je nach Konstitution vorgegangen werden.

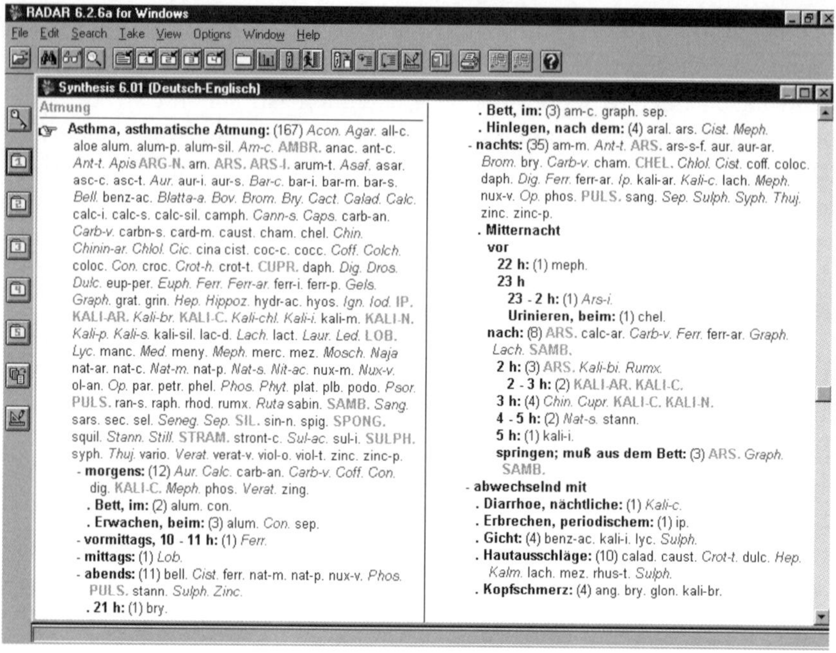

RADAR 6.2.6a for Windows
File Edit Search Take View Options Window Help
Synthesis 6.01 (Deutsch-Englisch)
Atmung

Asthma, asthmatische Atmung: (167) Acon. Agar. all-c. aloe alum. alum-p. alum-sil. Am-c. AMBR. anac. ant-c. Ant-t. Apis ARG-N. arn. ARS. ARS-I. arum-t. Asaf. asar. asc-c. asc-t. Aur. aur-i. aur-s. Bar-c. bar-i. bar-m. bar-s. Bell. benz-ac. Blatta-a. Bov. Brom. Bry. Cact. Calad. Calc. calc-i. calc-s. calc-sil. camph. Cann-s. Caps. carb-an. Carb-v. carbn-s. card-m. caust. cham. chel. Chin. Chinin-ar. Chlol. Cic. cina cist. coc-c. cocc. Coff. Colch. coloc. Con. croc. Crot-h. crot-t. CUPR. daph. Dig. Dros. Dulc. eup-per. Euph. Ferr. Ferr-ar. ferr-i. ferr-p. Gels. Graph. grat. grin. Hep. Hippoz. hydr-ac. hyos. Ign. Iod. IP. KALI-AR. Kali-br. KALI-C. Kali-chl. Kali-i. kali-m. KALI-N. Kali-p. Kali-s. kali-sil. lac-d. Lach. lact. Laur. Led. LOB. Lyc. manc. Med. meny. Meph. merc. mez. Mosch. Naja nat-ar. nat-c. Nat-m. nat-p. Nat-s. Nit-ac. nux-m. Nux-v. ol-an. Op. par. petr. phel. Phos. Phyt. plat. plb. podo. Psor. PULS. ran-s. raph. rhod. rumx. Ruta sabin. SAMB. Sang. sars. sec. sel. Seneg. Sep. SIL. sin-n. spig. SPONG. squil. Stann. Still. STRAM. stront-c. Sul-ac. sul-i. SULPH. syph. Thuj. vario. Verat. verat-v. viol-o. viol-t. zinc. zinc-p.
- **morgens:** (12) Aur. Calc. carb-an. Carb-v. Coff. Con. dig. KALI-C. Meph. phos. Verat. zing.
. **Bett, im:** (2) alum. con.
. **Erwachen, beim:** (3) alum. Con. sep.
- **vormittags, 10 - 11 h:** (1) Ferr.
- **mittags:** (1) Lob.
- **abends:** (11) bell. Cist. ferr. nat-m. nat-p. nux-v. Phos. PULS. stann. Sulph. Zinc.
. **21 h:** (1) bry.
. **Bett, im:** (3) am-c. graph. sep.
. **Hinlegen, nach dem:** (4) aral. ars. Cist. Meph.
- **nachts:** (35) am-m. Ant-t. ARS. ars-s-f. aur. aur-ar. Brom. bry. Carb-v. cham. CHEL. Chlol. Cist. coff. coloc. daph. Dig. Ferr. ferr-ar. Ip. kali-ar. Kali-c. lach. Meph. nux-v. Op. phos. PULS. sang. Sep. Sulph. Syph. Thuj. zinc. zinc-p.
. **Mitternacht**
vor
22 h: (1) meph.
23 h
23 - 2 h: (1) Ars-i.
Urinieren, beim: (1) chel.
nach: (8) ARS. calc-ar. Carb-v. Ferr. ferr-ar. Graph. Lach. SAMB.
2 h: (3) ARS. Kali-bi. Rumx.
2 - 3 h: (2) KALI-AR. KALI-C.
3 h: (4) Chin. Cupr. KALI-C. KALI-N.
4 - 5 h: (2) Nat-s. stann.
5 h: (1) kali-i.
springen; muß aus dem Bett: (3) ARS. Graph. SAMB.
- **abwechselnd mit**
. **Diarrhoe, nächtliche:** (1) Kali-c.
. **Erbrechen, periodischem:** (1) ip.
. **Gicht:** (4) benz-ac. kali-i. lyc. Sulph.
. **Hautausschläge:** (10) calad. caust. Crot-t. dulc. Hep. Kalm. lach. mez. rhus-t. Sulph.
. **Kopfschmerz:** (4) ang. bry. glon. kali-br.

Die obenstehende Grafik ist eine Wiedergabe des Repertoriums in der Rubrik „Asthma, asthmatische Atmung" (RADAR **Synthesis**) und weist allein, ohne die Modalitäten, einhundertsiebenundsechzig (!) verschiedene Homöopathika aus. Sorgfältige Anamnese hilft hier das richtige Mittel zu finden.

Handelt es sich um akutes Asthma, kann noch ein zusätzlicher Kunstgriff angewandt werden: Wie weiter oben erklärt, liegt eine Komponente des Asthmas immer darin, daß der Stoffwechsel nicht richtig eingestellt ist, daß vor allem die Stoffwechselrückstände nicht ordnungsgemäß ausgeschieden werden. Da die Parenchymaktivierung der Leber und der Niere, die Säuberung der Lymphe und die Symbioselenkung des Darmes einige Zeit in Anspruch nehmen können, kann es hilfreich sein, wenn es gelingt die inneren Weichen von der Lunge auf die Haut umzustellen, d.h. dem Patienten einen Hautausschlag zu machen.

In der Homöopathie ist der Zusammenhang zwischen Lunge und Haut bekannt und findet in dem Symptom „Asthma abwechselnd mit Hautausschlägen" seinen Niederschlag. Hier wird deutlich, daß einfach nur die Toxine ausgeschieden werden müssen und daß der Körper darauf verzichtet Symptome an der Lunge zu fabrizieren, wenn er sich über die Haut „Luft machen kann".

Wie aber macht man einen Hautausschlag? Nun entweder durch beherzte Gaben von Ausleitungsmitteln, wobei sich Schwefel in der Form des Schwef-Heel mit 3x10 Tropfen tgl. bewährt hat, oder, wenn solche oder andere parenterale Maßnahmen ohne Wirkung bleiben, durch Schröpfen, Baunscheidtieren, hyperemissierende Salben oder auch Cantharidenpflaster. Letztere dann bitte 1-2 cm groß auf die beiden Akupunkturpunkte Lunge 1.

Gleichzeitig müssen aber die klassischen Ausscheidungsorgane aktiviert werden. Bei der Lymphe kann das durch Lymphomyosot (Cave: Schilddrüsenerkrankungen), bei der Leber und Niere z.B. durch Berberis Homaccord gemeinsam oder auch durch Chelidoneum Homaccord und nephro-loges einzeln therapiert werden.

Die Symbioselenkung

Wie bereits angesprochen ist die Therapie des Darmes einer der zentralen Schlüssel zum Erfolg bei der Behandlung von Asthma.

Wie auch bei der Dunkelfeldmikroskopie nach Dr. Enderlein, von der noch die Rede sein wird, geht es hier vor allem um das Milieu, das wiederhergestellt werden muß. Daß die Darmflora bei gestörtem Milieu zahlenmäßig ins Mißverhältnis gerät ist hierbei Folge und nicht Ursache und so kann die Therapie hier denn auch kaum darin bestehen Darmsymbionten zuzuführen.

Abgesehen davon, daß es etwa zweitausend verschiedene Darmbakterienarten gibt, von denen bei künstlicher Zufuhr immer nur einige wenige, und die dann unverhältnismäßig viel unterstützt werden, wissen wir heute, daß Bakterien sich alle zwanzig Minuten in ihrer Anzahl verdoppeln können. Das reicht bei weitem aus, um die Darmflora innerhalb kürzester Zeit zu stabilisieren, wenn, ja wenn eben das Milieu wiederhergestellt ist.

Um das wiederherzustellen, müssen wir aber einmal betrachten, wer darüber zu bestimmen hat, welche Vorgänge im Organismus das auf welche Weise beeinflussen können.

Dunkelfeldmikroskopie nach Dr. Enderlein

Betrachtet man das Blutbild von Asthmatikern im Dunkelfeld, kann man in der Regel einen hohen Befall mit pathologischen Stufen des Mucor racemosus feststellen. Das hat weitreichende Folgen.

Das gestörte Milieu im Blut führt zur Bildung von Geldrollenerythrozyten und Filiten, die ihrerseits die Viskosität, d.h. die Fließeigenschaften des Blutes deutlich herabsetzen. Das führt u.a. an der Leber zu einem Pfortaderstau und einer Verminderung der Gallebildung. Weniger Galleproduktion heißt nun natürlich weniger Gallesekretion. Da die Sekretion von Trypsin und Chymotrypsin der Bauchspeicheldrüse aber reflektorisch durch den Galleflußangeregt wird, gelangt nicht nur zuwenig Galle, sondern auch zuwenig Pankreasenzym in den Darm.

Das wiederum bedeutet, daß die Verdauung nicht ordnungsgemäß einsetzen kann, weil die Verdauungsfermente für Fette und Eiweiße in nicht ausreichender Menge zur Verfügung gestellt werden. Die Folge:

Gärung setzt ein und Fuselalkohol und Ammoniak bilden sich, Gase werden frei und verursachen Blähungen, die physiologische Bakterienflora wird zunehmend von pathologischer verdrängt, Candida siedelt sich an. Durch den verringerten Gallefluss wird aber nicht nur die Fettverdauung torpediert, auch rein mechanisch rutscht jetzt die Stuhlsäule nicht mehr so gut, weil sie nicht mehr so schlüpfrig ist, Verstopfung ist die Folge. Und dadurch nun wiederum mehr Gärung und mehr Blähungen.

Durch den Fuselalkohol wird zudem die Leber jetzt noch stärker belastet. Zusätzlich muß sie ja parallel die anderen Toxine entsorgen, leidet unter der schlechten Blutzirkulation und kann nun zunehmend auch ihren ureigensten Aufgaben nicht mehr nachkommen. Der gesamte Stoffwechsel kommt ins Schleudern, das Milieu wird durch die anaerobe Gärungs - Verdauung entscheidend gestört.

Ernährungsumstellung in Richtung auf basische Kost, die Gabe von Basenpulvern wie Alkala N, Sankombi D5 zur Behandlung der Mukorstufen und die oben erwähnten Medikamente machen die Gabe von Darmsymbionten überflüssig. Ohnehin sind wir bereits an dieser Stelle bei schon sechs einzunehmenden Präparaten angelangt; mehr sollte dem Patienten nicht unnötigerweise zugemutet werden.

Asthma und der Aspergillus niger

Verminderte Viskosität des Blutes bedeutet aber natürlich immer auch Stauungssymptomatik an der Lunge selbst. Diese reagiert mit ihren Millionen von Alveolen und den dort angesiedelten Kapillargefäßen sehr empfindlich auf Veränderungen im Blut.

In dem Mittel Sankombi D5 ist aber nicht nur die Abhilfe hierfür durch die Therapie der pathologischen Mukorstufen enthalten, sondern auch die für den Aspergillus niger. Dieser Schimmelpilz nutzt bei Atemwegserkrankungen gerne die Gelegenheit sich auf den Schleimhäuten der Atemwege anzusiedeln und kann so gleich mitbehandelt werden.

Dabei sollte man sich nicht nur auf die parenterale (orale) Einnahme verlassen, sondern das Präparat zusätzlich inhalieren lassen. Bewährt hat sich als Inhalator und Zerstäuber der Pari-boy von der Firma Lederle, der bei Asthma übrigens auch auf Krankenkasse vom Arzt verschrieben werden darf.

Verfügt der Patient einmal über dieses Gerät, sollte er unbedingt auch Apfelessig inhalieren. Da dieser in hoher Konzentration kaum eingeatmet werden kann, weil er dann den Atem verschlägt, sollte er immer nur tropfenweise in Wasser aufgelöst inhaliert werden. Der Effekt, den man durch dieses alte Hausmittel erzielen kann ist durchschlagend und auch bei Labors, die Stuhlproben auswerten, bekannt. Essig reduziert nämlich fast gänzlich die Haftwirkung der Saugnäpfe, mit denen die Pilze sich an den Schleimhäuten festhalten, wodurch diese dann abfallen und ausgeschieden bzw. abgehustet werden können.

Aus diesem Grund wird der Patient von einigen Stuhllabors gebeten am Tag vor der Entnahme der Stuhlprobe Essig einzunehmen: Man weiß, daß dann die Pilznester abgehen und daß so mit größerer Zuverlässigkeit eine Aussage über die Pilzpopulationen gemacht werden kann. Warum dieses Wissen bei der Therapie von Pilzbefall dann auf einmal verlorengeht und dann auf so toxische Arzneimittel wie Nystatin zurückgegeriffen wird, ist ein Geheimnis, das sich dem Autor dieses Artikels bisher verschlossen hat.

Zwei Teelöffel Apfelessig (biologisch, z.B. Demeter) in einem Glas Wasser drei Mal täglich zusätzlich zur Inhalation einiger Tropfen mit dem Pari-boy erzielen sicherlich bessere Wirkung als so manches Arzneimittel - und das auch noch ohne Nebenwirkungen. Und apropos Nebenwirkungen:

Kortison und Cortisol

Die meisten Patienten, die mit Asthma in die Praxis kommen, haben in der Zeit vor dem Erstbesuch Kortison bei Bedarf, meist sogar regelmäßig eingenommen bzw. inhaliert.

Neben den Schäden, die Kortison direkt verursacht, kommt noch hinzu daß es eine sehr wirksame Therapieblockade für naturheilkundliche Mittel und Therapien darstellt. Es werden diesbezüglich Langzeitwirkungen von bis zu einem Jahr nach Einnahme der letzten Dosis diskutiert.

Ausleitung tut also not und kann mit der Nosode Diazepam comp. von Pascoe bewerkstelligt werden. Das ist aber noch nicht alles; das Kortison hat nämlich auch in den Hormonhaushalt eingegriffen und durch die künstliche Zufuhr von außen die Produktion des körpereigenen Cortisols in der Nebennierenrinde inhibiert. Cortisol hat identische Eigenschaften mit Kortison, allerdings mit dem kleinen Unterschied, daß es im Organismus der Menge und Zusammensetzung nach keine Nebenwirkungen erzeugt. Da aber ständig Kortison von außen zugeführt wurde, wurde die Sekretion von ACTH in der Hypophyse inhibiert, was wiederum zur Folge hat, daß nach Absetzen des Kortisons die Produktion des körpereigenen Cortisols in der Nebennierenrinde unter dem Normalniveau liegt. Auf diese Weise ruhiggestellte endokrine Drüsen verhalten sich da nämlich genauso wie Muskeln, die, wenn sie eine Zeit lang nicht benutzt werden, z.B. bei Gips, sich dann zurückbilden und nach Abnahme des Gips erst wieder aufgebaut werden müssen.

Das bedeutet aber, daß unser Asthma-Patient, der ja vorher hohe Dosen Kortison inhaliert hatte, nach Absetzen der Korticoide nun eigentlich vermehrte körpereigene Produktion von Cortisol benötigen würde, um dieses Loch zu schließen, jetzt aber nach Absetzen der entstprechenden Arzneimittel, die ihrerseits die Nebennieren geschwächt haben, weniger Cortisol zur Verfügung hat, als ein gesunder Mensch. Das ist ein Problem, welches durch Anregung der Nebennierenrinde gelöst werden kann.

In der Praxis hat sich hierzu das Mittel Phytohypophyson C (C wie Cortisol) von der Firma Steierl bewährt. Hiermit kann das beschriebene Defizit in der Regel wieder ausgeglichen werden.

Abschließend sei noch erwähnt, daß Utilin S wegen seiner Tuberkulose-Komponente ein ausgezeichnetes Umstimmungsmittel bei Atemwegserkrankungen ist, mit dem auch die Immunabwehr gezielt stimuliert werden kann. Auch angesichts der Menge der Medikamente, die notwendig sind, um das Asthma von möglichst vielen Seiten zugleich zu packen, kommt die nur zweiwöchige Verabreichung dieses Mittels (i.m.) sehr entgegen.

Wegen der antiallergischen Wirkungen haben sich hohe Gaben von Vitamin C bestens bewährt.

Ein letztes Wort zum Kortison:
Im Notfall kann es dem Asthma-Patienten das Leben retten und gerade bei schlimmeren Fällen von Asthma sollte es immer greifbar sein. Gegen die Verwendung in Notfällen ist auch naturheilkundlicherseits natürlich nichts einzuwenden. Leider wird das Kortison aber oft als Lösung des Problems betrachtet und verabreicht und das sei an dieser Stelle in aller Deutlichkeit gesagt: Das ist es nicht!

Jede Krankheit hat Aufforderungscharakter, weist auf eine Spannung im Lebensfeld des Patienten hin. Spätestens seit dem Buch „Krankheit als Weg" dürfte klar sein, daß dieser Aufforderungscharakter bei jeder Krankheit sehr spezifische Aspekte hat, d.h. jeder Krankheit ganz bestimmte psychische Schieflagen zugeordnet werden können. Wenn die Seele versucht über die Psyche und den Organismus auf einen solchen Umstand aufmerksam zu machen, dann kann die symptomatische Behandlung - vor allem wenn sie mit solch harten Mitteln wie Kortison geschieht - nicht nur keine Lösung sein, sondern das Problem auf Dauer nur verschärfen. Genau das ist in der Praxis dann auch der Fall und führt beim Patienten irgendwann zu der Einsicht, daß es so nicht weitergeht und das Asthma jetzt doch noch anders behandelt werden muß. Ganzheitlich eben und das führt ihn dann auch in die naturheilkundlich orientierte Praxis.

Psycho - logisches

Jede Krankheit hat zumindest eine psychosomatische Komponente; bei Asthma ist diese offensichtlicher als bei vielen anderen Erkrankungen.

Schon weiter oben wurde auf die Zusammenhänge zwischen Lunge und Darm hingewiesen. Auch hier zeigen sich wieder Gemeinsamkeiten, indem Asthma der Obstipation insofern gleicht, als es sich bei beiden Erkrankungen um ein Zurückhalten für den Körper wertlos gewordener Stoffwechselprodukte handelt. Der Asthmatiker hat seine Probleme ja nicht beim Einatmen, wie man zunächst meinen könnte, wenn jemand nicht genügend Luft bekommt, sondern beim Ausatmen. Auf der organischen Ebene ist er nicht bereit die verbrauchte Luft herzugeben, obwohl er das mit dem Umstand erkauft, sich dann keine neue Luft zuführen zu können.

Das hat seine Entsprechung in der Psyche: obstipierte und/oder asthmatische Patienten haben Schwierigkeiten zu geben, sei es gefühlsmäßig oder auch materiell. Wer hierzu Genaueres wissen möchte, der lese das einfach in dem bereits zitierten Buch „Krankheit als Weg" einmal nach.

Weitere psychische Faktoren können Lebensumstände sein, die dem Patienten die Luft zum Atmen nehmen: Partner oder Eltern, die so oder so erdrücken, großer Streß z.B. in der Schule oder im Berufsleben, zu hohe eigene Ansprüche und Erwartungen, aber natürlich auch Umweltfaktoren und falsche Arbeits- oder Schlafplätze.

Risikofaktoren wie Rauchen, Formaldehyde, Benzol, Holzschutzmittel, Silikate (Quarze), Vogelhaltung oder Holzstaub müssen natürlich in die Anamnese mit einbezogen werden.

In ausführlichen Gesprächen bei der Anamnese und den Nachfolgeterminen zeigt sich in der Regel recht deutlich, wo das Spannungsfeld des Patienten liegt, das seine Disposition zu Asthma ausgelöst hat. Meist ist es bei der Suche sogar der Patient selber, der dann die kausalen Zusammenhänge aufdeckt, so er im Gespräch liebevoll geführt wird.

Mit den naturheilkundlichen Arzneien und den therapeutischen Maßnahmen, die in diesem Artikel geschildert wurden, läßt sich in jedem Fall eine Linderung der Symptomatik erreichen. Wie weit diese Linderung dann geht, ist von Patient zu Patient verschieden.

Wirkliche Heilung im eigentlichen Sinne kann auch beim Asthma nur erfolgen, wenn auch die zugrundeliegende psychologische Problematik erkannt und erlöst wird.

Gedanken zur Amalgamausleitung

„Die Zahnmedizin sollte die Verwendung von Amalgam als Zahnfüllung völlig vermeiden, oder es zumindest nicht verwenden, wenn es eine andere Möglichkeit gibt. Es herrscht kein Zweifel darüber, daß viele Symptome, darunter Ermüdung, Depression, Reizbarkeit, Schwindelgefühl, Gedächtnisschwäche, Mundentzündung, Diarrhoe, Appetitlosigkeit, und chronische Katarrhe oft durch Quecksilber hervorgerufen werden, dem der Körper durch die Amalgamfüllungen ausgesetzt ist, in kleinen, aber kontinuierlichen Mengen. Ärzte sollten dieser Tatsache ihre ernsthafte Aufmerksamkeit schenken. Es wird dann wahrscheinlich festgestellt werden, daß das gedankenlose Einführen von Amalgam als Füllstoff für Zähne ein schweres Vergehen an der Menschheit gewesen ist."

Prof. Dr. Stock in seiner Studie im Auftrag des Berliner Kaiser-Wilhelm-Institutes, veröffentlicht in der Zeitschrift für angewandte Chemie, Ausgabe 39, Seite 984, ***im Jahre 1926***

Das Problem ist also nicht neu, wie man sieht. Es ist aus heutiger Sicht wirklich erstaunlich, wie lange es gedauert hat, bis Amalgam auch offiziellerseits als gesundheitsschädlich eingestuft wurde. Wie üblich in solchen Fällen waren es vor allem wirtschaftliche Faktoren, die die systematische Vergiftung von Patienten mit toxischem Dentalmaterial möglich gemacht haben:

Amalgam war und ist ein gutes Geschäft in der Herstellung. Das sicherte diesem Material bei politischen Entscheidungen die Unterstützung der Industrielobby. Amalgam ist ein preiswertes Füllmaterial. Hierfür gab es die Unterstützung durch die Krankenkassen. Amalgam läßt sich leichter verarbeiten als jeder andere dentale Werkstoff. So waren es auch die Zahnärzte zufrieden. Letztere übrigens sehr auf eigene Kosten: Messungen haben ergeben, daß Zahnärzte einen etwa 10fach höheren Quecksilber-Depotwert haben, als selbst Träger mehrerer Amalgamfüllungen. Sie haben in der Regel zwar selbst keine

Amalgamfüllungen im Mund, atmen aber beim Einsetzen und vor allem beim Ausbohren das Quecksilber ein.

Die Giftigkeit von Amalgamlegierungen können sie auch daran ablesen, daß nach geltendem deutschen Abfallbeseitigungsgesetz ein Zahnarzt, der ausgebohrte Amalgamfüllungen nicht ordnungsgemäß als giftigen Sondermüll (!) entsorgt, mit Strafen von ca. 10.000 Mark rechnen muß. Auch Bestattungsunternehmer, die Feuerbestattungen anbieten, müssen die mit Amalgam gefüllten Zähne vorher entfernen, bzw. ihren Kamin mit aufwendigen Filteranlagen ausrüsten, um das anfallende Quecksilber auffangen zu können. Das alles, weil die Belastung für die Umwelt durch die bei der Verbrennung entstehenden Quecksilberdämpfe nicht verträglich wäre.

Das weiß man auch schon lange. Das Abfallbeseitigungsgesetz für die Zahnarztpraxen gibt es schon sehr viel länger als die Anerkennung der Nebenwirkungen von Amalgamfüllungen durch das Bundesgesundheitsamt! Dasselbe Quecksilber, für das strenge Strafen bei unsachgemäßer Entsorgung gezahlt werden muß, das als giftiger Sondermüll zu eigens dafür vorgesehenen Deponien gebracht werden muß, wurde und wird derweil in Millionen Mündern installiert. Unbedenklichkeitsbescheinigungen wurden ausgestellt und sogar Artikel „ernstzunehmender" Mediziner in auflagenstarken Medizinerjournalen veröffentlicht, des Inhalts, daß Amalgam so unbedenklich sei, daß es auch für Schwangere verwendet werden könne!

Jetzt stellt sich aber die Frage: Wie kann ein Stoff, der, weil er nicht umweltverträglich ist, als Sondermüll entsorgt werden muß, ausgerechnet in der Mundhöhle eines Menschen unbedenklich als Füllungsstoff für Zähne verwendbar sein?

Selbst das Bundesgesundheitsamt (BGA), das bisher hartnäckig auf der Verträglichkeit von Amalgam beharrt hatte, konnte sich der Einsicht in die Schädlichkeit von Amalgamfüllungen nicht mehr länger versperren und hat im Oktober 1992 die nebenstehende Liste von Nebenwirkungen des Amalgams jetzt offiziell anerkannt.

Amalgame

Nebenwirkungen und Bewertung der Toxizität
BGA Nr. 19 vom 1.Oktober 1992

Im Mundbereich (lokal):

- Zahnveränderungen
- Zahnfleischentzündung und - verfärbung
- Fieberbläschen, "Aphten" (Stomatitis aphtosa)
- Schleimhautgeschwüre (Stomatitis ulcerosa)
- Zungenschleimhautentzündung (Glossitis)
- Geschmacksstörungen (v.a. Metallgeschmack)
- vermehrter Schleimauswurf

Auswirkungen auf den gesamten Organismus:

- Hautveränderungen wie Ekzeme und Ausschläge
- Hautjucken
- Kopfschmerzen bis hin zur Migräne
- Rhinitis, Bronchitis, Asthma, Atemstörungen
- Herzrythmusstörungen
- Abmagerung, Schwäche (Asthenie), Ermüdung
- Haarausfall (Alopezie)
- Verdauungsstörungen (Dyspepsie), Erbrechen
- vegetative Dystonie
- Mißempfindungen, Parästhesien an den Extremitäten
- erhöhte Infektanfälligkeit
- Fieber
- Gelenkschmerzen (Arthralgie)
- Bindehautentzündung (Konjunktivitis)
- Narbenbeschwerden
- Rückenschmerzen
- Kropf (Struma)
- Schlafstörungen

- Nervosität
- vermehrtes Schwitzen
- Depression, Psychose (z.B.: Angst), Verwirrung
- Gangunsicherheit, Schwindel
- gut- und bösartige Tumore , v.a. Mammatumor
- Nierenbeschwerden (Nephritis)

Wie kann es zu so vielen verschiedenen Symptomen kommen?

Amalgamfüllungen setzen ständig Quecksilber frei, das im ganzen Körper, vor allem aber in zwei Organen abgelagert wird:

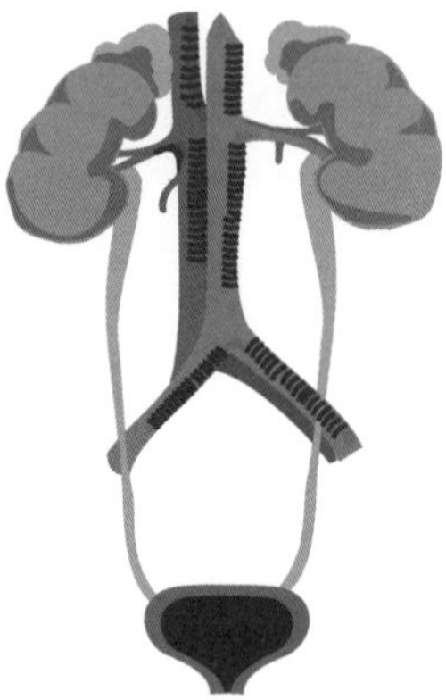

Da sind einmal die Nieren, die unter jedweder Schwermetallablagerung zu leiden haben. Die Niere ist ein Filtersystem. Sie reinigt das Blut und wird nun durch die Amalgamablagerungen verstopft.

Wenn aber der Körper nicht ausscheiden kann, d.h. nicht entgiftet wird, entgleisen praktisch alle Organe, die eben eine andere, eine reinere „Arbeitsatmosphäre" benötigen würden.

Wenn Sie jemanden kennen, der nierenkrank ist, werden Sie wissen, daß schon allein durch eine Unterfunktion dieses Organs viele der in der Liste des Bundesgesundheitsamtes aufgeführten Nebenwirkungen auftreten können.

Viel weitreichender sind aber die Konsequenzen, die aus den Ablagerungen in der Hypophyse entstehen können. Viele wichtige Botenstoffe für nachgeordnete Hormondrüsen werden hier produziert und gespeichert. Wenn dieses zentrale Steuerungsorgan durch Quecksilbereinlagerungen in seiner Funktion beeinträchtigt oder gar zu Fehlfunktionen veranlaßt wird, können im Körper Entgleisungen jedweder Art auftreten.

Hypothalamus - Hypophysen - System

• Hypophysenhinterlappen

ADH	wirkt auf den Wasserhaushalt des Körpers ein
Oxytocin	Uterusmuskulatur

• Hypophysenvorderlappen

ACTH	wirkt auf Nebennierenrinde (hier werden Aldosteron, Cortisol und Geschlechtshormone synthetisiert)
Oxytocin	Uterusmuskulatur
TSH	wirkt auf die Schilddrüse
FSH + LH	wirkt auf Eierstöcke bzw. Hoden
STH	Wachstumshormon
Prolaktin	Brustdrüsen

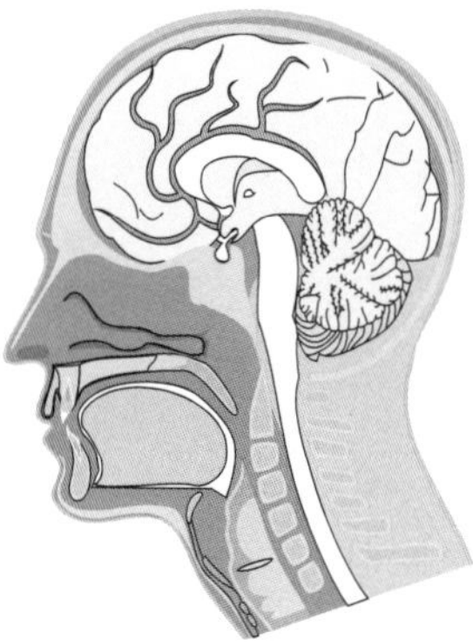

Schauen Sie einmal wie nahe die Zähne im Kopf an den verschiedenen Gehirnorganen liegen. Die Hypohyse ist die kleine Olive, die Sie in der Verlängerung der Halswirbelsäule über dem hinteren Teil der Nasenhöhlen sehen können. Ihr wird die Tatsache, daß sie das im Hirn am besten durchblutete Organ ist, zum Verhängnis: Viel Blut transportiert viel Queck silber, das sich dann hier ablagern kann.

Weitere betroffene Organe

Das waren jetzt die beiden Organe, die am stärksten unter den Amalgamablagerungen zu leiden haben. Aber auch andere Organe werden davon beeinträchtigt:

Da ist zum einen die Verdauung: Quecksilber wirkt bakteriozid, d.h. es tötet Bakterien ab und aus denen besteht unsere Darmflora, die wir dringend brauchen, um die zugeführte Nahrung auch adäquat verwerten zu können. Ist einmal die Darmflora nicht mehr im Gleichgewicht, haben Dysbiosen und Pilze leichtes Spiel. Das Milieu im Darm verschlechtert sich weiter, der Körper bekommt nicht mehr alle Nährstoffe, Mineralien und Vitamine.

Wie jedes Gift belastet Quecksilber das Entgiftungsorgan unseres Körpers, die Leber und wenn die einmal deutlich in ihrer Leistungskraft beeinträchtigt ist, produziert sie weniger Galle, wodurch reflektorisch dann auch noch weniger Bauchspeicheldrüsenenzyme ausgeschüttet werden. Dies verschlechtert wiederum das Milieu im Darm, wo es nun zu gären beginnt: Ammoniak und Fuselalkohol entstehen, wobei letzterer vor allem nun wieder die Leber belastet . . . ein Teufelskreislauf.

Amalgam und Allergien

Die wenigsten sogenannten Allergien sind wirkliche Allergien. Bei den meisten handelt es sich um Unverträglichkeitsreaktionen, die einfach dadurch zustande kommen, daß der Körper randvoll mit Toxinen ist und die Organe z.B. wie oben beschrieben, auf Grund einer Verkettung von Faktoren, nicht mehr richtig arbeiten können.

Wenn die Nieren, die Leber und der Darm ihrer Ausscheidungs- und Entgiftungsfunktion nicht mehr nachkommen können, dann werden wir auch auf Nahrungsmittel, Pollen, Hausstaub, Tierhaare und sonstige Stoffe „allergisch". Wäre der Körper im Gleichgewicht, könnte er leicht mit diesen Substanzen fertig werden. Da er aber nun im Streß ist, hat er kein Pufferungspotential mehr und entgleist. Und apropos Streß: Psychischer Druck verschlimmert diese Symptomatik. In der Regel tauchen diese „Allergien" daher auch bei den meisten Patienten in schwierigen Lebenssituationen auf.

Wenn Stoffwechselrückstände nicht über Darm, Leber und Niere entsorgt werden können, versucht der Körper sich über die Atemwege und/oder über die Haut zu entgiften. Auf der Haut äußert sich das durch Juckreiz und Ekzeme in allen Variationen (auch Herpes!), bei den Atemwegen als Asthma, Heuschnupfen oder Sinusitis. Die Allergien können aber auch verdeckt ablaufen und dann Migräne, Schwindel, Tinnitus, verminderte Sehfähigkeit und ganz allgemein bleierne Müdigkeit hervorrufen.

Amalgam und Schwangerschaft

Amalgam kann die Plazenta passieren. Der Fetus wird so schon im Mutterleib direkt durch die Amalgamfüllungen der Mutter belastet. Außerdem nimmt das Neugeborene **bis zu 50% der Amalgamrückstände der Mutter bereits in den ersten drei Wochen Stillzeit mit der Muttermilch (!)** auf und wird so schon bei Lebensbeginn mit einer Hypothek versehen.

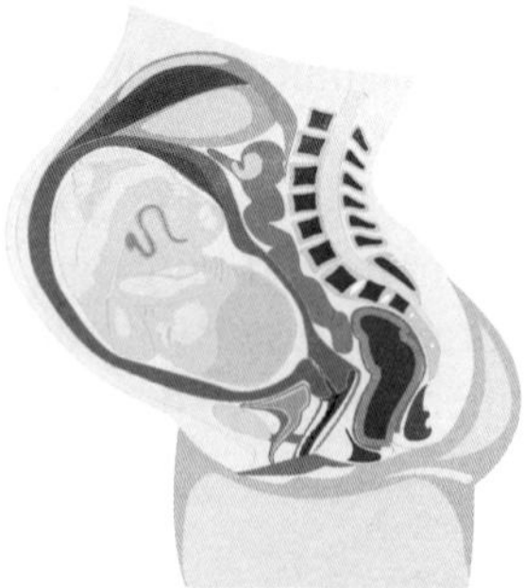

Da eine Amalgamsanierung und eine Ausleitung während der Schwangerschaft nicht ratsam sind, sollten Frauen diese rechtzeitig vornehmen.

Abschließend . . .

Damit sind noch nicht alle Nebenwirkungen erfaßt, aber das sind die wichtigsten. Wie gesagt geht es hier nicht darum, zu diskutieren, ob Amalgam schädlich ist oder nicht, sondern darum, wie man es am schonendsten wieder aus dem Körper entfernt.

Flankierende Maßnahmen zur Amalgamausleitung

Um sicherzustellen, daß das Amalgam vom Organismus bei Anwendung der entsprechenden Ausleitungsmaßnahmen auch wirklich mobilisiert und entsorgt werden kann, müssen wir uns vorher den Weg vergegenwärtigen, den das Amalgam bei seiner Reise aus dem Körper einschlagen muß. Das Amalgam befindet sich ja im Gewebe und kann von dort nur über die Lymphe abtransportiert werden. Wie weiter vorne in diesem Kapitel beschrieben, leidet der Amalgampatient aber in der Regel unter Verschlackung und schlechtem Funktionszustand seiner Ausscheidungsorgane.

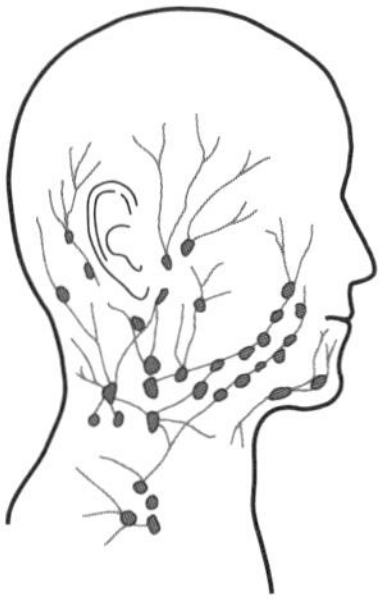

Nimmt der Patient in diesem Zustand nur die Medikamente zur Ausleitung ein, wird das Amalgam zwar ausgelöst, aber nicht ausreichend abtransportiert. Die Lymphe ist ja verstopft. Ergebnis: Das Amalgam verteilt sich gleichmäßig im ganzen Körper und wird so auch an Stellen eingelagert, die vorher sauber waren. Der Patient erleidet so eine neuerliche Amalgamvergiftung!

Die Lymphe will also berücksichtigt sein. Danach kommt das Quecksilber in die Blutbahn und wird zwecks Entgiftung zur Leber transportiert. Auch die Leber muß also gestützt werden. Von hier aus wird das Quecksilber dann zu den Nieren befördert, um ausgeschieden zu werden. Wenn diese nicht auf diese Aufgabe vorbereitet wurden, sind sie ebenfalls überfordert und auch in diesem Fall verteilt sich das Amalgam wieder im Körper.

Die Nieren sind durch das Amalgam ja möglicherweise geschädigt, ganz sicher aber durch die Stoffwechsellage, die durch die Situation im Leber-Darm-Bereich entstanden ist, nicht in der Lage, ohne vorherige Behandlung, mit einer massiven Ausschwemmung von Quecksilber fertig zu werden.

Das Ausbohren der Füllungen selbst ist schließlich eine Quelle neuer Vergiftung, wie vorsichtig auch immer sie vorgenommen werden mag. Hoffentlich unter Koferdam und mit einem niedertourigen Bohrkopf, das kann der Patient von seinem Zahnarzt schon verlangen. Außerdem sollte eine Hochleistungs-Sauganlage mit Abluftführung eingesetzt werden; ein Speichelsauger reicht hier nicht aus! Quecksilber hat nämlich einen sehr niedrigen Siedepunkt, d.h. schon bei niedrigen Temperaturen geht es in den gasförmigen Zustand über. Ein hochtouriger Bohrer, wie er normalerweise zum Ausbohren von Füllungen in Zahnarztpraxen zum Einsatz kommt, entwickelt durch die Reibung an der Amalgamfüllung Temperaturen, die weit über dem Siedepunkt liegen. Während das Amalgam, welches bei solchen Behandlungen in Form abgesprengter Teilchen verschluckt wird, über den Darm wieder ausgeschieden werden kann, wird das gasförmige Quecksilber eingeatmet und von den Alveolen gänzlich resorbiert. Zusätzlich schießen hochtourige Bohrer kleine Amalgampartikel mit sehr hohen Geschwindigkeiten tief in die Mundschleimhäute! Somit ist eine Vergiftungsgefahr bei unsachgemäßem Entfernen der Amalgamfüllungen sehr hoch!! *Eine Amalgamsanierung und - ausleitung beginnt also schon damit, daß das Entfernen der Füllungen keine massive Vergiftung verursacht!*

Da die Amalgamsanierungen aller Erfahrung nach nur in den seltensten Fällen ohne akuten Leidensdruck durch Allergien oder schwere Krankheiten vorgenommen werden, befindet sich der Patient vor der Behandlung oft aber sowieso schon in einem desolaten gesundheitlichen Zustand. So weit als möglich muß der Organismus hier schon vor dem Zahnarzttermin aufgerichtet werden, vor allem der Darm durch Bekämpfung der Pilze und einer gleichzeitigen Symbioselenkung, aber auch die Lymphe, die Leber und die Nieren, damit sie ihrer Entgiftungsfunktion wieder nachkommen können.

Dabei kommt es durchaus vor, daß Patienten so krank und erschöpft sind, daß die Termine beim Zahnarzt wieder abgesagt werden müssen. Jede Ausleitung ist eine Belastung und wenn es dem Patienten sehr schlecht geht, muß der akute Zustand erst wieder gebessert werden, bevor an eine Ausleitung gedacht werden kann. Erst wenn der Patient wieder gestärkt ist und erst wenn die Lymphe, die Leber und die Nieren das anfallende Amalgam bewältigen können, erst dann sollte die Entfernung der Füllungen und anschließend die Ausleitung erfolgen. Auf diese Weise halten sich auch die Nebenwirkungen in sehr erträglichen Bahnen, so daß der Patient auch schon während der Ausleitung eine Besserung seiner Symptome erfahren kann.

Ist soviel Vorsicht wirklich nötig?

Befürworter von Amalgam (die gibt es tatsächlich immer noch!) argumentieren, daß wir täglich mehr Quecksilber mit der Nahrung zu uns nehmen, als der tägliche Abrieb bei Amalgamträgern beträgt. Schon ein Fisch, sagen sie, kann durchaus Quecksilberwerte haben, die ein vielfaches des Abriebs betragen. Das stimmt zwar, trotzdem zeugt dieses Argument aber von Unkenntnis, da es sich bei dem mit Nahrungsmitteln aufgenommenen Quecksilber um Methylquecksilber handelt, welches nur eine Halbwertszeit von 70 Tagen hat (d.h. es wird spätestens nach dieser Zeit von sich aus zerfallen und nicht mehr nachweisbar sein; es ist dann nicht mehr da), während das Amalgam-Quecksilber eine solche von 20 Jahren (!) hat und zudem im Darm durch Proteinbildung höchst toxische Organo-Hg-Verbindungen eingehen kann.

Zeitplan für die Amalgamsanierung

Die Termine beim Zahnarzt müssen also mit dem Therapeuten, der die Ausleitung vornimmt, unbedingt abgesprochen werden! Es hat sich bewährt bei der Wahl dieser Termine den Mondkalender zu berück-sichtigen und insbesondere die Ausleitung nur bei abnehmendem Mond vorzunehmen. Ausleitungen bei zunehmendem Mond sind oft weniger effektiv und auch von mehr Nebenwirkungen begleitet.

- **4 - 6 Wochen vor Entfernung der ersten Amalgamfüllung:** Reinigung der Lymphe, Stärkung und Stabilisierung der Leber, der Nieren und des Darms.

  Therapeutika für die Lymphe
  Lymphomyosot oder Lymphdiaral, Lymphdrainage, Sauna, Sport

  Therapeutika für die Leber
  Berberis Homaccord oder Chelidoneum Homaccord, Carduus mariannus, Lycopodium oder andere homöopathische Lebermittel, Oyo, Leber - Galle - Tees

  Therapeutika für die Nieren
  Berberis Homaccord und nephro-loges im Wechsel, Niere - Blase - Tees

  Therapeutika für den Darm
  Ozovit, Hylak forte N, Kanne Brottrunk, Albicansan D5, in dieser Kombination, und begleitet von einer Pilzdiät unter Verzicht auf Zucker, Getreide, Fleisch, Alkohol schwarzem Tee, Pfefferminztee und vor allem Kaffee.

- **Am Tag der Entfernung der letzten Amalgamfüllung:** Beginn der Einnahme der Amalgam - ausleitenden Mittel unmittelbar nach der letzten Zahnbehandlung. (Aufstellung der Medikamente hierzu siehe unten)

- **6 - 8 Wochen Ausleitung,** dann Testen des verträglichsten Zahnmaterials für den Zahnersatz. Besonders Allergiker sollten nicht einfach irgendeine Goldlegierung oder andere Materialien verwenden, sondern genau austesten, welche für sie speziell die verträglichste ist. Als Testverfahren bieten sich Elektroakupunktur nach Dr.Voll (EAV), Radiästhesie und Kinesiologie an.

Wichtig: Andere Metallfüllungen, z.B. aus Goldlegierungen, dürfen erst dann eingesetzt werden, wenn die letzte Amalgamfüllung entfernt worden ist! Andernfalls entstehen starke Mundströme, die zum einen willkürlich Zellpotentiale im Hirn auslösen können (!) und zum anderen ein galvanisches Element bilden, daß nun erst recht große Mengen Quecksilber freisetzen kann und wird. Ergebnis sind dann korrodierte Amalgamfüllungen und geschwärzte Goldlegierungen und/oder Mundschleimhäute. Von der Praxis, Amalgamfüllungen nach und nach gegen Goldfüllungen auszutauschen, kann aus dieser Sicht nicht genug gewarnt werden.

- Verlaufskontrolle der Amalgam-Ausleitung (EAV, Radiästhesie, Kinesiologie) und gegebenenfalls Wiederholung der Behandlung mit einer weiteren Nosode.

Die Amalgamausleitung

Es gibt mehrere Möglichkeiten, um Quecksilber aus dem Körper zu entfernen:

• DMPS

Dimaval oder Unithiol; hierbei handelt es sich um ein chemisches Präparat, das Quecksilber bindet und sehr effizient über die Nieren ausscheiden hilft. Dieses Ausspülen geschieht so rasch, daß bereits eine Stunde nach der Spritze der Quecksilberwert im Urin gemessen werden kann. Der Vorteil dieses Verfahrens liegt weiterhin darin, daß diese Messung dann auch über den Grad der Vergiftung des Patienten etwas aussagt.

Der Nachteil ist, daß DMPS auch Zink und Kupfer, zwei sehr nützliche Metalle, genauso effizient bindet und ausspült. Das fällt besonders bei Allergikern ins Gewicht, da vor allem Zink ein Zellschutzfaktor bei Allergien ist. Zudem sind in letzter Zeit auch einige

Fälle von Unverträglichkeiten und sogar anaphylaktischen Reaktionen bekannt geworden. In jedem Fall sollten wenn, dann nur geringe Mengen verabreicht werden: Anfangs ist die entfernte Quecksilbermenge noch recht hoch und das Gesundheitsrisiko gerade noch kalkulierbar.
Ich verwende diese Methode in meiner Praxis nicht.

- **Selen**

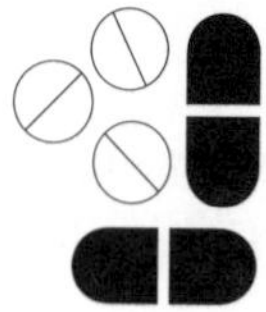

Es ist richtig, daß Selen Quecksilber bindet, indem es eine neue Legierung bildet. Diese Legierung kann aber dann nachweislich nicht mehr ausgeschieden werden. Es sind zwar keine schädlichen Nebenwirkungen dieser Selen- Quecksilberverbindung bekannt, aber da sie nicht ausgeschieden werden können, darf Selen nie am Anfang einer Amalgamausleitung verschrieben werden. Erst wenn alle anderen Wege ausgeschöpft sind, sollte der Patient Selen einnehmen, um die Depots, die sich nicht ausleiten lassen, zu binden.

- **Homöopathie**

Homöopathische Mittel sollten bei der Amalgamausleitung nur begleitend zur spezifischen Nosode in Anwendung kommen. Klassische homöopatische Entgiftungsmittel sind vor allem Sulphur und Nux vomica. Auch Okoubaka eignet sich gut zur Entgiftung. Natürlich gibt es aber - je nach Vorliebe des Therapeuten - noch viele andere Mittel, die entsprechend dem Konstitutionstyp des Patienten eingesetzt werden können.

• Nosoden

Wohl die schonendste und dabei trotzdem sehr effektive Art der Ausleitung. Neben der Entgiftung durch Ausschwemmung findet bei dieser Therapie auch eine Neutralisierung der schädlichen Schwingungen des vorher eingelagerten toxischen Materials statt. Besonders Therapeuten, die die Steuerungsmechanismen des menschlichen Organismus mehr im feinstofflichen Bereich, als in der festen Materie vermuten, legen viel Wert auf diese zusätzliche Komponente der Nosoden.
Empfehlenswert sind besonders die Nosoden der Firma Staufen:
+ Silberamalgam Nosode (Serienpackung)
+ Kupferamalgam Nosode (Serienpackung)
+ Non - gamma - 2 - Amalgam Nosode (Serienpackung)
In den letzten Jahrzehnten wurden eigentlich nur noch Non - gamma - 2 - Amalgame verwendet, so daß diese Nosode den anderen beiden vorzuziehen ist. Ideal ist auch hier die vorherige Austestung (EAV, Radiästhesie, Kinesiologie).
Seit neuestem gibt es von Staufen auch eine **DMPS - Nosode**, die vielleicht einen Kompromiß bei der Wahl von DMPS oder Nosoden darstellt.
Noch ein Tip: Die Nosoden der Firma Staufen kommen als Spritzampullen. Erfahrungsgemäß kann es sein, daß anfangs durch Injektionen zuviel Quecksilber mobilisiert wird und der Patient Nebenwirkungen verspürt. Es hat sich bewährt die ersten zehn Ampullen der Nosoden in einem Glas Wasser über den Tag verteilt in kleinen Schlucken trinken zu lassen, und zwar alle zwei Tage.

Zusammenfassend kann man sagen, daß es bei der Amalgamausleitung mit spezifischen Ausleitungsmedikamenten alleine nicht getan ist. Absprachen mit dem behandelnden Zahnarzt sind ebenso notwendig wie auch die Berücksichtigung des indiiduellen Gesundheitsstatus des Patienten. Belohnung für diese Mühen ist eine gründliche und weitestgehend nebenwirkungfreie Amalgamausleitung.

Vorprogrammierte Impfschäden

Aluminium und Quecksilber sind fast immer dabei

Bei der Diskussion um das Für und Wider von Impfungen geht es meist nur um die Impfstoffe selbst. Dabei steht spätestens seit 1990 fest, daß es auch und vor allem die Impfstoffzusätze sind, die die meisten Reaktionen, unmittelbar nach der Impfung, bzw. nach Verstreichen einer Latenzperiode, verursachen. So können sich neben dem eigentlichen Impfstoff in den Ampullen auch noch weitere, nicht deklarierte Zusätze befinden. Meistens handelt es sich hier um Antibiotika und Formaldehyde, sowie um zwei weitere Substanzen, deren chemische Zusammensetzung und Wirkungsweise auf den menschlichen Organismus nachfolgend näher erläutert werden sollen: **Aluminiumhydroxid** und **Thiomersal.**

Aluminiumhydroxid

Dieser Stoff, chemische Formel $Al(OH)^3$, wird in Form von Gel als Trägersubstanz für den betreffenden Impfstoff gebraucht. Trägersubstanz zu sein bedeutet in diesem Zusammenhang, daß der Impfstoff selber nicht so gut vom Organismus resorbiert und verteilt werden würde und daß man den Impfstoff deswegen „Huckepack" auf einer anderen Substanz, die gut resorbiert und verteilt wird, in den Körper einbringt. Ein Kunstgriff, möchte man denken, wäre da nicht die Tatsache, daß die Trägersubstanz, das Aluminiumhydroxid, pathologische und sogar toxische Reaktionen hervorrufen kann.

Walter Huber[105] hat das wie folgt beschrieben:

[105] „Nebenwirkungen der Impfstoffzusätze Aluminiumhydroxid und Thiomersal", Umwelt & Gesundheit 1/95, Seite 6 ff.

> „Im Menschen kann sich Al(OH)³ bei intramuskulärer Verabreichung im Lymphsystem festsetzen, die Lymphbahnen verstopfen und Granulome bilden, die oft nur operativ entfernt werden können *(Hütteroth* 1990). Über die Bildung von Aluminiumhydroxid-Granulomen (geschwulstähnliche Knoten) nach Hepatitis - B - Impfungen berichten *Hütteroth* und *Quast* (1990), sowie *Fawcett* (1984) und auch *Jilg* (1989) . . ."

Aus anderen Studien sind auch Schwellungen des Pankreas und Erkrankungen der Magenschleimhaut bekannt geworden. Auch im Tierversuch konnte bei Meerschweinchen nachgewiesen werden, daß geschwulstähnliche Knoten durch Aluminiumverbindungen aus Impfstoffen ausgelöst werden können.

Schließlich sind dann da auch noch diejenigen Symptome, die sich dem Homöopathen aus dem Studium des Mittels Alumina offenbaren. Eine Impfampulle enthält 0,5 mg Aluminium, intramuskulär verabreicht sicher genug, um den Patienten einer unfreiwilligen Arzneimittelprüfung zu unterziehen.

Thiomersal

Dieser Stoff ist eine chemische Verbindung aus Thiosalicylsäure und Äthylquecksilber. Er zerfällt bereits in der Impfampulle in diese Bestandteile und enthält dann zu 50% **reines Quecksilber** (Hg). Thiomersal wirkt dadurch gegen Pilze (fungizid) gegen Bakterien (bakteriozid) und entzündungshemmend, und eben deswegen wird es Impfstoffen beigemengt. Die Folgen der Aufnahme von Quecksilber auf den menschlichen Organismus dürften aus der Amalgam - Diskussion hinreichend bekannt sein. Wie auch dort, geht das Äthylquecksilber - dem Methylquecksilber ähnlich - eine organische Verbindung ein und kann nun bis zu 20 Jahre (Halbwertszeit) den Organismus belasten oder sogar schädigen.

Methylquecksilbervergiftungen mit bis zu 500µ/l Blut führen zu Parästhesien (Ausfall des Gefühls) in Armen und Beinen, bei über 500µ/l Blut zu Schwindel und Koordinationsstörungen und ab

1300µg/l Blut wirkt es sogar tödlich. Die neuronalen Schäden sind irreversibel, können mit einer Latenzzeit von mehreren Wochen nach der Impfung auftreten und schädigen besonders Kinder im Entwicklungsstadium. Methylquecksilber ist plazentagängig und wurde auch bei Müttern mit einer Belastung von deutlich unter 500µ/l Blut schon als Ursache für zerebrale Schäden bei Neugeborenen festgestellt.

Weitere Einsatzbereiche für Thiomersal

Der Einsatz von Quecksilber in der Medizin beschränkt sich nicht auf Amalgamlegierungen und Impfstoffe. Wegen der fungiziden, bakteriooziden und entzündungshemmenden Eigenschaften wird Thiomersal auch für die Lösungen zum Sterilisieren von Kontaktlinsen und in einigen Fällen sogar in Nasentropfen verwendet. Das ist deswegen besonders gravierend, weil hier bei einer breiten Bevölkerungsschicht Unverträglichkeitsreaktionen und Allergien, sensibilisiert durch den ständigen Kontakt, gefördert werden.

Da sich die hierbei entstehenden Quecksilberverbindungen aufgrund der hohen Halbwertszeiten im Organismus akkumulieren und Thiomersal auch in Tinkturen und Konservierungsmitteln Verwendung findet, kann sich nach und nach im Körper eine Konzentration aufbauen, die dann immer mehr die Gestalt einer Zeitbombe annimmt. Quecksilber, welches über den Verdauungstrakt aufgenommen wird, hat dabei übrigens deutlich weniger Toxizität, als Quecksilber, das ins Blut gelangt. Und genau das ist bei Impfungen mit Beimengung von Thiomersal der Fall; das Quecksilber wird vollständig (!) resorbiert. Rund zehn Prozent davon passieren die Blut - Hirn - Schranke und lagern sich dauerhaft im Gehirn ab, ein ähnlicher Prozentsatz verbleibt im Blut!

Wir wissen heute, daß Methylquecksilber mit Schwefelverbindungen, die für den Organismus von großer Bedeutung sind (z.B. die Aminosäure Cystein und das Coenzym A), chemisch reagiert und sie damit zerstört. Diese „Nebenwirkungen" sind aber wahrscheinlich nur die Spitze des Eisbergs; die Zukunft wird hier sicher noch weitere Zusammenhänge aufdecken können.

Zusammenfassend . . .

kann gesagt werden, daß vor der Diskussion um die eigentlichen Impfstoffe (über die hier enthaltenen Fremdeiweiße - meistens vom Rind - und deren Wirkung auf den menschlichen Organismus ließe sich ein eigener Artikel schreiben) die Impfstoffzusätze betrachtet werden müssen. Es kann nicht angehen, daß vorhandene Inhaltsstoffe entweder nicht deklariert oder so umschrieben werden, daß der normale Therapeut oder auch Patient sich keine Vorstellung vom Inhalt machen kann. Thiomersal ist ein gutes Beispiel dafür, wie man eine chemische Verbindung, die so labil ist, daß sie schon in der Ampulle in ihre Bestandteile zerfällt - und von denen dann eines eben Äthylquecksilber ist - so etikettiert, daß keine Proteste zu erwarten sind.

Impfungen mögen in bestimmten Fällen notwendig sein und dann auch Leben retten. Die Impfprophylaxe so wie sie derzeit betrieben wird, muß aber nachdenklich machen. Vor allem bei Kindern im Entwicklungsstadium, bei denen das Thiomersal besonders viel Schaden anrichten kann, sollte man von der jetzigen Impfpraxis wieder abgehen.

Infektionskrankheiten im Kindesalter sind für die Entwicklung und Reife von großer Bedeutung; sie haben in diesem Sinne eine charakterformende Kraft und trainieren außerdem das Immunsystem. Für Komplikationen bei Infektionskrankheiten stehen heutzutage genügend Arzneien zur Verfügung, die die möglichen Risiken weitgehend ausschalten können. Selbst ohne die Nebenwirkungen wäre das Gros der Impfungen nicht mehr sinnvoll. Um so mehr kann die Belastung durch Impfungen zum Ausschluß der statistisch geringen Wahrscheinlichkeit einer schweren Erkrankung nicht mehr wie bisher in Kauf genommen werden.

Den Verantwortlichen sind die einschlägigen Studien zu diesem Thema bekannt. Parallelen zur Amalgamdiskussion drängen sich natürlich geradezu auf und wenn hier die Industrie, aus Furcht vor Schadensersatzklagen, bereits auf die lukrative Herstellung von Amalgam verzichtet hat, stellt sich die Frage, wer in Form des Thiomersals gesundheitliche Schäden bei Impfungen weiterhin - auch und gerade bei Kindern - billigend in Kauf nimmt? Wie konnte das bis jetzt übersehen werden? Wieso sind diese Arzneien noch am Markt? Welche Interessen und Motive verbergen sich dahinter?

Fragen über Fragen und vor allem diese:

Wer schützt Menschenleben wirklich?

Therapie nach Wunsch

Die etwas andere Psychotherapie

Wie bei allen regelmäßig ausgeübten Aktivitäten scheint es auch beim Beruf des Therapeuten bestimmte Phasen zu geben, die man nach und nach durchläuft.

Während der Beginn der Praxistätigkeit in der ersten Phase noch von Seminaren und der Suche nach der wirklich guten Diagnostik und Therapie geprägt ist, meist gepaart mit der Anschaffung einiger mehr oder weniger nützlicher Geräte, besteht die zweite Phase darin, sich in den Methoden, die einem zugefallen sind, zu perfektionieren. Mit den Jahren wächst dann aber die Einsicht, daß es nicht nur auf Perfektion ankommt. Man begegnet immer wieder Patienten, die einem die Begrenztheit der angewandten Methoden vor Augen halten, Patienten, bei denen sich der gewünschte Erfolg nicht einstellen will und das obwohl sie vielleicht an einer Krankheit leiden, die man so - oder schwerer - bei anderen Patienten bereits mehrfach heilen konnte.

Auch der Versuch diesem Mißstand durch Integration immer neuer Diagnose- und Therapiemethoden auf die Spur zu kommen, muß schlußendlich scheitern und eröffnet damit, so der Therapeut bereit ist, sich das einzugestehen, die dritte Phase.

Die dritte Phase ist ein Blick hinter den Vorhang und bringt die Erkenntnis, daß sich ja hinter jedem organischem Leiden auch ein Mensch verbirgt und daß, wenn die Behandlung der erkrankten Organe nicht das gewünschte Resultat zeitigt, wohl der Mensch mit allen seinen Eigenheiten der entscheidende Faktor ist. Diese Einsicht ist natürlich keineswegs neu, kann aber vom Therapeuten grundlegend nur durch jahrelange eigene Praxis so erfahren werden, daß sich ein ganz persönlicher Weg zu den zugrundeliegenden Gesetzmäßigkeiten bilden kann. Selbst ein so anerkannter Autor wie Rüdiger Dahlke konnte sein Buch „Krankheit als Weg" erst in dieser dritten Phase schreiben, als Ergebnis jahrelanger therapeutischer Erfahrung, im Verlaufe derer ihm diese Einblicke in die Zusammenhänge gewährt wurden.

In der Praxis des Autors dieses Artikels ergab sich in dieser dritten Phase die Einsicht, daß man nicht nur vom erkrankten Organ auf die dahinter verborgene psychische Fehlhaltung schließen kann, so wie das sehr gut von Dahlke beschrieben wird, sondern daß dahinter wiederum eine Lebenssituation steht, die im wahrsten Sinne des Wortes krank macht.

Der Wunsch ist der Vater des Gedankens

Läßt man sich bei der Anamnese die Zeit, um das Umfeld des Patienten mitzuerfassen, begegnet man besonders bei den therapieresistenten Patienten Umständen, die auch dem medizinischem Laien das Ausbleiben des Heilungsvorganges erklärlich machen. Das Problem hierbei ist, daß der Patient unbewußt die Krankheit dem Angehen des verursachenden psychischen Konfliktes den Vorzug gibt. So hat er seine Krankheit ja erworben: Indem er sich geweigert hat, ein Problem dort zu regeln, wo es eine Lösung für dieses Problem gegeben hätte- in der Psyche. Wie aber schon jeder Buchhalter weiß, muß ein Posten, der einem Konto gutgeschrieben wird, einem anderen dafür belastet werden und so wird das Guthaben auf dem Konto Psyche zu einer Belastung auf dem Konto Organe. Das ist zwingend und tatsächlich genauso Gesetz wie bei der Buchführung.

Während von außen gesehen die Lösung des zugrundeliegenden Konfliktes relativ einfach erscheint, ist sie für den Patienten, der sich in der betreffenden Situation befindet, so schwierig, daß die Krankheit erst einmal das kleinere Übel scheint. Auf Dauer ist diese Kompensation aber nicht möglich. Der Körper fordert die Lösung des Problems ein, indem die Symptome für den Patienten immer belastender oder gar lebensbedrohlich werden. Kommt dieser Patient dann in die Praxis, steht man als Therapeut vor dem Problem, daß man zwar geeignete Arzneien für die Symptome verabreichen kann, sich aber darüber im Klaren ist, daß diese ohne Angehen der ursächlichen Konfliktsituation bestenfalls Flickwerk sein werden und daß man mit der Linderung der Symptomatik einer wirklichen Lösung vielleicht sogar im Wege gestanden hat. Letzteres einfach deswegen, weil das Erträglichmachen der Symptome das Verdrängen der psychischen Komponente da noch möglich macht, wo eine akute Krankheit eine Konfontation mit der Wurzel allen Übels quasi erzwungen hätte.

Wünsche versus Psychotherapie

Wie nun aber den Patienten an die Problematik heranführen? Wie nun auch als Therapeut die ganzen Facetten der Lebenssituation erfassen? Und vor allem: Wie dem Patienten über die Schwelle helfen, deren Übertretung er sich bisher so konsequent wie folgenschwer selber verboten hatte?

Natürlich gibt es hier den Weg der Psychoanalyse oder auch der Gesprächstherapie. In der Praxis des Autors hat sich aber gezeigt, daß nur sehr wenige Patienten dazu bereit sind. Zum einen wegen der Therapieform als solcher, zum anderen aber auch aus ganz praktischen Erwägungen, wie z.B. der fehlenden Kostenübernahme durch die Krankenkasse oder auch aus zeitlichen Gründen.

Es gibt da aber noch einen Weg, der sich mit der Zeit herauskristallisiert hat und der so gute Erfolge zeitigt, daß er hier näher beschrieben werden soll. Im Gegensatz zu dem oft leidvollem Weg der Psychotherapie, spricht dieser Weg die sonnigste Seite des inneren Kindes an, das sich nun an eine Tätigkeit machen darf, die so richtig nach seinem Herzen ist: Dem Erstellen eines Wunschzettels.

Die Leiden des jungen W.

Um besser veranschaulichen zu können, worum es hierbei geht, soll die Situation des Herrn W. als Beispiel dienen. Herr W. ist 35 Jahre alt, ledig, aus gutem Haus, sein Vater Vorstand eines Versicherungsunternehmens, sein Bruder sehr erfolgreich bei einem Automobilunternehmen. Erfolg wird groß geschrieben und so hat Herr W. sich für einen Beruf entschieden, dessen Erfolg gut nach außen sichtbar ist.

Eigentlich war es sein Herzenswunsch Grafiker oder gar Künstler zu werden, wegen der „Brotlosigkeit" dieses Berufsstandes hatte er aber dann seine jetztige Tätigkeit gewählt. Wie das oft so ist, wenn man etwas nicht aus wirklichem inneren Antrieb tut, läuft es aber nicht so recht und er muß jeden Moment mit seiner Kündigung rechnen. Trotz des inneren Wissens, daß er diese Stellung auch ohne Kündigung des Arbeitgebers nicht so wird aufrechterhalten können, versucht er täglich die Fassade zu wahren.

In dem Tag für Tag gelebtem Leben ist das Eingestehen des Versagens in dieser Position und die Hinwendung zu einer Ausbildung zum Grafiker oder dem Dasein eines Künstlers nicht vorstellbar. Tag für Tag gesehen ist es einfacher den Anschein nach außen, vor Familie und Freunden (auch alle erfolgreich) zu wahren.

Die Kraft des Wunsches . . .

In dieser Situation nun kommt der Wunschzettel zum Tragen. Der Patient wird aufgefordert in einem ersten Schritt zehn Wünsche aufzuschreiben, zu deren Erfüllung er selber beitragen kann. Das können ganz einfache Wünsche sein, wie z.B. ein neuer Salzstreuer, der nicht so leicht verstopft, bis hin zu großen Lebenswünschen, wie z.B. einem Berufswechsel oder Partnerwunsch.

Wird schon hier relativ deutlich, wo die Defizite des Patienten liegen, die er sich wegwünscht, treten sie beim zweiten Schritt sehr deutlich zu Tage. Vor die Aufgabe gestellt, bitte aufzuschreiben, wie sich der Patient sein Leben die nächsten 10 Jahre vorstellt - und zwar mit der Maßgabe sich *alles* wünschen zu dürfen - kommt sehr deutlich zu Tage, was der Patient sich nun nicht weiter vorstellen kann.

Es ist nämlich ein großer Unterchied, ob man Tag für Tag eine Situation, mit der man Schwierigkeiten hat, aufrecht erhält, oder ob man das für die nächsten zehn Jahre zu tun gedenkt. Im Falle unseres Herrn W. ein großer Unterschied, ob man diese ungeliebte Arbeit noch diesen und vielleicht noch den nächsten Monat macht, oder für die nächsten zehn Jahre. Ohne Aussicht das tun zu können, was man sich eigentlich *wirklich* wünscht. Der Leidensdruck, der Tag für Tag erträglich ist - oder zumindest zu sein scheint - wird unerträglich, wenn er auf einen so langen Zeitraum wie zehn Jahre projiziert werden muß. Der Patient wird so damit konfrontiert, daß das, was er sich wünscht, nicht mit der momentanen Realität und Aussicht für die kommende Zeit übereinstimmt. Und angesichts des Zeitraumes von zehn Jahren fängt der Patient dann auch an zu sehen, daß das mit diesen zehn Jahren ja auch nicht getan ist, daß da ja auch noch weitere zehn Jahre folgen werden usw. Und jetzt ist es auch nicht mehr schwer den Patienten an den Punkt zu führen, an dem er erkennt, daß diese wilde Hoffnung, die wir alle in uns haben, daß nämlich jemand kommt und alles richtet und dann alles gut wird, daß diese Hoffnung vergebens sein wird und daß, wenn er nicht selber etwas tut, es niemand anderen gibt, der es für ihn tun wird. Und wenn es dann klar ist, daß es irgendwann getan werden muß, und wenn auch klar ist, daß nichts dafür spricht, daß der Patient es durch Verschieben in die Zukunft auch nur einen Deut leichter machen könnte, als wenn er es jetzt gleich tut, daß erfahrungsgemäß sogar eine gegenteilige Tendenz besteht, die alles schwieriger macht, was wir auf später verschieben, was stünde dann noch einer baldigen Entscheidung entgegen?

So wird eine Therapie durch Wünschen möglich. Wünschen ist sehr positiv besetzt; die meisten Patienten haben es zwar verlernt und brauchen daher den ersten Schritt mit den zehn Wünschen, aber im Gegensatz zu einer Psychotherapie ist die Schwellenangst hier praktisch gleich Null. Der Patient freut sich darauf und geht meist mit einem Leuchten in den Augen nach Hause, und mit dem berechtigten Gefühl, daß er jetzt einen Behandler gefunden hat, der - im wahrsten Sinne des Wortes - auf seine Wünsche eingehen wird . . .

Migräne

Im Pschyrembel wird die Migräne als anfallsartig auftretender Kopfschmerz beschrieben, der wiederholt und meist halbseitig auftritt, überwiegend schon in den frühen Morgenstunden beginnt, und Stunden bis Tage andauern kann. Das und die häufigen Begleiterscheinungen wie Übelkeit, Licht- und Lärmscheu, sowie die visuellen Störungen und die neurologischen Ausfälle, sind die Symptome, die das Krankheitsbild "Migräne" charakterisieren.

Was die Ursachen betrifft, bietet der Pschyrembel Vasokonstriktion ("wahrscheinlich"), psychische Belastungen, Klimaeinflüsse, Genußmittel und Medikamente an. Der Begriff "ideopatisch" (d.h. Ursache unbekannt) lugt hier zwischen den Zeilen hervor und so lohnt es sich einmal nachzuschauen, ob sich aus naturheilkundlicher Sicht bei diesem Krankheitsbild nicht doch kausale Zusammenhänge erkennen lassen.

Vasokonstriktion oder Vasodilatation?

Unter Vasokonstriktion verstehen wir eine Engstellung, unter Vasodilatation eine Weitstellung der Gefäße. Meist wird erstere mit dem Auftreten von Migräne in Verbindung gebracht. Bei der Vasokonstriktion ergibt sich aus dem engeren Gefäßlumen (Gefäßdurchmesser) eine Druck- und Stausymptomatik und in der Folge Durchblutungsstörungen..

Die Vasokonstriktion

Wie kann man sich das vorstellen?
Nun, so wie im Gartenschlauch, beim Spritzen durch den vorgehaltenen Daumen, der Druck ansteigt, der dann das Wasser vorne weiter herausschießen läßt, steigt auch im Kopf der Druck in den Gefäßen an, wenn diese durch die Gefäßmuskulatur enger gestellt werden. Da jetzt aber die Wandung der Arterien und der Venen im Gegensatz zum

Gartenschlauch durchlässig für Flüssigkeiten ist, kann hier Wasser in das Gewebe austreten. Das Gleichgewicht, das normalerweise vom osmotischen und orthostatischen Druck aufrechterhalten wird, ist hier gestört.

An allen anderen Körperstellen würden wir diese erhöhten Wassereinlagerungen als ödematöses Gewebe oder als Ödem diagnostizieren. Erkennbar unter anderem auch daran, daß zum Beispiel der Schuh nicht mehr paßt, wenn diese Wassereinlagerungen im Fuß stattfinden. Bei der Migräne befinden wir uns aber im Kopf und das bedeutet, daß die Flüssigkeitseinlagerungen hier das Gewebe nicht beliebig auftreiben können, weil der Schädel dieses zusätzliche Volumen nur minimal ausgleichen kann. Die logische Folge ist ein Ansteigen des Innendrucks im Kopf, der ab einem bestimmten Pegel natürlich starke Schmerzen auslösen kann, weil das Gewebe hier ja regelrecht zusammengedrückt wird. (Daher verspüren Migräne - Patienten Linderung, wenn sie ihren Kopf mit den Händen, wie mit einem Schraubstock, von den Seiten her zusammendrücken. Der Außendruck hebt dann subjektiv für einen Moment den Druck gegen die Schädelinnenseite auf.)

Der Druck alleine erklärt die Kopfschmerzen allerdings nicht, denn dann müßten ja alle Migräne - Patienten die Symptomatik gleichmäßig auf beiden Seiten verspüren.

Migräne tritt aber meist halbseitig auf; wie reimt sich das zusammen?

Wir wissen heute, daß das gesamte Nervensystem die linke und die rechte Körperhälfte getrennt versorgt; das gilt natürlich auch für das vegetative Nervensystem und so ist es möglich, daß nur ein Ast - der linke oder der rechte - im Tonus pathologisch verändert wird. Während der höhere Innendruck im Kopf die Schwelle für den Migräneanfall generell senkt, kommen auf der betroffenen Seite noch auftretende Durchblutungsstörungen hinzu. Das Blut muß ja nun in einen "geschlossenen Behälter", den Kopf, hinein- und hindurchfließen, der unter Druck steht, dessen Gefäße vom Tonus her verengt sind und vom umliegenden Gewebe noch zusätzlich zusammengedrückt werden.

Das bewirkt dann auch noch Mangelversorgung, vor allem mit Sauerstoff, und dadurch könnten die Schmerzen noch verstärkt werden. Entsprechende Situationen kennen wir von anderen Körperstellen: Zum Beispiel beim Morbus Raynaud, der heftige Schmerzen in den Händen verursacht, und der ebenfalls auf einen vegetativ gestörten Tonus der Gefäßmuskulatur zurückgeführt wird. Auch hier ist Sauerstoffmangel die Ursache für die Schmerzen. Weitere Beispiele sind der Angina pectoris - Anfall, die claudicatio intermittens (die sog. "Schaufenster-Krankheit"), Embolien etc.

Je nachdem, welche Hirnregion im Kopf davon betroffen ist, fällt dann die Symptomatik aus. Erreicht der Druck und/oder die Durchblutungsstörungen die Augen, die Sehnerven oder das Sehzentrum, kommt es zu den visuellen Ausfallerscheinungen. Ist das Kleinhirn betroffen, entgleist das vegetative Nervensystem und erzeugt Übelkeit bis zum Erbrechen. Der Patient wird anfällig selbst gegen schwache optische und/oder akustische Reize und zieht sich in einen dunklen Raum zurück.

Aus der Praxiserfahrung hat sich gezeigt, daß es dabei keineswegs egal ist, welche Kopfseite bei der einseitigen Migräne betroffen ist. Läuft der Schmerz durch oder über den Augen, ergeben sich folgende Diagnosemöglichkeiten:

- beide Augen = Nieren
- linkes Auge = Magen/Pankreas
- rechtes Auge = Leber/Galle

Die Vasodilatation

Auch bei der Vasodilatation haben wir es mit Durchblutungsstörungen zu tun. Außerdem tritt auch hier Flüssigkeit in das Gewebe aus, nur ist der Mechanismus in diesem Fall ein anderer:

Stellen wir uns einen Fluß vor, der zügig zu Tal fließt. Er wird durch seine Fließgeschwindigkeit einen Sog auf das Grundwasser des ihn umgebenden Erdreiches ausüben und so das Gelände drainieren, d.h. entwässern. Sobald aber die Fließgeschwindigkeit stark abnimmt und der Fluß nur noch träge dahinfließt, wird er, statt Grundwasser aufzunehmen, sogar Wasser an das umliegende Gelände abgeben. Derselbe Effekt ergibt sich auch im Zusammenspiel des Blutkreislaufes mit der Lymphe: Fließt das Blut zügig durch die Gefäße, drainiert es die Lymphe, fließt es langsam oder staut es sich sogar, gibt es zusätzlich Flüssigkeit an die Lymphe ab.

Die Durchblutungsstörungen entstehen im Gegensatz zu denen bei der Vasokonstriktion dadurch, daß der Blutdruck in den weitgestellten, schlaffen Gefäßen regelrecht verpufft. Das summiert sich nun wiederum zum gestörten Lymphfluß und der Tatsache, daß weitgestellte Blutgefäße ja auch mehr Platz beanspruchen als enggestellte. Das ist eine mögliche Erklärung dafür, daß auch Vasodilatation den Innendruck im Schädel erhöhen und zusammen mit der Sauerstoffmangelversorgung einen Migräneanfall begünstigen kann.

Wie kann man erkennen, ob ein Patient seine Migräne einer Vasokonstriktion oder einer Vasodilatation verdankt?

Vom medizinischen Standpunkt aus gesehen dadurch, daß die Vasokonstriktion ein sympathikotones und die Vasodilatation ein vagotones Geschehen ist. Anamnestisch ist das aber leider nicht immer klar zu erfassen: bei der sogenannten Wochenendmigräne haben wir es z.B. meist mit sympathisch übersteuerten Patienten zu tun, die während der Woche mit diesem Tonus keine Migräne haben und erst am Wochenende, wenn der Streß nachläßt, so stark parasympathisch werden, daß die Migräne ausbricht. Bei diesen Patienten würde eigentlich alles auf Vasokonstriktion hinweisen, das Gegenteil ist aber der Fall. (Wir kennen diese starken Gegenregulierungen übrigens auch von anderen Situationen: bei Unfällen geraten die Autofahrer zuerst in einen stark sympathikotonen Zustand, um dann, wenn die Anspannung nachläßt, vegetativ ebenso stark in den Parasympathikus zu verfallen. Und erst hier treten dann die Symptome wie Zittern, Übelkeit, Erbrechen, erniedrigter Blutdruck usw. auf.)

Die Augendiagnose kann uns da schon mehr sagen; hier sehen wir dann während des Migräneschubs eventuell eine Miosis (= Parasympathikus = Vasodilatation) oder eine Mydriasis (= Sympathikus = Vasokonstriktion). Auch das hilft aber nicht weiter, wenn der Patient in einem migränefreien Intervall in die Praxis kommt.

Es gibt eine ganz einfache Art herauszubekommen, zu welchem Typ der Patient gehört. Vasokonstriktion wird nämlich auch durch niedrige Temperaturen erzeugt und Vasodilatation durch hohe. Ein Patient, der an einer Migräne leidet, die ihre Ursache in einer Vasodilatation hat, wird folgerichtig instinktiv während eines Anfalls keine heißen Getränke zu sich nehmen, weil die ja seine Kopfschmerzen noch verschlimmern würden, sondern kalte, oder z.B. ein Eis. Einzige Ausnahme ist hier der Kaffee, der über eine erhöhte Adrenalinausschüttung ebenfalls eine Vasokonstriktion bewirkt. Dasselbe gilt umgekehrt für den Patienten mit einer konstriktionsbedingten Migräne.

Eine Therapie, die auf den jeweils vorhandenen Migränetypus keine Rücksicht nimmt, könnte so z.B. einem Patienten mit einer Dilatationsmigräne irrtümlich ein Sedativum verschreiben und so seine Symptome durch weitere Verstärkung des ohnehin parasympathisch übersteuerten Tonus sogar noch verschlimmern, während dem sympathikotonen Patienten eventuell damit geholfen gewesen wäre.

Die Migräne im Dunkelfeldmikroskop

Gefäßverengungen durch Vasokonstriktion sind nicht die einzigen Ursachen für die Stau - Symptomatik bei Migräne. Neben Traumata, Tumoren, Entzündungen und arteriosklerotischen Prozessen, auf die hier nicht näher eingegangen werden soll, spielen natürlich auch die Fließeigenschaften des Blutes selbst eine große Rolle.

Im Dunkelfeld kann man bei Auftreten bestimmter Phänomene klare Aussagen zur Viskosität (Fließeigenschaft) des Blutes machen; zeigen sich Filite, Geldrollen, Verklumpungen bis hin zum Dachziegelphänomen und/oder Symplasten, kann man schon davon ausgehen, daß hier eine weitere Möglichkeit besteht, therapeutische Maßnahmen zu ergreifen, die sich günstig auf die Therapie der Migräne auswirken werden.

Wie bei den meisten anderen Erkrankungen, braucht der Organismus auch bei der Migräne mehr als eine Ursache, um ein bestimmtes Symptom erzeugen zu können. Selten wird ein Patient Migräne nur wegen z.B. einer Vasokonstriktion haben. Es kommen immer noch weitere Faktoren hinzu, die dann das Vollbild der Erkrankung ergeben und darüber bestimmen wie häufig und wie schwer die Anfälle sind und wie lange sie dann andauern.

Die schlechte Viskosität des Blutes ist neben dem Gefäßtonus sicherlich eine der ganz wichtigen Ursachen für das Auftreten von Migräne. Mit der Diagnose und Therapie nach Dr. Enderlein haben wir hier wirkungsvolle Werkzeuge, um dem Patienten zu helfen.

Die Pille

Östrogene erhöhen die Gerinnungsfähigkeit durch Aktivierung von Fibrin und Prothrombin, bei gleichzeitig verminderter Fibrinolyse. Daraus resultiert die erhöhte Thrombosegefahr bei Einnahme der Pille oder anderer Östrogenpräparate. Im Dunkelfeldmikroskop ist die erhöhte Thrombosegefahr durch das Auftreten von Geldrollen und

Verklumpungen gut zu erkennen, oft begleitet von starker Filitbildung. Diese nachhaltig negative Beeinflussung der rheologischen Verhältnisse ist der Hauptfaktor für die östrogenbedingte Genese von Migräne. Es gibt aber noch ein paar weitere Faktoren, die diesen Effekt zusätzlich verstärken können:

Östrogene haben eine sympathikolytische Wirkung und leisten dadurch einer Vasodilatation weiteren Vorschub. Der Sympathikus erhöht den Muskeltonus. Der sorgt dann für die Engstellung der Gefäße, während sein Gegenspieler, der Parasympathikus, die Gefäße weiter stellt. Wenn nun also Östrogene sympathikolytisch wirken, d.h. den Sympathikus hemmen, dann gewinnt der Antagonist, der Parasympathikus die Oberhand. Das Resultat sind dann weitgestellte, vasodilatierte Blutgefäße, die dann wie oben beschrieben, einen Migräneanfall auslösen können.

Die Tatsache, daß vor allem Frauen unter Migräne leiden (zehn Mal so häufig wie Männer) und Frauen auch physiologisch einen sehr viel höheren Östrogenspiegel haben - 20-30 µg werden beim Mann, 80-300µg bei der Frau täglich gebildet - zeigt, daß hier ein möglicher Erklärungsansatz für die Frage, warum Frauen so viel häufiger als Männer unter Migräne zu leiden haben, versteckt sein könnte.

Bei Migränepatientinnen ist also dringend von einer weiteren Einnahme von Östrogen - Präparaten abzuraten. Patientinnen, die sich eine Leben ohne Pille nicht vorstellen können, sind am besten dadurch zu überzeugen, daß man das Absetzen zeitlich auf z.B. drei Monate befristet. Oft klingen die Symptome nur durch diese Maßnahme schon deutlich ab; treten die Symptome bei neuerlicher Einnahme der Pille dann wieder auf, ist der Patientin klar geworden, daß sie die Pille nicht verträgt. Patientinnen, die seit vielen Jahren Migräne haben und erst nach so langer Zeit darauf aufmerksam werden, daß die Pille ihre Migräne verursacht hat, sind in der Praxis keine Seltenheit!

Und apropos Hormone: bei Patientinnen treten die Migräneanfälle oft in Zusammenhang mit dem Menstruationszyklus auf. Wie wir oben gesehen haben, entsteht die Migräne durch den erhöhten Innendruck im Schädel, was auch auf die Wassereinlagerungen im Gewebe zurückzuführen ist. Da bei manchen Patientinnen unmittelbar vor Einsetzen der Menses Mastodynie (Schwellung und Schmerzhaftigkeit der weiblichen Brüste vor der Regel) auftritt, ist es vorstellbar, daß dasselbe Wirkprinzip ödematöse Schwellungen des Gewebes im Kopf begünstigt. Die Ursache für diese Wassereinlagerungen ist, daß Östrogene auch in den Salz- und Wasserhaushalt eingreifen: Sie tun das durch Retention (Zurückhalten) von NaCl (Salz) an der Niere und im Bindegewebe, was - via Steigerung des osmotischen Druckes - wiederum zu vermehrter Wassereinlagerung und also Ödembildung führt. Auch dieser Mechanismus also sicher ein weiterer Grund für das gehäufte Auftreten von Migräne bei Frauen.

Auch bei Ernährungsumstellung und erfolgreicher Einnahme der entsprechenden Therapeutika ist das Blutbild einer Patientin, die die Pille nimmt, nicht in denselben Zustand zu versetzen, wie das ohne Einnahme von Östrogenen der Fall sein könnte.

Östrogene bewirken übrigens auch ein Absinken der pH-Werte (Übersäuerung) an den Schleimhäuten der Vagina, was dann ja auch oft zu Mykosen in diesem Bereich führt. Da die pathologische Aufwärtsentwicklung des Mucor racemosus im Blut auch mit einem fallenden pH-Wert einhergeht, bietet sich hier ein weiterer Wirkmechanismus an.

Migräne und Ernährung

Der Therapeut, der in seiner Praxis nicht mit dem Dunkelfeldmikroskop arbeitet, sollte anamnestisch sorgfältig die aktuellen Ernährungsgewohnheiten des Patienten erfragen. Zucker- und Eiweißmast sind Garanten für Verschlechterung der Viskosität (Fließeigenschaft) des Blutes; wenn das zutrifft, oder sich im Dunkelfeld pathologische Aufwärtsentwicklungen des Mukor racemosus gezeigt haben, ist eine Ernährungsumstellung á la Pilzdiät erforderlich, die möglichst basenreich und zu 30% aus Obst und rohem Gemüse bestehen soll.

Wichtig ist auch eine Symbioselenkung im Darm. Liegt hier Candida-Befall und pathologische Bakterienflora vor, dann herrschen bei der Verdauung anaerobe Verhältnisse, und es bilden sich beim dann stattfindenden Gärvorgang Fuselalkohole und Ammoniak. Beide können die Blut - Hirn - Schranke frei passieren und sind als Auslöser von Kopfschmerzen gut bekannt!

Der Fuselalkohol wiederum belastet die Leber und die Galle. Wer den Verlauf des Gallenmeridians kennt, weiß, daß die Migräne - Kopfschmerzen meist genau in dem Bereich dieses Meridians liegen. Auch hier fällt wieder auf, daß Frauen - wie auch bei der Migräne - statistisch viel mehr Gallenwegserkrankungen aufweisen, als Männer. Gibt es hier einen Zusammenhang?

(Übrigens - daß man von Fuselalkohol auch blind werden kann, zeigt hier wiederum die Beziehung Leber-Auge.) Ammoniak und Fuselalkohol entstehen aber nicht nur bei Dysbiose im Darm: auch bei physiologischer Darmflora riskiert man die Bildung dieser Stoffe, wenn Obst oder rohes Gemüse nach 14.00 Uhr gegessen werden. Vor allem Migräne - Patienten sollten diese danach nur noch gedünstet essen!

Die Haupt - Migräne - Trigger

Migräne läuft oft auch als verdeckte Lebensmittelallergie ab. Statistische Erhebungen haben vor allem fünf Nahrungsmittel als Auslöser von migräneartigen Kopfschmerzen ermittelt:

- Kaffee
- Schokolade
- Wein
- Bananen und
- Spargel

Während der Behandlung sollten diese Nahrungsmittel unbedingt gemieden werden. Besonders der Konsum von Schokolade und anderen Süßigkeiten kommt bei Migräne - Patienten oft vor. Damit "entschädigen" sie sich für die erlittenen Schmerzen und leiten so, ohne es zu wissen, schon wieder den nächsten Anfall ein!

Bei Therapieresistenz können dann auch rotationsmäßig z.B. Milch, Getreide, Eier u.a. weggelassen werden. Daß auch Nikotin, nicht zuletzt wegen seiner konstriktorischen Wirkung auf Gefäße, den Behandlungserfolg gefährdet, braucht wohl nicht extra betont zu werden. Alkohol sollte generell nicht getrunken werden. Desgleichen schwarzer Tee, da Teein und Koffein praktisch identisch sind.

Obstipation kommt bei Migräne - Patienten überdurchschnittlich oft vor; mit Symbioselenkung und Ernährungsumstellung allein ist es da oft nicht getan, weil auch hier vegetative Fehlsteuerungen - in diesem Fall nicht der Gefäße, sondern der quergestreiften Darmmuskulatur - vorliegen können. Da bei diesen Patienten - wie oben angesprochen - gehäuft Gallenwegserkrankungen vorliegen, kann die obstipierte Stuhlsäule hier mangels des gleitfähigen Gallensekrets auch rein mechanische Ursachen haben.

Gelingt es nicht den Stuhlgang ohne Laxantien (!) zu normalisieren, was in der Praxis leider manchmal vorkommt, ist die Therapie der Migräne stark erschwert.

Andere Belastungen

Neben den bis hierher besprochenen Ursachen und den psychischen Belastungen, von denen noch die Rede sein wird, gibt es noch eine Reihe von Störfaktoren, die das Auftreten von Migräne begünstigen können:

- Zahnherde, wurzelbehandelte Zähne
- chron.Tonsillitis, Otitis, Sinusitis
- Amalgam, Mundströme(!) durch Batterieeffekt bei Gold+ Amalgam, unsachgemäße Amalgamentfernung
- Kieferfehlstellungen
- HWS-Syndrom, Verspannungen im Nacken-Schulter-Bereich, Wirbelsäulenleiden
- geopathische Belastungen
- elektrische Geräte, Lampen, Wecker am Schlafplatz im Kopfbereich
- Arbeitsplatz: PC-Bildschirm, elektrische Leitungen
- Medikamente

Zu jedem einzelnen dieser Punkte ließe sich einiges sagen und jeder kann an dem Erscheinen der Migräne beteiligt sein. Besonders wichtig sind hier die Verspannungen im Halsbereich: Die Hauptversorgungsarterie des Kopfes, die carotis interna, verläuft zwischen Halsmuskeln, die, wenn sie verspannt und hart sind, die Blutzufuhr schon hier drosseln können. Diese Verspannungen haben einen hohen psychosomatischen Anteil. Weitere mögliche Ursachen sind falsche Sitzhaltung, begünstigt durch einen unphysiologischen Stuhl am Arbeitsplatz, oder auch durch Erreger, die im Infektionsfall den Nerventonus der Hals- und Rückenmuskulatur dramatisch, bis hin zum Opisthotonus, ansteigen lassen können - wie zum Beispiel das Clostridium botulinum. Natürlich erkrankt im schulmedizinischen Sinne ein Patient erst dann an Botulismus, wenn ein bestimmter Pegel überschritten ist. Das ubiquitäre Clostridium botulinum ist in geringer Anzahl aber in jeder Dose vorhanden und so kann es schon sein, daß in Dosen älteren Datums, bzw. nicht so hygienischer Verarbeitung, gerade so viel Botulismus-Toxine enthalten sind, daß es zwar noch zu keiner akuten Erkrankung ausreicht, aber die Information dieses Giftes in homöopathischer Dosis zugeführt wird. Ergebnis ist dann nicht das Vollbild der Erkrankung mit dem Opisthotonus, sondern eben "nur" ein steifer Hals! Auch solche Überlegungen gehören zum Krankheitsbild der Migräne und es gibt sicher noch einige, die, trotz der Bemühung um Vollständigkeit in diesem Artikel, nicht erwähnt wurden. (Ich würde mich freuen, wenn Leser, die hierzu noch andere Aspekte beitragen können, mir das zukommen lassen könnten!)

Die Therapie

Die Therapie setzt sich, je nach Praxisschwerpunkt, zusammen aus einer Ernährungsumstellung, Symbioselenkung, manueller Behandlung, Softlaser, Magnetfeldtherapie, Akupunktur, medikamentöser Behandlung und psychotherapeutischer Betreuung.

Die Ernährungsumstellung orientiert sich an der Zufuhr basenreicher Kost und an der Karenz von Säurebildnern und den erwähnten Migränetriggern.

Die Symbioselenkung erfolgt unter

- Ozovit
- KANNE Brottrunk
- Albicansan D5 Tropfen
- Sankombi D5 Tropfen
- Spenglersan Kolloid "T"

Ozovit (Pascoe - Spezialpräparat) setzt Sauerstoff im Darm frei und unterbricht damit den anaeroben Stoffwechsel, der seinerseits ja Voraussetzung für die Gärung unter Bildung von Fuselalkohol und Ammoniak ist. Das hat eine ausleitende Wirkung, die sich dann auch oft in Form von breiigen Stühlen, bis hin zum Durchfall, manifestieren kann.

KANNE Brottrunk (bis 1 Flasche täglich) stärkt die physiologische Darmflora, die sich dann regenerieren kann und so das Zuführen weiterer Darmsymbionten in den meisten Fällen überflüssig macht. KANNE Brottrunk enthält rechtsdrehende Milchsäurebakterien und sollte anfangs stark mit Wasser verdünnt eingenommen werden, um den Patienten an den etwas sauren Geschmack zu gewöhnen. Ein weiterer Vorteil des Brottrunks ist, daß der Patient seine Flüssigkeitszufuhr erhöht. Auch Dehydratation kann Migräneanfälle auslösen - auch hier ist die Viskosität herabgesetzt!

Albicansan und Sankombi sind Pilzpräparate von SANUM und werden gegen Candida albicans, Mucor racemosus und Aspergillus niger eingestezt. In der weiteren Behandlung können bei Bedarf auch noch Fortakehl, Quentakehl und Notakehl zur Symbioselenkung und Pilzbehandlung eingesetzt werden.

Spenglersan Kolloid "T" hat im Rahmen der tuberkuloiden Belastung auch die Migräne im Arzneimittelbild. In der Praxis hat es sich bewährt den Agglutinationstest durchzuführen und es dann im Falle einer positiven Reaktion (Verklumpung) zu verschreiben. Die Tuberkulose ist ein Miasma im hahnemann'schen Sinne. Sie stellt eine Therapieblockade dar, die vor allem die Wirkung von Homöopathika in Frage stellt, wenn sie nicht adäquat behandelt wird.

Zur Entsäuerung und verbesserten Sauerstoffversorgung:

- Citrokehl
- Sanuvis
- Oyo
- Coenzyme compositum
- Ubichinon compositum

Homöopathie

Hier bedarf es einer genauen Repertorisierung der Symptome des Patienten. Neben dem Konstitutionstyp spielen vor allem die Modalitäten eine Rolle, um das Simile zu ermitteln.

Wann tritt die Migräne auf, wie oft, mit Übelkeit oder ohne, mit Erbrechen, vermehrt morgens oder abends usw. Die nebenstehende Grafik ist ein Beipiel für die Repertorisierung eines homöopathischen Situationsmittels, ohne Berücksichtigung der Konstitution.

Ein Mittel, welches in diesem Zusammenhang oft vergessen wird, das aber gerade bei Migräne sehr wirksam ist, ist . . .

Das Mutterkorn (secale cornutum; sec.)

Das Mutterkorn ist ein Schlauchpilz. Er kommt in Getreidefeldern vor und ähnelt in seinem Aussehen einem dunklen Roggenkorn (lat. secale = Roggen; cornutus = gehörnt). Vor Einsatz der Herbizide und Fungizide war es weitverbreitet und in gesunden Getreidefeldern zu etwa 0,1% vorhanden.

Secale cornutum enthält Alkaloide, die in Form des Ergotamins und anderer Derivate in der Schulmedizin zur Bekämpfung von Migräne und Gefäßkrankheiten verwendet werden. Die einzelnen Bestandteile haben sowohl vasokonstriktorische, als auch vasodilatatorische Komponenten:

Mutterkorn - Alkaloide

Wirkstoff α- Sympatholyse
↓ = Vasodilatation Vasokonstriktion Uterus
n - Kontraktion

Dihydro-ergotamin	+++	+	(+)
Ergotamin	+	+++	+
Ergometrin (Ergobasin)	-	+	+++

Wie man sieht, hat secale cornutum sowohl Wirkstoffe für verengte, als auch für erschlaffte Gefäße. Bei den Potenzen D1 bis D3 (CAVE: verschreibungspflichtig!) tonisieren die Alkaloide die glatte Muskulatur der Gefäße und des Uterus und wirken so einer Dilatation entgegen. Zur Krampflösung bei Vasokonstriktion sind Potenzen zwischen D4 und D12 angezeigt (siehe auch Mezger Band II, Seite 1295, Haug Verlag). So erklärt sich die Wirkung von Secale bei allen krampfartigen Geschehen, bei den Durchblutungsstörungen, die bis zum Gangrän führen können. Mit in dieses Bild gehören: Morbus Raynaud, digiti mortui, Tinnitus, Morbus Menière und die Neuralgien.

Potenzen über der D12 bewirken auf höherer Ebene vegetativ eine Wiederherstellung des physiologischen Gefäßtonus, egal, ob nun vorher eine Konstriktion oder Dilatation vorgelegen hat. Weitere Bestandteile des Secale sind die ...

Lysergsäure

Lysergsäurediethylamid ist der volle Name des ansonsten als LSD bekannten Rauschmittels. Lysergsäure ist Bestandteil aller Alkaloide im secale cornutum und hat nicht die pharmakologischen Wirkungen des LSD - jedenfalls nicht schulmedizinisch. Aus homöopathischer Sicht ist es aber durchaus möglich, daß auch die Lysergsäure eine gewisse halluzinogene Wirkung hat und so in das vegetative Nervensystem eingreifen kann.

Tyramin, Cholin, Acetylcholin

Tyramin ist Abbauprodukt des Tyrosins (!), das seinerseits Vorstufe für die Bildung von Melanin, Dopamin, L-Dopa, Adrenalin, Noradrenalin und Thyroxin ist. Über die Hormone des Nebennierenmarkes (NNM) werden im Verbund mit dem Thyroxin (Schilddrüse: T3, T4) die Streßhormone der Nebennierenrinde (NNR) stimuliert. Auch hier: Cortisol + Adrenalin = erhöhte Vasokonstriktion. Das Acetylcholin bringt dann noch den Zugang zu den adrenergen Rezeptoren.

Histamin

Hier liegt möglicherweise der Bezug zur starken, pyrogenen inneren Hitze und die heilende Wirkung von Secale bei Allergien, Entzündungen, geschwürigen Prozessen und Gangränen.

Aufgrund aller dieser Wirkstoffe ist Secale eines der Hauptmittel bei Migräne, sei es nun eine Übersteuerung des Sympathikus oder des Parasympathikus, Dilatation oder Konstriktion. Die Schulmedizin macht sich die Derivate wie Ergotamin schon lange zunutze, allerdings mit zum Teil erheblichen Nebenwirkungen und der Gefahr der Abhängigkeit (Ergotismus). Durch die Homöopathie besteht die Möglichkeit, neben den vielen anderen Giften, auch dieses zum Wohle der Patienten einzusetzen - und das ohne Nebenwirkungen!

Es lebe der Fortschritt!

Die Erkrankung Migräne ist auf dem Vormarsch. Neben den genannten Faktoren wie Ernährung, Einnahme von Östrogenen, Übersäuerung und pathologischer Aufwärtsentwicklung des Mucor racemosus, spielen sicher auch die Rahmenbedingungen in unserer Leistungsgesellschaft eine wichtige Rolle. Migräne ist auch und vor allem eine psychosomatische Krankheit und hat ihre Ursachen nicht zuletzt im ständig steigenden Streß.

Und doch . . .
Früher wuchs in den Getreidefeldern noch das Mutterkorn. Früher gab es weniger Migräne. Einmal abgesehen davon, daß es früher vielleicht auch weniger Streß gab: Könnte es nicht auch sein, daß es weniger Migräne gab, weil die Arznei, die Mutterkornalkaloide, in jedem Brot enthalten waren, das man aß? Könnte es nicht sein, daß hier eine Symbiose zwischen Mensch und Pilz, dem Mutterkorn, bestand, und daß dieser Symbiose durch den Einsatz von Fungiziden ein jähes Ende gesetzt wurde?

Der durch die Chemieindustrie und die Fungizide entstandene Schaden war dann wieder Betätigungsfeld für die Pharmaindustrie. Hier forschte man, um ein geeignetes Mittel für Migräne zu finden und - Heureka, dank sei der genialen Wissenschaft! - man fand es auch, und zwar in Form der Alkaloide des Mutterkorns (Ergotamin u.a.)! So ein Zufall!

Sogleich ging man daran, das vorher chemisch beseitigte Mutterkorn nun künstlich zu vermehren, und unter großem Aufwand dessen Wirkstoffe zu entziehen, und in Dragees zu verpacken. Wie so oft kommt das vom Mensch erzeugte Produkt aber nicht an die Natur heran und so erinnert die Liste der möglichen Nebenwirkungen von derart hergestellten Präparaten eher an das Skript eines Horrorfilms, als an den Waschzettel eines Heilmittels! Das ist ein gutes Beispiel dafür, daß wir der Natur nichts antun können, ohne daß es nicht irgendwie wieder auf uns Menschen zurückschlägt.

"Eure Lebensmittel sollen Eure Arznei sein", hat Paracelsus sinngemäß gesagt. In diesem Sinne sollten wir alle - und natürlich vor allem Migräne-Patienten - wieder Brot aus Bio-Getreide essen. Hier ist das Mutterkorn und seine Wirkstoffe wieder auf ganz natürliche Weise enthalten.

Der psychosomatische Aspekt

Um den bei Patienten oft ungeliebten, psychsomatischen Aspekt besser beleuchten zu können, sei hier zuerst ein Gleichnis erzählt:

In früheren Jahrhunderten glaubte man, daß die Blitze und der Donner vom lieben Gott höchstpersönlich auf die Erde herabgeschmettert würden. In der archetypischen Vorstellung saß der liebe Gott auf einer Wolke, die Blitze schleuderbereit in seiner rechten Hand. Im Zuge des naturwissenschaftlichen Fortschritts stellte sich dann aber heraus, daß Blitze durch Aufeinandertreffen heißer und kalter Luftmassen entstehen und überdies von der Erde aus nach oben entladen und nicht von oben nach unten.

Fortan waren die Blitze und der Donner ihrer Göttlichkeit beraubt und nur noch naturwissenschaftlich erklärbare Phänomene. Nur, weil die neue Wirklichkeit nicht dem archetypischen Bild vergangener Zeiten entsprach, das Menschen in naiver Unwissenheit gezeichnet hatten, sprach man Gott die Fähigkeit ab, Blitze zu schleudern.

Was aber, wenn Gott auch weiß, daß er nur kalte und heiße Luftmassen aufeinandertreffen lassen muß, um Blitze zu erzeugen? Was, wenn nun Gott tatsächlich in einer Wolke sitzt und mit den symbolischen Blitzen in seiner Hand den Luftmassen gebieten kann, sich genau so zu verhalten, daß an gewünschter Stelle ein Blitz einschlägt? Ist es - überspitzt formuliert - nicht doch sehr wahrscheinlich, daß Gott diese Kenntnisse auch schon vor der modernen Naturwissenschaft hatte?

Die Moral von diesem Bildnis ist, daß wir nicht in den Fehler verfallen sollten, eine "obere Instanz" auszuschließen, nur weil wir im materiell-stofflichen Bereich Erklärungsansätze haben. In diesem Artikel sind genügend Anhaltspunkte gegeben, um die Migräne als rein somatische, d.h. körperliche Krankheit zu sehen.

Wenn es der Kaffee ist, der den Migräneanfall auslöst, oder die Obstipation, oder die falsche Sitzhaltung, wozu dann noch eine psychische Komponente suchen? Wer diese Einstellung pflegt, vergißt, daß seine Psyche auch um die Wirkung des Kaffees, der Obstipation und der falschen Sitzhaltung weiß. Und dabei ist es letztlich fast ausschließlich die Psyche, die diese und natürlich auch die anderen Genesefaktoren der Migräne steuern kann. Die Psyche weiß auch, was sie ihrem Körper zuführen oder verweigern muß, um einen Migräneanfall zu triggern. Und auf den Gefäßtonus hat sie sogar direkten Zugriff, da muß sie nicht einmal Umwege gehen.

Patienten werden mit dieser Komponente naturgemäß nicht gerne konfrontiert. Sie haben ja lieber Kopfschmerzen, als das zugrundeliegende Problem zu verarbeiten. Die Migräne ist ein Verdrängungsmechanismus für das Thema, welches "man im Kopf nicht aushält". Der Trost und Heilung suchende Patient hört natürlich nicht gerne, daß er sich die Kopfschmerzen letzten Endes selber macht. Da tut einem der Kopf so weh und dann unterstellt der Therapeut auch noch solche Gemeinheiten! Es bedarf viel Fingerspitzengefühls, um den Patienten auf diese Umstände aufmerksam zu machen. In der Praxis haben sich drei Fragen[106] sehr bewährt, um den Patienten behutsam auf den Weg zu bringen. Alle drei Fragen beziehen sich auf den Krankheitsgewinn:

1. Was muß ich nicht mehr tun, wenn ich Migräne habe?
Hier kommen Antworten wie: "Ich muß nicht in die Arbeit gehen", "keinen Haushalt machen", "nicht an etwas Bestimmtes denken".

2. Was erlaube ich mir nur dann, wenn ich Migräne habe?
"Ich kann mich alleine hinlegen", "Ich lasse mich nicht stören", "Ich esse Schokolade".

---

[106] frei nach dem Schema des Therapeuten Boudewijn Vermeulen, München

3. Was bekomme ich nur dann, wenn ich Migräne habe?
"Die Familie nimmt Rücksicht auf mich", "Mein Mann kümmert sich um die Kinder", "Aufmerksamkeit und Streicheleinheiten".

Der Therapeut schreibt die Antworten mit und liest sie dem Patienten anschließend - wenn nötig mehrmals - vor. Meistens erkennt der Patient hier selber sein psychisches Migräne-Muster. Der nächste Schritt ist dann zusammen darüber nachzudenken, wie er sich das, was er sich wünscht und ja zu den drei Fragen auch genau geäußert hat, auch ohne Migräneanfall verschaffen kann. Wenn der Patient zu sehr im Streß ist und sich dann mit einer Migräne künstliche Ruhepausen verschaffen muß, dann kann man diese Pausen vielleicht auch "freiwillig" schaffen - und sie dann sicher auch mehr genießen als die mit Migräne. Wenn Aufmerksamkeit und Zuwendung des Partners das vorherrschende Motiv ist, dann muß eben das in der Therapie thematisiert werden . . .

Vom psychischen Grundmuster her stellen Migräne-Patienten oft sehr hohe Ansprüche an sich selbst, stehen unter starkem, meist selbstgemachtem Druck, und können manchmal übertrieben karrierebewußt und/oder ordnungsliebend sein. Wie bei Gallenwegserkrankungen steht auch hier das Thema Sexualität im Raum. Es würde im Rahmen dieses Artikels zu weit gehen, diese Aspekte zu beleuchten, doch sei das Buch "Krankheit als Weg" von Dethlefsen/Dahlke empfohlen.

Schlußwort

Das Wassermannzeitalter kommt, das ist nicht aufzuhalten. Das Prinzip Hoffnung wird ersetzt werden durch das Prinzip Verantwortung - jeder für sich selbst und seine Umwelt. Natürlich wird es Geburtswehen geben und natürlich werden sich viele, so lange es eben geht, dagegen sträuben. Eine Geburt läßt sich aber nun einmal nicht aufhalten und so ist es sicher besser, den Dingen ihren natürlichen Verlauf zu lassen und sich mit ihnen in Einklang zu begeben.

Unsere Wahrnehmung von der Welt und dem Kosmos wird sich gravierend ändern; wie in diesem Buch dargelegt, hat die moderne Physik an der Spitze ihrer Bewegung mit diesem Wechsel schon begonnen. Harte Physik weicht immer mehr der Metaphysik; unser Konzept, von dem, was wir wirklich "wissen", löst sich zunehmend in Luft auf. Der Kreis von der Antike zur Neuzeit schließt sich wieder in der Erkenntnis: "Ich weiß, daß ich nichts weiß."

Geistige Prozesse stehen über der Materie; unserem Bewußtsein, das man auch als "materielles Denken" beschreiben könnte, bleiben diese geistigen Prozesse weitgehend verborgen. Nur mittels des Unterbewußtseins, dem "immateriellen Denken", zu dem wir uns mit unserer Ratio - in unserer doch sehr kopfgesteuerten Kultur - so perfekt den Zugang verbaut haben, können wir diese geistigen Prozesse erfassen, und mit ihnen umgehen lernen.

Wir müssen lernen wieder un - zivilisiert zu werden, uns in unserer Wahrnehmung wieder den Naturvölkern und Schamanen angleichen, und das in uns und unsere Kultur integrieren. Wahrscheinlich ist das auch die letzte Chance für die Spezies "Mensch": viel mehr "Zivilisation" kann Mutter Erde nämlich nicht mehr lange ertragen . . .

Der Weg zum Unbewußten ist natürlich individuell; wie verschüttet es aber auch immer sein mag - es ist vorhanden. In jedem von uns! Bei der Lektüre dieses Buches haben Sie vielleicht Lust bekommen, über das eine oder andere Thema noch Genaueres zu erfahren; suchen

Sie sich einfach eines der hier zitierten Bücher aus, gehen Sie in eine Buchhandlung und schauen Sie in aller Ruhe, ob Ihnen vielleicht noch andere Bücher *zufallen.*

Der Zufall ist jetzt Ihr bestes Kommunikationsmittel zu Ihrem Unterbewußtsein und dem Geist der Materie. ICH BIN sicher, daß er sie - durch die richtige Lektüre und Begegnungen zur rechten Zeit - auf Ihrem Weg begleiten wird.

Ich wünsche Ihnen Alles Gute dabei . . .

Bibliographie

Bischof, Marco:	Biophotonen - Das Licht in unseren Zellen; Frankfurt/Main 1995
Brinkley, Dannion/ Perry, Paul:	Zurück ins Leben - Die wahre Geschichte des Mannes, der zweimal starb; München 1994
Charon, Jean E.:	Der Geist der Materie; Berlin 1992
Chopra, Deepak:	Dein Heilgeheimnis; München 1995
DeMeo, James:	Der Orgonakkumulator; Frankfurt/Main 1994
Dethlefsen / Dahlke:	Krankheit als Weg; München 1996
Drewermann, Eugen:	Strukturen des Bösen, Band I; Paderborn 1992
Harmann, Willis W:	Bewusst-Sein im Wandel; Freiburg 1989
Hey, Tony / Walters, Patrick:	Das Quantenuniversum; Spektrum der Wissenschaft, Heidelberg 1990
Jahn, Robert G / Dünne, B.J.:	Margins of Reality; New York 1987
Kerner, Dagny und Imre:	Der Ruf der Rose; Köln 1994
Kübler-Ross, Elisabeth:	Über den Tod und das Leben danach; Neuwied 1989

Laszio, Ervin:	Kosmische Kreativität. Neue Grundlagen einer einheitlichen Wissenschaft von Materie, Geist und Leben; Frankfurt/Main 1997
Noian, Ray:	Das Nostradamus Testament; München 1996
Reich, Wilhelm:	Die Bionexperimente; Frankfurt/Main 1995
Rost,Arno:	Lehrbuch der Regulationsthermographie; Stuttgart 1994
Rost, Jutta:	Quintessenz der Naturheilverfahren; Berlin 1990
Sander, Friedrich F:	Der Säure-Basenhaushalt des menschlichen Organismus; Stuttgart 1985
Sheldrake, Rupert:	Sieben Experimente, die die Welt verändern könnten; München 1997
Sheldrake, Rupert:	Das schöpferische Universum; Berlin 1993
Talbot, Michael:	Das holographische Universum; München 1994
Tansley, V. / David:	Radionik, Energetische Diagnose und Behandlung; Es-sen 1995
Thomas, Carmen:	Urin - ein ganz besonderer Saft; Köln 1993
Tompkins, Peter /	Das geheime Leben der Pflanzen;
Bird, Christopher:	Frankfurt/Main 1995
Weite, Kargten:	Gespräch mit Rupert Sheldrake; Engerda 1991

Wendt, Lothar: Gesund werden durch denAbbau von Eiweißüberschüssen; St. Georgen 1991

Whitmont, Edward: Psyche und Substanz; Göttingen 1991

Winfried, Weber: Standardisierte Punkt - Thermographie; Heidelberg, 1985

Index